Untersuchungen

über die

Entstehung der Missbildungen

zunächst

in den Eiern der Vögel.

Von

Dr. **P. L. Panum,**
Professor der Physiologie an der Universität zu Kiel.

Mit 107 Abbildungen auf 12 Tafeln.

Berlin.
Druck und Verlag von Georg Reimer.
1860.

Vorwort.

Bei den Brütversuchen, die ich zunächst für die Vorlesungen über die Entwickelungsgeschichte in gewöhnlicher Weise in einer Brütmaschine vornahm, waren mir schon oft mehr oder weniger bedeutende Abweichungen von der Norm, die ich nirgends beschrieben fand, aufgefallen. Da ich aber die Bebrütung in der Regel in den früheren Entwickelungsperioden unterbrach, blieb es mir anfangs zweifelhaft, ob es sich dabei um wirkliche Missbildungen handelte, oder ob nur Ungleichmässigkeiten der Entwickelung vorlagen, die sich späterhin vielleicht ausgleichen könnten. Meine volle Aufmerksamkeit wurde diesen Abweichungen erst durch folgende Beobachtung zugewandt: Ich wollte versuchen, ob es mir gelingen würde, die Hühnchen in meiner kleinen Brütmaschine zum Auskriechen zu bringen, und setzte deshalb die Bebrütung bis über den 21sten Tag hinaus fort. Als jedoch am 23sten Tage kein Hühnchen ausgekrochen war, öffnete ich die Eier nach einander unter Wasser. Sie waren sämmtlich abgestanden, und ihr Inhalt befand sich im Zustande stinkender Fäulniss. Da jedoch fast alle Eier Embryonen von verschiedener Grösse und Entwickelung enthielten, wollte ich, durch die früher beobachteten Abweichungen von der Norm angeregt, untersuchen, inwiefern diese Embryonen eine normale Entwickelung bis zur Zeit ihres Absterbens zeigten, oder nicht. Ich löste sie daher unter Wasser vorsichtig vom Dotter ab, erneuerte das Wasser so lange es sich stark trübte, mit Vermeidung einer stärkeren Bewegung der zum Theil sehr weichen Embryonen, und brachte sie dann, jeden für sich, in Spiritus, um sie dadurch etwas consistenter zu machen. Als ich sie darauf untersuchte, bildeten sie zu meiner Ueberraschung eine schöne Suite ganz unverkennbarer Missbildungen von sehr verschiedenen Formen und von verschiedenem Alter. Spina bifida, Hydrocephalie, Ectopie der Eingeweide, Offenbleiben einer oder mehrerer Visieralspalten an einer Seite, während sie an der anderen geschlossen waren, Atrophie des einen Auges, während das andere sich fortentwickelt hatte und fast in der Mitte der Stirn sass, Verkrümmungen und Deformitäten des Schnabels und der Extremitäten, Verwachsungen oder feste Verklebungen des Amnions mit der Oberfläche des Embryo in verschiedener Ausdehnung und an verschiedenen Stellen fanden sich hier beisammen. Die Veränderungen, welche die Maceration nach dem Abstehen der Embryonen an denselben hervorgebracht haben könnte, kamen diesen Missbildungen gegenüber gar nicht in Betracht, und ein Blick auf die verschiedenen Formen lehrte schon, dass die vorliegenden Abnormitäten während des Lebens entstanden seien, und nicht etwa erst nach dem Absterben. Dieser Befund veranlasste mich die Entstehung der Missbildungen in Vogeleiern genauer zu verfolgen. Nachdem ich darauf aufmerksam geworden war, dass faule Eier keineswegs so verächtliche Objecte sind, wie man gewöhnlich annimmt, habe ich dieselben sehr vielfach untersucht, sowohl nach künstlicher Bebrütung in meinem kleinen Brütapparate, als auch nach der Bebrütung in einer grossen, sogenannten ägyptischen Brütmaschine, die Herr Schmitz in vielen grösseren Städten producirt hat, und endlich nach der Bebrütung durch die Vögel selbst. Das Resultat war überall dasselbe, dass nämlich faule Eier, welche während der Bebrütung abgestanden sind, in der Regel Missbildungen enthalten. Indem ich demnächst die äusseren Bedingungen für die Entstehung dieser Missbildungen verfolgte, stellten sich mir die Temperaturschwankungen während der Bebrütung als das wichtigste Moment heraus, und es war hiermit das Mittel gefunden, dieselben willkürlich hervorzubringen. Da mir zuerst weiter vorgeschrittene und ganz unzweifelhafte Monstruositäten entgegengetreten waren, kam es mir besonders darauf an, die Entwickelung derselben vom ersten Anfange der Störung an zu verfolgen. Indem ich in dieser Absicht zu bestimmten Zeiten die Störungen hervorrief und dann nach Verlauf verschiedener Zeiträume die Untersuchung vornahm, fand ich die Missbildungen auch in ganz frischem Zustande, zum Theil noch lebendig vor, wodurch jeder Verdacht, als könnte die Maceration auf die Entstehung der Deformitäten einen namhaften Einfluss gehabt haben, beseitigt wurde. Zugleich gelang es dabei vielfach den inneren Causalnexus der gleichzeitig vorhandenen Missbildungen festzustellen und die Entwickelung der einzelnen Deformitäten Schritt für Schritt zu verfolgen. Nachdem ich nunmehr diese Untersuchungen fast vier Jahre lang fortgesetzt habe, bin ich freilich noch lange nicht in allen Punkten zu einem Abschlusse über die in Betracht kommenden Fragen gelangt, doch glaube ich, dass das mir vorliegende Material gross genug ist, um die Behauptung aussprechen zu dürfen, dass die Experimentalphysiologie die

Entstehung der Missbildungen auf diesem Wege mit Erfolg in Angriff nehmen kann, und dass solche Untersuchungen überdies werthvolle Aufschlüsse über die Erscheinungen und Grundbedingungen der Ernährung und des Zellenlebens im Allgemeinen zu geben vermögen. Die Missbildungen des Menschen und der Säugethiere kommen in der Regel erst bei der Geburt zur Beobachtung, und selbst die scharfsinnigsten Forscher, welche die grössten Sammlungen über diesen Gegenstand zu ihrer Disposition haben, sind bezüglich der Entstehung der Monstruositäten auf Schlussfolgerungen angewiesen, welche einen mehr oder weniger hypothetischen Charakter behalten, weil ihnen die direkte Beobachtung des ersten Anfangs und der Zwischenglieder abgeht. Die Vogeleier bieten aber bei diesen Untersuchungen dieselben Vortheile dar, wie bei der Erforschung der normalen Entwickelungsgeschichte, indem sie, bei hinreichender Grösse, ein Material liefern, das immer reichlich vorhanden und den willkührlichen Abänderungen des Experimentators vollkommen zugänglich ist. Obgleich ich sehr wohl weiss, wie weit diese Untersuchung davon entfernt ist, etwas Vollendetes zu liefern, so hoffe ich doch mich der Erwartung hingeben zu dürfen, auf diesem Wege Nachfolger zu finden, welche vielleicht das zum Abschluss bringen werden, was bei meiner Beobachtung noch lückenvoll und mangelhaft geblieben ist.

Anfangs beschränkte ich meine Untersuchung auf die Entstehung der Missbildungen in anscheinend normalen Eiern, indem ich solche Abnormitäten der Eier, welche ein Bebrütungsresultat erwarten liessen, nämlich die Eier mit doppeltem oder mehrfachem Dotter und die Eier mit mehrfacher Cicatricula auf einem Dotter, für so selten hielt, dass ich nicht zu hoffen wagte, eine hinreichende Anzahl derselben für meine Versuche zu erlangen. Nachdem mir aber das erste Ei mit doppeltem Dotter durch die gütige Vermittelung des Hrn. Dr. Claudius zugekommen war, spürte ich denselben eifrig nach, und bin so glücklich gewesen 82 solcher Eier zusammenzubringen und 72 derselben künstlich zu bebrüten. Diese letzteren Brütversuche haben nicht nur über die Genese der Doppelmissbildungen, sondern auch über die Entstehung der einfachen Missbildungen und über die Bedingungen der Entwickelung im Allgemeinen manche interessante Aufschlüsse geliefert. Im Verlaufe der Untersuchung fand ich auch Gelegenheit Eier mit eingeschnürtem oder, wie man sie wohl genannt hat, mit unvollständig doppeltem Dotter zu bebrüten, wodurch es klar wurde, dass diese Abnormität mit den Eiern mit zwei Dottern Nichts zu schaffen hat, sondern dass sie von einer Abnormität der Dotterhaut abhängt. Endlich war ich so glücklich auch Doppelembryonen auf einem Dotter zu finden, und zwar einmal in einem Eie mit doppeltem Dotter.

Die Abbildungen sind grösstentheils von mir selbst nach der Natur gezeichnet, indem ich die Umrisse derjenigen Gegenstände, welche unter dem Mikroskop bei schwacher Vergrösserung betrachtet werden mussten, mit Hülfe der Wollastonschen Camera lucida ausführte. Indem ich dabei immer dieselbe Vergrösserung benutzte, erlangte ich hierdurch nicht nur den Vortheil, der Genauigkeit der Umrisse sicher zu sein, sondern ich konnte auch nachträglich am Bilde alle Messungen mit grösster Zuverlässigkeit vornehmen und durch unmittelbare Vergleichung der Zeichnungen die wahren Grössenverhältnisse der verschiedenen Objecte übersehen. Einen ferneren grossen Vortheil gewährte mir dieses mechanische Hülfsmittel dadurch, dass es mich dazu anhielt Nichts zu übersehen, das sich im Bilde geltend machte, selbst dann nicht, wenn es mir ganz unverständlich war. Sehr oft wurden mir solche, anfangs völlig unverständliche Objecttheile während der, beim sorgfältigen und sklavisch genauen Nachzeichnen, fortgesetzten Beobachtung begreiflich und klar, oft auch wurden sie es erst bei einer wiederholten Betrachtung und Untersuchung ähnlicher Objecte, und ich hatte dann den Vortheil, die früher nicht verstandene Zeichnung mit Sicherheit, nicht nur bezüglich der Formen, sondern auch rücksichtlich der Maasse, mit dem vorliegenden Objecte vergleichen zu können. Die in dieser Weise auch mit Licht und Schatten, sowie zum Theil mit Farben ausgeführten Zeichnungen mussten natürlich für eine Arbeit, die dem Druck übergeben werden sollte, viel zu gross ausfallen, auch wuchs ihre Anzahl so an, dass, selbst nach möglichst starker Reduktion der Grösse, nicht daran zu denken war, auch nur annähernd alle diejenigen Abbildungen aufzunehmen, die etwas Bemerkenswerthes darboten. Ich war daher einerseits genöthigt, die ursprünglichen Bilder auf einen verjüngten Maassstab zu reduciren, und andererseits eine passende Auswahl der zur Aufnahme bestimmten Abbildungen zu treffen. Bei der Reduktion der Zeichnungen auf einen verjüngten Maassstab habe ich mich wiederum der Camera lucida bedient, und, soweit es thunlich war, die Verkleinerung der am Mikroskop ausgeführten Zeichnungen gleichmässig gemacht; überall liess sich das indess nicht durchführen, und ich habe daher in den Erklärungen zu den Tafeln die nöthigen Angaben über die wahre Grösse hinzugefügt. Die ganzen Eier sind, um Raum zu ersparen, in den Zeichnungen verkleinert, während die meisten anderen Objecte vergrössert sind; auch für die Eier ist übrigens immer möglichst derselbe Maassstab festgehalten worden, um sie besser mit einander vergleichen zu können. Die Umrisse der Eier sind ganz genau wiedergegeben; ich habe nämlich nicht nur die Länge und den grössten Querdurchmesser für jedes Ei genau notirt, sondern ich habe gewöhnlich auch die Schalen beim Oeffnen der Eier unter Wasser so durchschnitten, dass ich die Umrisse unmittelbar nachziehen konnte, wenn ich die halbe Eischale umgekehrt auf das Papier legte. Die Ausführung der für den vorliegenden Zweck arrangirten Zeichnungen hat Hr. Wittmaak übernommen, indem er die von mir in den Umrissen arrangirten Tafeln nach meinen grossen Originalzeichnungen ausführte. Fig. 23 Taf. VII, Fig. 1–5 Taf. VIII, Fig. 1–3 Taf. X und Fig. 4 Taf. XI hat dieser Künstler direkt nach der Natur gezeichnet. Zum besseren Verständniss der Objecte hat derselbe über manche Gegenstände besondere Studien machen müssen. Die Feinheit und Naturtreue seiner Zeichnungen und die Möglichkeit seine Ausführung selbst überwachen und corrigiren zu können, machte es mir besonders wünschenswerth, dass ihm auch die Ausführung der Tafeln für den Druck übertragen würde. Ich zog es daher der mir vom Hrn. Verleger angebotenen Ausführung der Tafeln im Kupferstich vor, dieselben durch Hrn. Wittmaak hier in Kiel auf Stein zeichnen zu lassen, während der Druck und Farbendruck in Berlin besorgt wurde. Ein Paar kleine Ungenauigkeiten, die sich dennoch, trotz aller Sorgfalt, eingeschlichen haben, sind in den Erklärungen zu den Abbildungen bemerkt worden.

Bei aller möglichen Beschränkung ist die Zahl der Abbildungen und Tafeln doch so gross geworden, dass dadurch die Herausgabe der Arbeit durch den Buchhandel sehr erschwert ist; eine noch grössere Zahl von Abbildungen würde es dem Verleger unmöglich machen dieselbe zu übernehmen. Diese Rücksicht hat mich besonders bestimmt, die Herausgabe nicht länger aufzuschieben, indem neu hinzukommende Objecte den bereits aufgenommenen immer den Rang streitig und das Bedürfniss einer noch grösseren Zahl von Tafeln fühlbar machten. Ueberdies machten auch andere Arbeiten es mir sehr wünschenswerth, die vorliegende zu einem vorläufigen Abschluss zu bringen, um so mehr, als ich die Ueberzeugung habe, dass der einzelze Forscher, auch wenn er sein Leben auf eine Specialuntersuchung verwendet, dieselbe doch nicht zur vollkommenen Vollendung bringt, und dass es für die Wissenschaft fördernder ist, wenn ein Forscher eine Untersuchung, an der sich vielleicht auch Andere betheiligen werden, veröffentlicht, nachdem sie bis zu einem gewissen Punkte gelangt ist, als wenn er sie zurückhält und wegen anderer Arbeiten bei Seite legt, in der Hoffnung, sie später selbst der Vollendung noch einige Schritte entgegenführen zu können.

Kiel, den 2. September 1860.

P. L. Panum.

Inhalt.

Zweiter Abschnitt.

Die Beziehungen der Abnormitäten der Eier zur Entstehung der Missbildungen.

Erster Abschnitt.

Die Entstehung der Missbildungen durch Störung der Entwickelung.

Einleitung.

Schon Reaumur*) hat umfassende und sehr sorgfältige Untersuchungen über den Einfluss der äusseren Bedingungen auf die Entwickelungsfähigkeit der Vogeleier angestellt. Er hatte nämlich die Absicht, die künstliche Bebrütung in grossem Maassstabe allgemein in Frankreich einzuführen, und hoffte, dass es ihm, mit Hülfe des Thermometers, und bei Benutzung der Wärme, die sich in Misthaufen entwickelt, sowie derjenigen, die in Bäckereien und Fabriken sonst verloren geht, gelingen würde, dieser Industrie in seinem Vaterlande eine vielleicht noch grössere Ausdehnung zu verschaffen, als in Aegypten, wo nach Sicard jährlich an 92 Millionen Hühnchen auf diese Weise producirt wurden. Bei seinen ersten Versuchen, nach der ältesten, in Aegypten seit Diodors Zeiten durch die Mammals oder Feuer-Brütöfen verdrängten Methode, die Wärmeentwickelung in Misthaufen als Wärmequelle zu benutzen, erhielt er sehr schlechte Resultate, die ihn aufforderten den Einfluss der äusseren Verhältnisse bei der künstlichen Bebrütung einer eingehenden Untersuchung zu unterziehen. Das Ziel, das hierbei verfolgt wurde, war ein rein praktisches, und es wurde meist nur das Endresultat berücksichtigt. Des Vorkommens von **Missbildungen in den Eiern der Vögel** und des Einflusses der äusseren Verhältnisse auf **bestimmte Erkrankungsweisen des Embryo** erwähnt Reaumur freilich nicht; dennoch behalten seine Versuche auch für uns einen grossen Werth, weil sie bei Weitem umfassender

*) Art de faire éclore et d'élever en toute saison des oiseaux domestiques de toutes espèces, soit par le moyen de la chaleur du fumier, soit par le moyen du feu ordinaire. Paris 1751, 8. 2 Vol. Sec. edit.

waren, als alle spätere Experimente der Art. Die beste Bürgschaft für die Zuverlässigkeit dieser Untersuchung enthält das praktische Resultat, das er durch Benutzung der bei derselben gewonnenen Erfahrungen erzielte, indem er späterhin, selbst in den Mistöfen, reichlich $^2/_3$ der zu vielen Tausenden bebrüteten Eier zum Auskriechen brachte, ein Resultat das dem in den ägyptischen Mammals erzielten gleichkam. Da dieser Arbeit weder von dem älteren noch von dem jüngern Geoffroy Erwähnung geschieht, ebensowenig als von Valentin, Dareste und Andern, welche ähnliche Versuche veröffentlicht haben, so dürfte es angemessen sein, die Resultate der, wie es scheint, fast in Vergessenheit gerathenen Reaumur'schen Versuche hier in Kürze zu recapituliren.

Der Feuchtigkeitsgrad der Luft darf, wenn ein günstiges Resultat erlangt werden soll, nicht so gross sein, dass ein hineingelegtes kaltes Ei sich beschlägt und nass wird. In zu feuchten Brütöfen starben fast alle Embryonen in den Eiern ab. Einzelne waren über den normalen Termin hinaus, noch am 29. bis 30. Tage der Bebrütung, lebendig, aber so in der Entwickelung zurückgeblieben, dass sie nur einer 17 bis 18tägigen Bebrütung entsprachen. Die grosse Mehrzahl ging kurz vor dem normalen Termin des Auskriechens zu Grunde, denn etwa $^3/_4$ der Eier, in welchen am Schluss der normalen, 21tägigen Bebrütungszeit todte Embryonen gefunden wurden, enthielten Hühnchen, welche fast ganz reif waren. Reaumur erklärte die schädliche Wirkung der Feuchtigkeit durch die Annahme, dass dadurch die Poren verstopft würden, wodurch der Respirationsprocess gestört würde. Dieser ist nämlich gerade kurz vor dem Auskriechen am lebhaftesten, was schon daraus hervorgeht, dass die Eier in den letzten Tagen vor dem Auskriechen sich wärmer anfühlen, als weniger weit entwickelte Eier, und dass sie nicht so leicht kalt werden, also in sich selbst eine Wärmequelle besitzen müssen; auch versichert R. wiederholt gehört zu haben, dass ein Hühnchen im Ei pipen könne, bevor die Schale den geringsten Riss hat. Die Theorie der Verstopfung der Poren in der harten Schale begründete er aber nicht nur auf theoretische Schlüsse, sondern auch auf die Erfahrung, dass eine zu feuchte Luft den Embryonen um so verderblicher wird, je dichter die Schale ist. So sind Enteneier, deren harte Schale dichter ist als die der Hühnereier, auch noch empfindlicher gegen Feuchtigkeit als diese, und die Eier der Truthenne, deren Schale weniger compact ist als die der Enteneier, aber compacter als die der Hühnereier, sind empfindlicher gegen zu feuchte Luft als Hühnereier, aber weniger empfindlich als Enteneier. Dem entspricht auch eine Beobachtung, die R. machte, indem Eier, die 10 bis 15 Tage von einer Henne in einem guten, trocknen Neste bebrütet waren, in einem zu feuchten Brütofen alle zum Auskriechen kamen, während alle diejenigen Eier, die während der ganzen Zeit in demselben feuchten Brütofen gelegen hatten, zu Grunde gingen. Es ist nämlich begreiflich, dass die Poren um so mehr verstopft werden, je länger die Eier in der feuchten Luft liegen. Wenn dann einzelne Embryonen, selbst bis über den Termin des normalen Auskriechens hinaus, in den von zu feuchter Luft umgebenen Eiern am Leben bleiben, während die Uebrigen absterben, so erklärte R. Dieses durch die verschiedene Dichtigkeit der harten Eischale. Um diese Theorie noch ferner zu prüfen machte R. folgende Versuche.

Er überzog die Eier vor der Bebrütung mit einer firnissartigen Substanz, welche den Luftdurchtritt durch die Poren verhinderte. So behandelte Eier entwickelten sich nicht, wenn sie der Brütwärme ausgesetzt wurden, sondern erhielten sich frisch, wie unbefruchtete Eier. Bei einer andern Versuchsreihe wurden die Eier mit Wasser bedeckt der Brütwärme ausgesetzt, nachdem er gefunden hatte, dass Eier bei gewöhnlicher Temperatur sich unter Wasser länger halten und das Aussehen frischer Eier bewahren, indem sich kein Luftraum entwickelt und indem sich beim Kochen, neben dem geronnenen Eiweiss, eine milchige Flüssigkeit abscheidet. Nach 3 Tagen zeigte eins dieser Eier keine Spur von Entwickelung; nach 9 Tagen schwammen 2 Eier auf dem Wasser; das eine derselben war faul, das zweite enthielt einen wohlerhaltenen Dotter, ohne Spur von Entwickelung, und ganz dünnflüssiges Eiweiss. Nach 10 Tagen zeigte ein am Boden gebliebenes Ei dasselbe Verhalten wie im letztgenannten Falle. Am 17. Tage wurden wieder 2 Eier geöffnet, von denen das eine ganz faul war, während das andere einen wohlerhaltenen Dotter von etwas unangenehmen Geruche zeigte. R. vermuthet, dass sich in den 2 Eiern, welche sich in stinkender Fäulniss befanden, ein Keim entwickelt hätte, der aber sehr früh abgestanden wäre, da er vielfach die Erfahrung gemacht hatte, dass Eier, in denen es gar nicht zur Entwickelung kommt, nicht während der normalen Dauer der Bebrütung der fauligen Zersetzung unterliegen, ja, dass sie sich, bei luftdichtem Ueberzuge, in der Brütwärme 30 bis 40 Tage lang, bei gewöhnlicher Temperatur aber jahrelang frisch erhalten.

Endlich führt er noch als Belege für die Porosität der Eier die bekannte Erfahrung an, dass der flüssige Inhalt des Eies unter der Luftpumpe durch die Eischale durchschwitzt. Bisweilen sah er aus faulen Eiern auch beim gewöhnlichen Luftdruck faule Flüssigkeit aus den Poren der Schale hervordringen. Auch beobachtete er bisweilen Pilze in bebrüteten Eiern, ohne dass irgend Spalten an denselben zu finden waren. Micheli wies die Entstehung dieser Pilze aus Sporen nach, und schon R. schloss hieraus, dass diese durch die Poren der Schale und durch die weisse Eihaut gedrungen sein müssten (l. c. pag. 254). Wenn er an Eiern, die in zu feuchter Luft bebrütet wurden, eine kleine Oeffnung am stumpfen Ende am 17. bis 18. Tage der Bebrütung anbrachte, so gelang es in den meisten Fällen die Hühnchen durch diese Operation zu retten und zum Auskriechen zu bringen, indem die Gefahr durch Verstopfung der Poren, wie gesagt, sich besonders in den letzten Tagen geltend macht, wo der Respirationsprocess so viel lebhafter geworden ist. Wenn er aber diese Operation in früheren Perioden der Bebrütung ausgeführt hatte, so fand er in den angestochenen Eiern Pilze in grosser Menge, meist von blaugrüner Farbe, welche den Embryo durch ihre überhand nehmende Entwickelung getödtet hatten.

Unabhängig von der Verstopfung der Poren des Eies kann der Embryo im Vogelei, nach R.'s Beobachtungen, auch durch Infection durch faule Dünste zu Grunde gehen. Wenn sich in einem Neste ein stinkendes Ei befindet, so kann es successive alle die andern Eier zum Abstehen bringen. Täglich fanden sich bei diesen Versuchen 1 bis 2 neue faule Eier im Neste, und obgleich das Stroh des Nestes erneuert wurde, so dauerte die Ansteckung doch fort, bis auch das letzte Ei faul geworden war. Zwei Beobachtungen zufolge reichen 24 Stunden aus, damit ein faules Ei andere gesunde Eier inficire. Dieser Umstand ist übrigens den Aegyptern wohl bekannt, indem sie täglich diejenigen Eier, welche Zeichen der Fäulniss zeigen, aus den Brütöfen entfernen. Bemerkenswerth ist es, dass nicht jeder Gestank, namentlich auch nicht die Ausdünstung des Mistes, den Eiern an sich schädlich ist, indem R. Hühner auf Misthaufen, im ärgsten Gestank ihre Eier mit dem allerbesten Resultat bebrüten liess.

Als dritte Grundursache des Abstehens der Eier bei der Bebrütung führt R. die Temperaturschwankungen an. Da die Temperatur an verschiedenen Stellen des Brütofens verschieden sein kann, muss sich die Kugel des Thermometers zwischen den Eiern selbst befinden. Die günstigste Temperatur für die ganze Dauer der Bebrütung ist 32° R., es kann jedoch auch bei einer durchstehenden Temperatur von 30° R., sowie von 34° R. ein, wenngleich weniger sicheres Resultat erlangt werden. Bei 28° R. ist die Temperatur schon zu schwach, und bei 36° R. zu hoch. Innerhalb gewisser Grenzen sind die Temperaturschwankungen den Embryonen nicht absolut verderblich. Die Henne verlässt wenigstens einmal täglich das Nest um zu fressen, zu trinken und um die Excremente zu entleeren. Einige gestatten ihnen zwei Mahlzeiten täglich. Hierbei verlässt eine eifrige Brüthenne die Eier freilich nur 7 bis 8 Minuten, manche jedoch über $1/2$ Stunde. Während der ersten 17 bis 18 Tage pflegt die Henne ihr Nest mit einer dicken Lage von Stroh zu bedecken, bevor sie sich entfernt. Ebenso bedecken die Enten und Taucher immer ihre Eier, wenn sie die Nester verlassen. Während der letzten Tage der Bebrütung bedeckt die Henne ihr Nest weniger sorgfältig; dem entspricht der Umstand, dass um diese Zeit im Ei selbst eine sehr bemerkbare Wärmeentwickelung statt hat. Diese giebt sich dadurch zu erkennen, dass die Eier während der letzten Tage nicht so leicht kalt werden, wovon man sich schon durch das Gefühl bei vergleichenden Versuchen überzeugen kann. Ueber den schädlichen Einfluss einer zu niedrigen Temperatur finden sich freilich nur unvollständige specielle Angaben. Einmal beobachtete R., dass Eier, am vierten bis fünften Tage der Bebrütung über 10 Stunden lang von der

Henne verlassen und einer andern Henne zur Bebrütung übergeben, zur Entwickelung kamen. Da aber die Angabe der äussern Temperatur fehlt, und da nicht gesagt ist, inwiefern die Eier z. B. durch die Bedeckung und durch die Umgebungen gegen Abkühlung geschützt waren, so ist es unmöglich, eine Vermuthung darüber zu haben, wie weit die Abkühlung im Innern des Eies wohl gediehen sein mochte. In einem andern Falle war ein Ei zwei Tage lang richtig bebrütet worden, hatte aber am dritten und vierten Tage nur 30° R. gehabt; am fünften Tage sank die Temperatur auf 25° und am sechsten stieg sie während der Nacht und am Morgen auf 37° R. Trotz dieser Temperaturschwankungen lebte der Embryo noch. Ob er aber normal gewesen, wird nicht bemerkt. In einem dritten Falle waren eine Partie Eier 5 bis 6 Tage lang einer Temperatur von nur 30 bis 31° R. ausgesetzt gewesen; 3 Tage vor dem Auskriechen war die äussere Temperatur bis unter 30° R. gesunken, ja für eine kürzere Zeit selbst unter 28° R., und dennoch gelangten die in ihnen entwickelten Hühnchen zum Auskriechen. Eine stetige Temperatur von 30 bis 31° R. schien oft die Folge zu haben, dass die Hühnchen einen Tag später zum Auskriechen kamen; dies kam jedoch auch bei normaler Brütwärme bisweilen vor. Während der letzten Tage der Bebrütung, da die Eier bereits eine merkliche Wärme selbst entwickeln, bedürfen dieselben, wie schon J. Steveson in einer Abhandlung über die Ursache der thierischen Wärme bemerkt hatte, einer weniger stetigen Bebrütung von Seiten der Henne; R. bestätigte das, fand aber zugleich, dass sie in den letzten 4 bis 5 Tagen in Folge einer mehr eingreifenden Abkühlung leichter absterben, als in den früheren Bebrütungsperioden. Vollständigere Angaben, als über den Einfluss einer zu niedrigen Temperatur, finden sich über den Einfluss einer zu hohen Temperatur. Diese ist natürlich nicht unter der Henne, wohl aber bei künstlicher Bebrütung zu befürchten. Die Temperatur kann für einige Zeit auf 35, ja auf 37 bis 38, selbst auf 40° R. steigen, ohne dass die Eier alle nothwendig zu Grunde gehen. Dauert diese Temperatur aber zu lange, so ist der Untergang der Embryonen unvermeidlich. Besonders gefährlich ist nach R. ein zu hohes Steigen der Temperatur, während der letzten Tage der Bebrütung, und auch bei ganz kurzer Einwirkung einer Temperatur von 38 bis 40° R. wurden diejenigen Embryonen, die in den nächsten 2 bis 4 Tagen auskriechen sollten, immer todt gefunden. R. erklärt dies theils durch die Eigenwärme, wodurch die Temperatur in diesen Eiern noch über die äussere steigen könnte, theils aus dem Umstande, dass auch ausgekrochene Hühnchen bei dieser Temperatur schnell sterben. Am zweiten, dritten, zehnten, vierzehnten und funfzehnten Tage wurde die Temperatur für eine oder ein Paar Stunden auf 37, ja 40° R. gesteigert, ohne dass dadurch das Auskriechen einiger Hühnchen, welche diesen hohen Wärmegraden ausgesetzt gewesen waren, verhindert wurde. Eine Temperatur von 37° wurde von einzelnen Eiern mehrmals, jedesmal einige Stunden nach einander ertragen, eine Temperatur von 35 bis 36° selbst mehrere Tage nach einander; bei einer stetigen Temperatur von 35° R. kam freilich nicht ein einziges Hühnchen zum Auskriechen, alle hatten jedoch ihre volle Entwickelung erlangt, waren aber kurz vor dem Auskriechen aus der Schale gestorben. — Den schädlichen Einfluss dieser hohen Temperatur schreibt R. zum Theil der zu starken Verdunstung zu, indem der Luftraum über die Hälfte, oft $^2/_3$ der Höhle des Eies einnahm, wodurch die zum Auskriechen nöthigen Bewegungen sehr beeinträchtigt werden mussten. Eine zu hohe Temperatur, welche die Hühnchen im Ei nicht gradezu tödtete, schwächte sie oft so, dass sie erst 1 bis 2 Tage später zum Auskriechen kamen, dahingegen schien eine mässig hohe Temperatur die Entwickelung ein wenig, etwa um einen Tag, zu beschleunigen. Dem Einflusse der zu starken Verdunstung ist R. auch geneigt es zuzuschreiben, dass Eier, denen die harte Kalkschale wegen mangelnder Ablagerung von Kalksalzen fehlt, selbst in der Brütmaschine niemals mit Erfolg bebrütet werden können, indem sie einfach eintrocknen.

Ausser den angeführten Bedingungen hebt R. noch folgende hervor: Es dürfen die Eier nicht zu alt sein. Drei Wochen ist im Sommer der äusserste Termin, im Winter eine noch etwas längere Zeit; Verschiedenheiten, die in dieser Beziehung beobachtet werden, scheinen besonders von den Temperaturverhältnissen abzuhängen. Die von Plinius ausgesprochene Behauptung, die Eier lieferten das beste Resultat bei der Bebrütung, wenn sie 10 Tage alt seien, fand R. durchaus unbegründet; vielmehr lieferten sie ihm ein um so günstigeres Resultat, je frischer sie waren. — Es müssen ferner die Hühner mit guten Hähnen versehen sein. Die grösseren Eier geben ein besseres Resultat als die kleineren; die ganz kleinen, welche die Grösse von Taubeneiern haben, können nicht mit Erfolg bebrütet werden. — Dahingegen fand R., dass die Lage der Eier keinen wesentlichen Einfluss auf das Resultat der Bebrütung hat. Aus Eiern, die er während der ganzen Dauer der Bebrütung theils auf das spitze, theils auf das stumpfe Ende gestellt hatte, krochen gesunde Hühnchen am einundzwanzigsten Tage aus. Dabei fand sich, dass der Luftraum sich auch dann am stumpfen Ende bildet, wenn es während der ganzen Dauer der Bebrütung nach unten gekehrt war. Ueberhaupt schien das Hühnchen durch keine Stellung zu leiden, und der Kreislauf, sowie die ganze Entwickelung, mit derselben Regelmässigkeit zu erfolgen, wie sonst (pag. 156—157). Endlich stellte R. auch Versuche an, um zu erfahren, welchen Einfluss die Lagenänderung der Eier bei der Bebrütung durch die Henne auf die Entwickelung hat. Er hatte sich nämlich durch Zeichen, die er auf den Eiern angebracht hatte, überzeugt, dass die Henne täglich die Lage der Eier verändert, indem sie diejenigen, die in der Mitte des Nestes liegen, nach der Peripherie hinbringt, und umgekehrt. Er hatte auch gefunden, dass die Henne, wenn im Nest mehrere Lagen Eier übereinander liegen, ab und zu die unterste Lage zur obersten macht. Die Aegypter ahmen dies Verfahren der Henne in ihren Mammals nach, indem sie nach Vesling selbst viermal täglich die Eier umkehren. Da R. indess fand, dass Eier, welche während der ganzen Dauer der Bebrütung dieselbe Stellung behielten, selbst wenn sie senkrecht aufgestellt waren, verhältnissmässig dieselbe Zahl von Hühnchen lieferten, wie Eier, welche fleissig umgekehrt wurden, so konnte er dem Drehen an und für sich keinen wesentlichen Einfluss zuschreiben, sondern er kam zu dem Resultate, dass es nur insofern einen günstigen Einfluss haben könnte, als die Wärmevertheilung dadurch gleichmässiger würde, namentlich bei der Bebrütung vieler Eier durch eine Henne.

Die Entstehung von Missbildungen bei Störung der Bebrütung

und überhaupt das Vorkommen von Monstruositäten in den Eiern der Vögel war, wie gesagt, R. ganz entgangen, und Geoffroy St. Hilaire der Aeltere, scheint der Erste gewesen zu sein, der (wahrscheinlich angeregt durch Swammerdams Versuche, bei welchen mittels Verletzungen der Puppen Missbildungen der Schmetterlinge hervorgebracht wurden) künstlich, durch Störungen während der Entwickelung in Vogeleiern Monstruositäten zu erzeugen suchte. Jedenfalls gebührt ihm das Verdienst, zuerst erkannt zu haben, dass Brütversuche mit Vogeleiern nicht nur zur Erforschung der normalen Entwickelungsverhältnisse dienen können, sondern dass dieselben auch geeignet sind, sehr wichtige Aufschlüsse über die Entstehung der Missbildungen zu geben. Diese von seinem Sohne Isidore Geoffroy St. Hilaire*) vielfach citirten Untersuchungen, sind nach dem grossen Werke des Letzteren oft wieder citirt worden; man erhält aber aus diesen Citaten keine deutliche Vorstellung darüber, welchen Umfang dieselben gehabt, und welcher Werth denselben beizulegen sein mag. Ich habe mich daher mit den ursprünglichen Untersuchungen des ältern Geoffroy bekannt gemacht. Seine ersten Beobachtungen machte er im Etablissement des Herrn Briot in Auteuil. Die Resultate derselben wurden in der Acad. royale des Sciences le 10 avril 1826 und in Mémoires du Museum t. XIII. p. 289 mitgetheilt, nachdem er schon früher in einer Mittheilung an die Academie vom 28. August 1820, die im Journal complémentaire t. 7 pag. 271 und in Philosophie anatomique t. 2 pag. 513 wiedergegeben wurde, seine Ansichten über die Ursachen der Missbildungen entwickelt hatte. Die in obiger Mittheilung namhaft gemachten Beobachtungen und Versuche sind folgende:

Bei einem 12 Tage lang künstlich bebrüteten Hühnerembryo wurde nur ein einziger Hirnlappen gefunden. Ueber die ursächlichen Verhältnisse findet sich keine Angabe.

Durch einen Wachsüberzug über die Hälfte der Eischale gelang es ihm nicht die Entwickelung zu unterbrechen; es kam dabei jedoch in einem Falle nur zur Bildung von Gefässen, Membranen

*) Histoire générale et particulière des anomalies de l'organisation chez l'homme et les animaux, ou traité de teratologie. Paris 1836 T. III.

und einem weissen Körper; in einem andern Falle war ein „Triencephale“ ohne Antlitz und Sinnesorgane bei 7tägiger Bebrütung entstanden.

Ob die Eier immer in derselben horizontalen Lage ruhig liegen blieben, oder ob sie ab und zu gedreht und umgelagert wurden, fand er für die Entwickelung gleichgültig.

Dahingegen legt er, im Widerspruch mit Reaumur, der senkrechten Stellung der Eier während der Bebrütung eine ganz besondere Wichtigkeit bei, und meint, dass dieselbe zur Entstehung von Missbildungen Veranlassung giebt. Als Belege für diese Behauptung führt er folgende Fälle an, in welchen die Eier während der Bebrütung theils auf das spitze, theils auf das stumpfe Ende gestellt waren: Einmal war dabei das Auge eines 8‴ langen Embryo durch Bersten (?) zu Grunde gegangen. In einem andern Falle waren beide Augen eines 5‴ langen Embryo in gleicher Weise zerstört. Den schädlichen Einfluss der senkrechten Stellung der Eier erklärt G. zum Theil durch die Reaumur's Erfahrungen ebenfalls zuwiderlaufende Angabe, dass die Entwickelung des Luftraums dadurch verhindert werde, besonders wenn das stumpfe Eiende sich unten befinde. Ferner soll die senkrechte Stellung des Eies, mit dem stumpfen Ende nach oben, das Hineintreten des Dotters in den Unterleib verhindern, indem die Verschiedenheit des specifischen Gewichts den Dotter vom Unterleibe entfernen und die Integumente des letzteren hervorzerren soll. Bei senkrechter Stellung des Eies, mit dem spitzen Ende nach oben, fand er dahingegen den stark injicirten Dotter mit dem obern Eiende verklebt, während der Embryo mit dem Schwanze nach oben, und der Brust nach unten, dem Luftraum gegenüber lag. Der gelbe Dotter ragte in den Unterleib des Embryo hinein, anstatt wie im vorigen Falle durch einen verlängerten Stiel von demselben getrennt zu sein. Der Embryo oder sein Amnion adhärirte der Schaalenhaut oder der Chalazze (?) und der Steiss war seitlich verbogen.

Diese Angaben scheinen sich jedoch auf einzelne Beobachtungen zu stützen, ja zum Theil selbst nur a priori geschlossen zu sein, und sie scheinen wenig geeignet, Reaumur's widersprechende Angaben zu widerlegen. Ausserdem beobachtete Geoffroy der Aeltere noch folgende Deformitäten an Hühnerembryonen, deren Entstehen er durch Zerrung erklärt. Bei einem Exemplare war das Becken oben mit dem Dotter verbunden, und die Eingeweide, nebst dem sehr grossen Magen, waren so hervorgezogen, dass sie nirgends vom Sternum bedeckt waren. Das Herz war dem Zuge gefolgt und im Begriff aus dem Thorax herauszutreten. Das Sternum hatte an seinem verkürzten Abdominalende eine Falte, und das Becken war ganz flach ausgebreitet. — Bei einem andern Individuum waren die Lendenwirbel offen, und zwar in der ganzen Ausdehnung des Rückgrats. Die Steissbeinwirbel waren auffallend klein und ohne Seitenapophysen, so dass sie statt eines Vogelschwanzes gewissermassen einen Säugethierschwanz darstellten. Bei einem dritten Exemplare war die Wirbelsäule in der Gegend der Halswirbel offen. Bei einem vierten endlich war der Kopf rund, der Schnabel gekrümmt, der Unterkiefer kurz und unter die Kehle gedrängt, so dass der Kopf einem Papageienkopfe ähnlich war. Diese letztere Missbildung sah G. einige Male.

Diese durchaus fragmentarischen Angaben bezeichnet Geoffroy selbst nur als eine Art Annonce einer grösseren Arbeit über diesen Gegenstand, die er herausgeben wollte. Diese verheissene grössere Arbeit ist jedoch niemals erschienen, sondern nur noch eine fernere Mittheilung über einen einzelnen Fall, den er als besonders beweisend für seine, Meckel gegenüber festgehaltene, Theorie der Entstehung der Missbildungen durch mechanische Einwirkungen hervorhebt. Diese Mittheilung in Archives générales 1827 ist betitelt: Des adhérences de l'extérieur du foetus, considérées comme le principal fait occasionel de la monstruosité et observations nouvelles à l'appui de cette theorie. Er berichtet hier, dass er bei zwei Zwillinghühnchen die Hirnlappen stärker als sonst nach vorn entwickelt und über die getrennt gebliebenen Stirnbeine hervorgedrängt gefunden habe. Seitlich folgten die Lobi optici den Stirnlappen, während das Cerebellum im Schädel zurückgeblieben war. Die Erklärung dieser Deformität suchte G. in einer Verwachsung, und fand dafür einen Beleg in einer Beobachtung, welche den Hauptinhalt der Abhandlung ausmacht. Es betraf dieselbe ein Hühnchen, das er aus der Brütanstalt des Herrn Ratier zu Bourgla Reine erhalten hatte, und das bereits einen Tag lang nach Eröffnung der Eischale ohne Futter gelebt hatte. Es war nicht im Stande gewesen, sich von der Schale zu befreien, weil der Scheitel desselben mit der Oberfläche des Dotters verwachsen war, wodurch der Kopf, gegen den Unterleib gepresst, festgehalten wurde. Diese Stellung wurde, durch das vor und noch nach der Eröffnung der Eischale erfolgende Hineinziehen des Dotters in den Unterleib, dem Thiere immer peinlicher, indem der Kopf dem Zuge des Dotters folgen musste. Die Adhäsion stellte eine röthliche Membran dar, welche 2‴ breit und 6‴ lang war, und welche die Dura mater repräsentirte. Das Hirn war, von dieser Membran umgeben, aus dem Schädel herausgezogen, und gerade so gelagert wie im erstgenannten Falle. Die Lobi cerebri und Lobi optici waren nach aussen gezerrt; der Lobus cerebri dexter war länglich und ruhte auf dem quergestellten Falx, während der Lobus cerebri sinister, etwas kürzer und mehr abgeplattet, unter dem Falx lag. Die Decken des Schädels bildeten einen Ring, und im Schädel lagen nur das Cerebellum nebst der Medulla oblongata. — Eine ähnliche Dislocation des vordern Theils des Hirns fand Geoffroy öfter, es waren dann aber doch die Meningen mit einer Haut bedeckt, welche Federn trug, so dass nur die knöcherne Schädeldecke fehlte. Geoffroy erklärt diese Fälle durch ein vorübergehendes mechanisches Hinderniss, analog dem das im angeführten Falle bleibend geworden war.

Aus ferneren zerstreuten Notizen des älteren Geoffroy in Journal complémentaire des sciences medicales T. 34, Philos. anatomique t. II. p. 511, Dictionaire classique d'hist. natur. t. XI. p. 149 art. monstruosités und aus des jüngeren Isidore Geoffroy-Saint-Hilaire: Histoire générale et particulière des anomalies de l'organisation chez l'homme et les animaux Paris 1836. Tom III. pag. 500 u. flg. ersieht man ferner, dass die angeführten Versuche noch mehrfach abgeändert wurden. Es wird berichtet, dass die Bebrütung auch noch durch Schütteln der Eier und durch Perforationen der Schale gestört wurde, aber nähere Angaben über die Resultate habe ich nicht finden können. Der ältere Geoffroy erzählt überdies nur noch, dass die Wärmeregulation und Ventilation in der Brütanstalt des Herrn Ratier anfangs unvollkommen gewesen sei, indem ein grosses Zimmer dazu benutzt wurde, das durch einen Ofen in der Mitte geheizt wurde, und dass in Folge dessen $^{8}/_{10}$ der Eier zu Grunde gegangen seien, von den übrigen aber fast die Hälfte nach aussen gekrümmte Zehen hatte. Isidore Geoffroy (der Sohn) sagt demnächst in seinem angeführten Werke, dass er 1831 die Versuche seines Vaters aufgenommen habe, indem er zugleich ihre hohe Bedeutung für das Verständniss der Entstehung der Missbildungen sehr stark betont. Während sein Vater, wie er sagt, gewöhnlich die Eier 3 Tage lang unter gewöhnlichen Verhältnissen gelassen, und dann die Bebrütung auf verschiedne Weise gestört hatte, machte Isidore Geoffroy die Eingriffe vor der Bebrütung. Da ihm keine Brütanstalt zu Gebote stand, benutzte er Hennen zur Bebrütung seiner Eier. Er giebt an, dass Erschütterung der Eier in der Richtung der Längsachse nur eine Verzögerung der Entwickelung, selbst um mehrere Tage, zur Folge gehabt habe. Man erstaunt aber, wenn berichtet wird, dass dieser Versuch nur mit 3 (!) Eiern vorgenommen wurde, von denen die 2 noch zu andern Versuchen benutzt wurden (!) indem das eine mit Salpetersäure geätzt wurde, in das andere aber eine Nadel eingeführt wurde (!). Bezüglich der übrigen Versuche mit Erschütterung der Eier in der Richtung der Querachse, mit Ueberzügen, welche die Porosität beschränkten, mit Abtragung eines kleinen Stücks der Schaale und Verstopfung des Loches durch eine poröse Substanz, mit einmaliger Einführung von Nadeln und mit Befestigung eingeführter Nadeln im Ei, erfährt man nur, dass die Entwickelung durch diese Eingriffe allemal gänzlich verhindert wurde. Es wird dann noch hinzugefügt, dass sich bisweilen bei diesen Versuchen eine schleimige Materie im Dotter entwickelt habe, welche einem membranartig gewundenen Ligamente glich, und dass der Dotter in einigen Fällen in rundliche oder unregelmässige Kugeln von $^{1}/_{4}$ bis $^{1}/_{3}'''$ sich aufgelöst habe, während andre Eier nichts Ungewöhnliches zeigten. Gewiss muss man Geoffroy Recht geben, wenn er selbst eingesteht, dass diese negativen Versuche der Wiederholung bedürfen, um zu Schlüssen zu berechtigen. Trotz des grossen Gewichts, das er auf die hieher gehörigen Versuche legt, indem er die Experimente seines Vaters als maassgebend für die Theorie der Missbildungen bezeichnet, so hat er doch leider nicht Gelegenheit gefunden, dieselben weiter zu verfolgen. Auch er versprach über diesen Gegenstand eine besondre Memoire zu liefern, hat dies Versprechen jedoch nicht erfüllt.

Es sind offenbar die Untersuchungen Geoffroy's des Jüngern, sowohl als die des Aeltern, über den Einfluss der Störungen auf das Bebrütungsresultat denen Reaumur's gegenüber durchaus nicht maassgebend. Wenn Geoffroy der Aeltere in ein Paar namhaft aufgeführten Fällen kranke Embryonen in Eiern fand, die in senkrechter Stellung bebrütet waren, so folgt daraus noch nicht, dass die senkrechte Stellung daran Schuld war. Denn Reaumur brachte in dieser Stellung bebrütete Eier ebensowohl zur vollständigen und normalen Entwickelung, wie bei horizontaler Lage, und Geoffroy führt nicht an, ob die Temperatur u. s. w. normal gewesen sei. Ueberdies finden sich solche kranke Embryonen, wie Geoffroy sie bei senkrechter Stellung während der Bebrütung ein paarmal fand, meinen Untersuchungen zufolge so häufig, auch in Eiern, die, unter sonst ungünstigen Verhältnissen, in horizontaler Lage bebrütet wurden, dass für die Begründung seiner Behauptung wenigstens ein statistischer Nachweis des häufigeren Vorkommens derselben bei senkrechter Stellung der Eier nöthig gewesen wäre. Die weitläuftige Darlegung der Verhältnisse, durch welche die senkrechte Stellung der Entwickelung schaden soll, stützt sich dabei, wie es scheint, durchaus nur auf eigene Reflexion, nicht auf Beobachtung. So widerspricht z. B. seine Behauptung, dass die senkrechte Stellung die Entwickelung des Luftraums verhindere, besonders wenn das stumpfe Ende nach unten gekehrt sei, völlig der Erfahrung und den schon von Reaumur angestellten Versuchen.

Die neuerdings von Liharžik *) veröffentlichten Untersuchungen über die Einwirkung der verschiedenen Stellung und Lage der Eier während der Bebrütung auf die Entwickelung des Hühnchens verdienen hier noch erwähnt zu werden. Bei horizontaler Lage des Eies liegt, nach L., auch der Embryo horizontal, mit dem Kopf

*) Das Gesetz des menschlichen Wachsthums und der unter der Norm zurückgebliebne Brustkorb als die erste und wichtigste Ursache der Rhachitis, Scrophulose und Tuberculose von Dr. Franz Liharžik. 8. Wien, bei Gerold und Sohn. 1858. — Froriep's Notizen 1859 IV. Bd. No. 1.

meist dem stumpfen Eiende zugekehrt. Wird die Längsachse des Eies senkrecht gestellt, so lagert sich der Embryo am obersten Eiende anfangs horizontal, bei fortschreitender Entwickelung aber stellt sich die Längsachse des Embryo mehr und mehr der Längsachse des Eies parallel, und am Ende der Entwickelung liegt immer der Kopf am einen und der Schwanz am andern Eiende. Unabhängig von der Stellung findet man am Schlusse der Entwickelung in der Regel den Kopf dem stumpfen, lufthaltigen Eiende zugekehrt, den Schwanz dem spitzen Eiende. Bei senkrechter Stellung des Eies, mit dem stumpfen Eiende nach oben, ist also der Kopf am Schlusse der Entwickelung nach oben gerichtet, während er bei einer solchen senkrechten Stellung des Eies, wobei das spitze Ende nach oben liegt, nach unten gerichtet ist. Indem man auf solche Weise im Stande ist, etwa während der letzten Hälfte der Brützeit den Embryonen im Ei nach Belieben eine solche Lage zu geben, dass der Kopf nach oben, nach unten oder horizontal liegt, ist es möglich, über den Einfluss der verschiedenen Stellungen bestimmte Versuche anzustellen. L. fand nun den Kopf auffallend kleiner, den Bauch aber dicker und grösser, wenn der Kopf (das stumpfe Eiende) nach oben gerichtet war. Es waren alsdann die ausgekrochenen Hühnchen auch schwach, gingen schlecht und sie blieben immer während längerer Zeit mager und schwächlich. In einigen Fällen war die Lage des Kopfes im Ei nicht die normale, unter dem Flügel, sondern der Flügel hing herab. Wenn dahingegen der Kopf (das stumpfe Eiende) nach unten gerichtet war, so wurde der Kopf überall grösser und breiter, der Hals kürzer und dicker, der Bauch aber kleiner, schmächtiger und platter gefunden. Bei der gewöhnlichen horizontalen Embryonallage (bei horizontaler Lage des Eies) fand er die nach unten gelegene Körperhälfte, auf der das Hühnchen geruht hatte, kleiner, schwächer, in der Entwickelung mehr zurückgeblieben, atrophisch, und der Kopf war in solchen Fällen, wo der Körper auf ihm gelegen hatte, mit den Eindrücken des Brustkorbes versehen. Dies Alles war am deutlichsten bei vollentwickelten aber in der Schale abgestorbenen Hühnchen. Diese Resultate stützen sich auf Versuche mit 48 Eiern. Wenngleich aus diesen Versuchen hervorzugehen scheint, dass die

Lage des Eies bei der Bebrütung keinesweges für die Entwickelung des Embryo gleichgültig ist, und dass die durch die Stellung bedingte Verschiedenheit der Einwirkung der Schwere Ursache der beobachteten Modificationen der Ernährung ist, so ist in denselben doch von eigentlichen Missbildungen nicht die Rede. In einer Versuchsreihe mit je 6 verschieden placirten Eiern hatte es den Anschein, als ob die senkrechte Stellung überhaupt ungünstiger sei, als die horizontale, indem mehr vollentwickelte Hühnchen aus den letzteren hervorkamen, als aus den ersteren. Um jedoch hierüber etwas Sicheres zu statuiren, würden viel grössere Beobachtungsreihen nöthig sein, wie sie von Reaumur vorliegen, daher Reaumur's Resultate durch Liharžik's Untersuchungen im Ganzen bestätigt und nicht wesentlich alterirt werden, wohingegen Geoffroy's Angabe, dass die senkrechte Stellung der Eier während der Bebrütung eine wesentliche Ursache der Entstehung von Missbildungen in Vogeleiern sei, durch dieselben keineswegs bewahrheitet wird.

Die oben angeführten Versuche Reaumur's, durch welche der Einfluss luftdichter Ueberzüge der Eier auf die Entwickelung geprüft wurde, sind später verschiedentlich modificirt und wiederholt worden. Insofern die luftdichten Ueberzüge die Sauerstoffaufnahme verhindern oder wenigstens beschränken müssen, könnten hier einige Versuche angeführt werden, welche von einer aus Viborg,*) Bugge, Herholdt, Scheel und Rafn bestehenden Commission im Auftrage der Königl. dänischen Gesellschaft der Wissenschaften 1803 angestellt wurden, um die Frage zu erledigen: Ob Eier in irrespirabeln Gasarten entwickelt werden könnten? Dieselben ergaben ein negatives Resultat, wenn der Verschluss der Gefässe, in welchen die Eier mit der irrespirabeln Luft eingeschlossen waren, vollkommen dicht war. Sie zeigten aber zugleich, dass es ungemein schwer ist einen vollkommenen Verschluss zuwege zu bringen. Diese Versuche haben indess für uns keinen grossen Werth, da die bei einigen, als misslungen bezeichneten Versuchen wahrgenommenen „Entwickelungsspuren“ nicht näher untersucht wurden und da die ganze Versuchsreihe auf eine geringe Zahl von Eiern beschränkt

*) Det Kongel. Danske Videnskabernes Selskabs Skrivter for Aar. 1803 og 1804 III. Bd. Kjöbenhavn 1805, 4. pag. 231.

war. Wenn man indess diese Versuche vor Augen hat, so erscheint es zweifelhaft, ob die später von Beaudrimont und Martin St. Ange gemachte Angabe, dass die Entwickelung in Eiern, die mit luftdichten Ueberzügen versehen sind, wohl beginnen könne, aber sehr früh gehemmt werde, auf Eier zu beziehen ist, welche mit vollkommen oder unvollkommen luftdichten Ueberzügen versehen waren. Indem Beaudrimont die eine Hälfte des Eies parallel der Längsachse mit einem luftdichten Ueberzuge versah, fand er, dass die Eier abstanden, wenn die firnisirte Hälfte nach oben lag, dass aber die Entwickelung nicht dadurch gestört wird, wenn dieselbe während der Bebrütung nach unten lag. Dareste*) wiederholte neuerdings die von Beaudrimont und von Geoffroy d. A. vorgenommenen Versuche mit partiellen luftdichten Ueberzügen der Eischale, indem er dieselben so modificirte, dass er das stumpfe oder spitze Eiende firnisirte. Das Firnisiren des spitzen Eiendes schien in der ersten Zeit bisweilen ein Abstehen der Eier zur Folge zu haben. Späterhin schadete es nicht. Wenn aber das stumpfe, mit dem Luftraum versehene Eiende von Anfang an, oder in den ersten Tagen der Bebrütung firnisirt wurde, so stand eine gewisse Zahl von Eiern ab, andere aber entwickelten sich normal, nur dass die Allantoïs sich statt an das stumpfe Ende an eine andere nicht firnisirte Stelle der Schale anlegte. D. meint, dass dieser abnorme Ansatz der Allantoïs zu Missbildungen Veranlassung geben könnte. In einem solchen Falle fehlten die Zehen des linken Fusses ganz, während der rechte normal gebildet war. In einem andern Falle wurde eine beträchtliche Verkrümmung des Oberkiefers gefunden, während der Unterkiefer normal gebildet war. Es ist aber der ursächliche Zusammenhang dieser Deformitäten mit der abnormen Lage der Allantoïs nicht nachgewiesen, und überhaupt scheint der Einfluss der luftdichten Ueberzüge auf die Entstehung von Missbildungen, den bisher vorliegenden Untersuchungen zufolge, wenigstens sehr problematisch zu sein. — Wenn das stumpfe Eiende am fünften Tage der Bebrütung firnisirt wurde, also zur Zeit, da die Allantoïs sich bereits an den Luftraum angelegt hatte (?), so starb

*) Comptes rendus 1855 pag. 963 bis 966 und Gazette medicale 1856. 9.

der Embryo immer ab. Späterhin, vom achten bis zum zwölften Tage, war das Firnisiren des stumpfen Eiendes wiederum unschädlich, was D. daraus erklärt, dass sich die Allantoïs alsdann über einen grösseren Theil der Eischale ausgebreitet hat.

Herr Dr. Poselger in Berlin hat, zufolge mündlicher Mittheilung, verschiedene Versuche über das Conserviren der Eier für die Bebrütung angestellt. Nach ihm vertragen die Eier selten mehr als 3 Wochen aufbewahrt zu werden, wenn die Bebrütung Erfolg haben soll. In solchen älteren Eiern beginnt die Entwickelung wohl bisweilen, wird aber oft nicht beendigt, indem die Embryonen nur etwa 14 Tage alt werden. Einige Hühnchen kamen freilich aus solchen älteren Eiern hervor; dieselben schienen ihm aber schwächlicher zu sein, als aus frischen Eiern. In Eiern, welche über 4 Wochen alt waren, entwickelten sich die Hühnchen im Ei nie weiter als etwa bis zum vierzehnten Tage; in keinem Falle kamen sie zum Auskriechen. Die Eier verlieren hierbei immer mehr an Gewicht, und wenn Dieses einen gewissen Grad erreicht hat, ist die Entwickelung in den letzten Stadien unmöglich geworden. Bei seinen Versuchen, die Eier durch luftdichte Ueberzüge für eine längere Zeitdauer zu beschützen, wurde von den firnissartigen Ueberzügen von vorn herein abgesehen, weil anzunehmen war, dass dieselben dem Embryo durch Eindringen schädlicher Stoffe in das Innere des Eies gefährlich werden könnten. Staniolüberzüge wurden versucht aber verworfen, weil Eier, die mit solchen versehen waren, fast ebenso stark an Gewicht verloren, wie nicht überzogene Eier. Leimüberzüge verhinderten die Verdunstung gar nicht. Ein Ueberzug zuerst von Leim und dann von Collodium verhinderte die Verdunstung zwar etwas besser, aber doch nicht vollständig, und verlängerte nicht die Dauer der Bebrütungsfähigkeit. Wachsüberzüge, durch schnelles Eintauchen der Eier in geschmolzenes Wachs, dessen Temperatur nur wenig über dem Schmelzpunkte lag, verhinderten die Verdunstung am besten, so dass die Eier noch nach mehr als 3 Wochen in Wasser zu Boden sanken, aber zur Entwickelung kamen so überzogene Eier niemals.*)

*) Merkwürdig ist eine Beobachtung, die Herr Dr. Poselger hierbei machte, dass sich nämlich regelmässig im Innern so conservirter Eier Pilze in gros-

Die Versuche Geoffroys, durch mechanische Verletzungen der Embryonen Missbildungen hervorzubringen, scheinen in seinen Versuchen, so viel ich habe finden können, ein negatives Resultat gehabt zu haben. Dieselben sind von Valentin wiederholt worden, und er berichtet über dieselben in seinem Repertorium Bd. II. pag. 168 und 169, bei Gelegenheit eines Referats über Barkows Monstra animalium duplicia. Es heisst hier: „Ich feilte bei meinen „Versuchen die Eier, nachdem sie 24 bis 28 Stunden in der Brüt„maschine gelegen hatten, an, und deckte sie so, dass die Keimhaut „an der circulären Oeffnung frei zu Tage kam. Der mehr oder „minder entwickelte Embryo zeigte, soweit sich auf diesem Wege „beobachten liess, keine Abnormität. Ich brachte das Ei nun un„ter verschiedene krankhafte Verhältnisse, dadurch, dass ich viel „Eiweiss durch die Oeffnung herausliess, das Ei in passende senk„rechte oder schiefe Stellungen versetzte, Fäden in der Nähe der „Keimhaut durch die Eischale hindurchzog u. dergl. Es erfolgten, „neben unglücklichen Zerstörungen des Ganzen, bisweilen monströse „Embryonen, von denen sich einige in dem Breslauer Museum be„finden. Hierdurch zeigte es sich unmittelbar, so weit es bei Ver„suchen der Art angeht, wie der normale Keim in ein Monstrum „übergehen kann, ein Resultat, das auch Geoffroy St. Hilaire der „Vater vor mir schon erhalten hatte.

„Für die willkührliche Erzeugung der Doppelmonstra habe „ich leider bis jetzt nur eine Erfahrung, die mir natürlicherweise „noch lange nicht genügt. Ich hatte einen zweitägigen Embryo „in seiner hintern Körperhälfte der Länge nach gespalten und fand „nach 5 Tagen Duplicität des Beckens und der hintern Extremitä„ten, doch waren die doppelten Theile in der Entwickelung weiter „zurück als die einfachen. Wie sehr die genirte Lage eine Neigung „zur Trennung hervorrufe, habe ich diesen Sommer wiederum gesehen. „Ich fand bei senkrechter Lage des Eies den mit seinen 3 Hirnblasen „noch versehenen Embryo an seinem Kopfe durch eine Längsfurche „so gespalten, dass fast bis zur Basis die rechte und linke Hälfte „von einander isolirt waren. Diese Missbildung scheint durch un-

ser Menge entwickelten, obwohl immer ganz frische Eier für diese Versuche benutzt wurden.

„mittelbare mechanische Einwirkung auf die Keimblase hervorgerufen zu sein."

Die Verhandlungen der Naturforscherversammlung zu Breslau, wo Valentin diese Versuche, Barkows Angabe im obengenannten Werke Bd. 2 pag. 190 zufolge, mitgetheilt hat, sind mir leider nicht zugänglich; ich weiss daher nicht, wie weit diese Versuche ausgedehnt wurden. Den Gedanken, dass eine mechanische Theilung der Keimanlage zu Doppelmissbildungen führen könne, etwa wie bei Trembleys Versuchen mit Polypen, scheint V. aber noch bei einer neueren Mittheilung über die Entwickelungsgeschichte der Doppelmissbildungen in Vierordt's Archiv 1851 festgehalten zu haben, indem er ein besonderes Gewicht auf den Umstand legte, dass die künstlich befruchteten Fischeier, aus welchen sich seine Doppelembryonen entwickelten, 7 Stunden lang in einem Gefässe mit wenig Wasser getragen wurden. Einer brieflichen Mittheilung des Herrn Professor Claudius in Marburg zufolge, hat Leuckart den letztgenannten Versuch Valentins wiederholt. „Wenn man ein Ei aus den ersten Tagen öffnet, die Keimscheibe spaltet oder durchsticht oder sonst laedirt, dann ein Stück Eischale darüber bindet und es wieder in die Maschine legt, so kann es sich fortentwickeln, nach L's. Beobachtungen bis 6 Tage nachher. Die getrennten Theile verwachsen nicht, zeigen überhaupt keinen Heilungsprocess, sondern die Schnittstellen bleiben in statu quo." Hiernach wird also Valentins vielbesprochener Fall auch wohl keine Doppelmissbildung, sondern eine Theilung oder Trennung in zwei Hälften dargeboten haben.

Ueber das Vorkommen von Missbildungen in Vogeleiern berichtet ferner v. Baer in einem Anhange zu seiner Abhandlung über doppelleibige Missgeburten (Mém. de l'acad. imp. de St. Petersbourg 1845. VI. Serie Sc. nat. T. IV). Er giebt hier an, dass es einst seine Absicht gewesen sei, über alle Regelwidrigkeiten, die er an den Eiern und den Embryonen von Vögeln beobachtet habe, in einer grössern Abhandlung zu berichten, dass er aber diese Absicht (wie ehedem Geoffroy Vater u. Sohn) längst aufgegeben habe. Am häufigsten sah er unvollkommene Entwickelungen des Hirns, mit oder ohne Mangel der Schädeldecke, und Unvollkommenheiten der Schnabelbildung. Nicht selten kommt es nach ihm vor, dass das Hirn, zu einer Zeit, wo die Vierhügel über das Vorderhirn überwiegen sollten, aus kleinen, gleich grossen, hintereinander liegenden prallen Bläschen besteht. Es ist dann auch der werdende Schädel viel weniger gekrümmt, als er es um diese Zeit sein sollte, und das Herz ist mehr schlauchförmig, indem das Ende, in welches das Blut hineintritt, dem Ende, aus welchem es heraustritt, viel weniger genähert ist, als normal. Baer schloss hieraus, dass die regelrechte Bildung des Herzens und des Kopfes der regelrechten Krümmung des Kopfes als gemeinsamer Bedingung folgen, und da ihm diese Hemmung in der Kopfbildung viel häufiger zwischen dem dritten und fünften Tage der Bebrütung vorkam, als eine unvollständige Kopfbildung bei ausgebildeten Hühnchen, so schloss er ferner, dass die so verbildeten Embryonen sehr frühzeitig absterben. Die auffallendste Missbildung, die ihm vorkam, war ein ziemlich festes, braunröthliches, bohnenförmiges Klümpchen, das nicht die mindeste Aehnlichkeit mit der äusseren Gestalt eines Hühnchens oder eines Wirbelthiers überhaupt darbot. Dasselbe war von einer etwas abstehenden Hülle umgeben und stand mit einem ungewöhnlichen, wie es schien, noch lebenskräftigen Gefässnetze der Keimhaut in Verbindung. Dies Gefässnetz bedeckte den ganzen Gefässhof mit Maschen, die in der Mitte zwar viel grösser waren, sich aber nicht in lange Stämmchen sammelten, sondern fast unmittelbar mit dem bohnenförmigen Klumpen verbunden waren. Diese Masse hielt v. Baer für eine nach dem Absterben des übrigen Körpers eines Embryo noch fortwuchernde Leber. Er wurde hierzu nicht nur durch die Farbe der Masse veranlasst, sondern vorzüglich durch die Beobachtung, dass bei Embryonen, welche in schlecht regulirten Brütmaschinen abstarben, der vegetative Abschnitt des Leibes sehr oft noch sein Leben fortzusetzen scheint, während der animalische Abschnitt schon völlig abgestorben ist und sich dann vom vegetativen mehr als gewöhnlich scheidet. In der äusseren abstehenden Hülle, deren oben Erwähnung geschah, glaubte v. B., freilich undeutlich, die Spuren einer in der Entwickelung gehemmten Wirbelsäule, also die animale Schicht des Embryo selbst zu erkennen — und nicht etwa ein Amnion. (In der Abbildung erkennt man jedoch Nichts, das an eine Wirbelsäule erinnert). Im fortvegetirenden Körper liessen sich freilich keine Lebergänge wahrnehmen, was aber bei der Suppression des Darmes sehr natürlich erschien. Diese Vermuthung, dass hier eine, aus einer degenerirten und über die Dauer des allgemeinen Lebens hinaus fortwuchernden Leber hervorgegangene Molen-Bildung vorliege, wollte v. Baer jedoch nur als Frage für künftig vorkommende Fälle hinstellen.

Erdl hatte daher Unrecht, als er in seinem Werke: Die Entwickelung des Menschen und des Hühnchens im Ei 1. Bd. pag. 40 aussprach, dass eigentliche Missbildungen in den gewöhnlichen Eiern der Vögel nicht vorkämen. Er giebt indess zu, dass abnorme Embryonen in bebrüteten Hühnereiern oft genug vorkommen, ja hält es für unmöglich, in jedem einzelnen Falle zu entscheiden, ob ein Embryo ganz normal oder ein wenig abnorm ist. Aber, ohne zu verkennen, dass dies unter Umständen seine Schwierigkeit hat, insofern Abnormitäten in der zeitlichen Aufeinanderfolge der Entwickelungsvorgänge so häufig sind, dass in einzelnen Fällen die Aufstellung der Norm zweifelhaft erscheinen kann, so glaube ich doch behaupten zu dürfen, dass die Feststellung der Grenze zwischen abnormen Embryonen und wirklichen Missbildungen noch viel schwieriger festzustellen ist. Erdl hat z. B. auf Taf. VIII. Fig. 4 einen Embryo abgebildet, der sich nicht nur durch seine im Verhältniss zur Entwickelungszeit abnorme Kleinheit, sondern auch durch eine eigenthümliche, blasenartige Bildung in der Herzgegend auszeichnet, die freilich ohne Weiteres als Amnionbildung bezeichnet wird, als solche aber jedenfalls sehr abnorm sein würde, und wohl als Missbildung bezeichnet zu werden verdient. Auf die Grössenverhältnisse der Embryonen scheint Erdl überhaupt sehr wenig Werth für die Beurtheilung ihrer normalen oder abnormen Beschaffenheit zu legen, wie er denn auch die Stundenangabe der Bebrütung für vollkommen werthlos erklärt. Obgleich jedoch die Ungleichheit der Entwickelung bei gleicher Dauer der Bebrütungszeit wohl Allen aufgefallen ist, welche viele Brütversuche angestellt haben, und obgleich auch die Grösse normaler Embryonen, bei gleichweit vorgeschrittener Entwickelung etwas variiren kann, so halten sich doch diese Ungleichheiten innerhalb gewisser, nicht sehr weiter

Grenzen. Wenn diese überschritten werden, so wird man, einmal mit den Missbildungen der Embryonen auf den früheren Entwickelungsstufen vertraut geworden, wohl immer, neben der zu geringen Grösse und dem Zurückgebliebensein der Entwickelung im Ganzen, auch Ungleichmässigkeiten der Entwickelung der einzelnen Theile und wahre Missbildungen finden, es sei denn, dass der Embryo plötzlich abgestorben ist, und neben einem sich fortentwickelnden Embryo eines andern Eies in der Brütmaschine liegen geblieben ist. Ich glaube, dass die zu geringe Rücksichtnahme Erdl's auf diese Verhältnisse daran Schuld ist, dass sich in seinem Werke auch mehrere als normal abgebildete Embryonen aus frühen Stadien befinden, die ich, meinen Erfahrungen zufolge, als beginnende Missbildungen betrachten muss, namentlich Taf. IV. Fig. 8, Taf. V. Fig. 5 und Taf. VI. Fig. 4 und 7.

Das häufige Vorkommen von wirklichen Missbildungen in bebrüteten Vogeleiern ist übrigens auch andern aufmerksamen Beobachtern nicht entgangen. So haben mir Reichert und Remak mündlich gesagt, dass sie sehr oft Missbildungen, namentlich sogenannte Hemmungsbildungen, bei ihren so zahlreichen Brütversuchen gefunden hätten; sie haben denselben jedoch keine weitere Aufmerksamkeit geschenkt, weil sie bei ihren Beobachtungen andere Fragen verfolgten.

Indem ich nun zur Darlegung meiner eigenen Untersuchungen und Beobachtungen übergehe, dürfte es angemessen sein, zunächst den Gedankengang anzugeben, der mich anregte, die Entstehung der Monstrositäten in den Vogeleiern in einer mehr eingehenden Weise zu verfolgen, als es bisher geschehen war, nachdem ich die meinen Vorgängern entgangene Beobachtung gemacht hatte, dass die abgestandenen und faulen Eier in der Regel Missbildungen enthalten.

Es schien mir vor allen Dingen bei einer experimentellen Untersuchung über die Entstehung der Missbildungen nothwendig zu sein, die allerersten Stufen derselben zu Gesicht zu bekommen, weil späterhin der Ausgangspunkt und der ursächliche Zusammenhang der Bildungsfehler durch die Fortschritte der Entwickelung immer undeutlicher wird, und endlich gar nicht, oder nur sehr undeutlich erkannt werden kann. Ein bereits gebildeter Theil wird vielleicht auch während des embryonalen Lebens durch locale Krankheitsprocesse verändert oder zerstört werden können, ebensowohl, wie bei einem vollständig entwickelten Individuum, diese Zerstörung wird aber wahrscheinlich um so weniger vollständig sein, je weiter die Entwickelung des Organs bei der Erkrankung bereits vorgeschritten war. Noch mehr stand aber zu erwarten, dass locale Krankheitsprocesse, welche gleichsam an der Matrix eines in der Bildung begriffenen Organs auftreten, viel umfassendere Veränderungen setzen werden, indem alsdann die Entwickelung, welche statt finden sollte, ganz verhindert werden, oder indem ein in der Bildung begriffenes Organ in seiner Entwickelung gehemmt oder ganz zerstört werden könnte. Je früher ein localer Erkrankungsprocess die Embryonalanlage trifft, desto intensiver und extensiver werden demnach wahrscheinlich, unter sonst gleichen Umständen, die Missbildungen sein, welche dadurch veranlasst werden könnten. Je bedeutender und je ausgedehnter aber die Missbildungen geworden sind, desto mehr würden sie dann in der Regel auch das Fortbestehen der Existenz bedrohen. Daher erschien es mir wahrscheinlich, dass gerade die bedeutendsten Missbildungen, welche in den frühesten Entwickelungsperioden entstanden, in der Regel schon im Ei in ziemlich früher Zeit absterben und niemals zum Auskriechen kommen würden, während die verhältnissmässig geringfügigen Missbildungen das normale Ende der Entwickelung erreichen und ihre Hüllen lebendig verlassen könnten. Dies schien im Allgemeinen, sowohl von den Embryonen der Vögel, als von denen der Säugethiere, gelten zu müssen. Für die Vögel kommen offenbar aber noch andere Umstände hinzu, durch welche die während des embryonalen Lebens entstandenen Missbildungen in viel höherem Grade unmittelbar lebensgefährlich werden müssen, als beim Säugethiere. Während nämlich der Embryo des Säugethiers sich bei seiner Geburt ganz passiv verhält, muss der junge Vogel selbst die harte Eischale durchbrechen, und er kann nur durch künstliche Oeffnung des Eies zum Vorschein kommen, wenn ihm hierzu die Fähigkeit abgeht. Auch während des embryonalen Lebens scheint überdies der Embryo eines Säugethiers viel günstiger gestellt zu sein, als ein Vogelembryo im Ei. Durch den Aufenthalt im Innern der Mutter ist dem Säugethierembryo nämlich die Temperatur der Mutter gesichert, während selbst bei der sorgfältigsten Bebrütung des Vogeleies durch den Vogel Schwankungen der äusseren Temperatur unvermeidlich sind. Dazu kommt noch hinzu, dass der Säugethierembryo seine Nahrungsstoffe aus dem mütterlichen Blute endosmotisch aufnehmen, während der Vogelembryo seine Nahrung aus dem wahrscheinlich doch mehr differenten Dotter und Eiweiss beziehen und assimiliren muss. Zur Aufnahme der Nahrung dient dem Säugethier fast während des ganzen embryonalen Lebens die Placenta, welche gleichzeitig die Respiration vermittelt, dem Vogelembryo scheinen aber die Gefässe des Bluthofs auf dem Dotter bis zur vollendeten Entwickelung zur Nahrungsaufnahme zu dienen, während die Allantoïs, die ja der Placenta des Säugethiers entspricht, wesentlich nur die Respiration zu vermitteln scheint. In dieser Beziehung ist also der Apparat für die Stoffaufnahme des Vogelembryo im Ei complicirter als beim Säugethierembryo, und locale Erkrankungen der auf dem gelben Dotter ausgebrüteten peripherischen Keimscheibe, besonders der Gefässe, könnten daher bei der pathologischen Entwickelung der Vögel eine grössere Rolle spielen, als die Erkrankungen der Nabelblase und ihrer Gefässe bei den Säugethieren. Die Produkte der regressiven Metamorphose, sowie etwanige abnorme, dem Embryo schädliche oder auf den Dotter zersetzend einwirkende Nebenprodukte müssen endlich, mit Ausnahme der Gase, welche durch die Schale entweichen können, im Vogelei bleiben, während sie vom Säugethierembryo durch Vermittelung des mütterlichen Organismus entfernt werden können.

Bei Erwägung aller dieser Umstände erscheint es a priori wahrscheinlich, dass embryonale Erkrankungen und Ernährungsstörungen, und infolge derselben Missbildungen der Embryonen, in den Vogeleiern noch häufiger vorkommen werden, als bei Säugethieren. Zugleich aber ist es, bei Berücksichtigung obiger Umstände, sehr leicht erklärlich, dass einfache Missbildungen der Vögel in den Sammlungen bisher viel seltener sind als einfache Missbildungen der Säugethiere.

Bei der Darlegung meiner eigenen Beobachtungen und Untersuchungen werde ich nun im ersten Kapitel meine Erfahrungen über die Entstehung der Missbildungen durch Störung der Entwickelung in Vogeleiern mittheilen. Zur Erleichterung der Uebersicht habe ich dies Kapitel in 3 Unterabtheilungen eingetheilt, deren erste die pathologische Entwickelung der Keimscheibe, deren zweite die Missbildungen des Amnion, der Nabelbildung und der Allantoïs und deren dritte die Missbildungen der Embryonen selbst umfasst, die ich durch Störung der Entwickelung entstehen sah. Im zweiten Kapitel werde ich einen vergleichenden Ueberblick der einzelnen Formen der durch Störung der Entwickelung entstandenen Missbildungen der Vögel und der einfachen Missbildungen der Säugethiere und des Menschen mit Rücksicht auf ihre Entstehung zu liefern versuchen und im dritten Kapitel sollen endlich die Ursachen der durch Störung der Entwickelung entstandenen Missbildungen abgehandelt werden.

Diejenigen Missbildungen aber, welche eine ursprünglich fehlerhafte Eibildung voraussetzen, namentlich die wahren Doppelmissbildungen, werden im zweiten Hauptabschnitte zur Sprache kommen.

Erstes Kapitel.

Untersuchungen und Beobachtungen über die Entstehung der Missbildungen durch Störung der Entwickelung in Vogeleiern.

I. Die pathologische Entwickelung der Keimscheibe.

Da die Keimscheibe schon früher vorhanden ist, als der Embryo, und noch lange nach der Entstehung desselben eine grössere Ausdehnung hat, als der junge Vogel selbst, so lag die Aufforderung vor, der pathologischen Entwickelung der Keimscheibe eine vorzügliche Aufmerksamkeit zuzuwenden. Diese Aufforderung erschien um so dringender, als diejenigen Embryonen, deren respective Keimscheiben bezüglich ihrer Grösse und Struktur wesentlich verändert waren, auch selbst fast immer bedeutende Abnormitäten darboten. Dies deutete nämlich darauf hin, dass primäre krankhafte Veränderungen der Keimscheibe bedeutende Missbildungen des Embryo, wahrscheinlich in sehr frühen Entwickelungsperioden veranlassen können.

In vielen andern Fällen fand sich in bebrüteten Vogeleiern eine pathologisch gebildete Keimscheibe, ohne dass es mir möglich war irgend eine Spur von einem Embryo aufzufinden. Wir wollen diese letztgenannten Fälle zuerst durchgehen und danach diejenigen Missbildungen der Keimscheibe besprechen, welche bei gleichzeitiger Gegenwart des betreffenden Embryo zur Beobachtung kommen.

A. Die Missbildungen der Keimscheibe bei fehlendem Embryo und die Entstehung derselben.

Ich habe bisher 4 bestimmt unterschiedene hierher gehörige Formen beobachtet, die ich hier einzeln besprechen werde:

1. Sehr häufig fand ich in abgestandenen Eiern eine Bildung, die auf Taf. I. Fig. 1 dargestellt ist, und die man abortive Doppelschildbildung nennen könnte, um sie mit Rücksicht auf ihre Form zu bezeichnen. Bei derselben findet man im Centrum der mehr oder weniger über den Dotter verbreiteten, weisslichen Keimscheibe eine scharf umgrenzte klare Stelle. Löst man diesen centralen Theil der Keimscheibe durch Scheerenschnitte, die in passender Entfernung von der klaren Stelle, unter Wasser, um sie herum geführt werden, ab, so sieht man, dass in der Mitte nur eine durchsichtige, dünne Membran vorhanden ist, die sich bei näherer Untersuchung als die Dotterhaut zu erkennen giebt. Kehrt man die Scheibe um, so bemerkt man am Rande des hellen runden Kreises einen etwa $^1/_2$ Mm. dicken, opaken, gekräuselten Wulst sich erheben, der dadurch entsteht, dass eine über einen grösseren Theil des Dotters verbreitete, unter der Dotterhaut befindliche, ziemlich dicke und opake Membran an diesem Rande mit der Dotterhaut selbst verklebt ist, während sie im hellen Kreise fehlt. Diese Verklebung hat im ganzen Umfange der durchsichtigen Scheibe eine Breite von meist 1 bis 4 Mm. Ueber diese Grenze hinaus ist die dicke, opake Membran von der Dotterhaut getrennt, so dass die ausgeschnittene Scheibe, wie in der Figur, einen Doppelschild darstellt. Den Kräuselungen des Randes entsprechen Falten, die, an der unteren Seite der opaken Membran sichtbar, sich gegen die Peripherie hin mehr und mehr verlieren. Bemerkenswerth ist noch, dass ich diese Art von Doppelschild, dessen Blätter sich an der verwachsenen Stelle nicht ohne vollständige Zerreissung von einander trennen lassen, niemals neben der Bildung rothen Bluts gesehen habe. Dahingegen habe ich in vielen Fällen, wo ein kleiner, bereits rothes Blut führender Bluthof gebildet, und wo auch ein abnormer Embryo vorhanden war, die Dotterhaut mit der Oberfläche des Bluthofs so verklebt gefunden, dass beide nur durch starkes Zerren, jedoch meist ohne eigentliche Zerreissung von einander getrennt werden konnten, und in diesen Fällen behielt dann die abgerissene Dotterhaut bisweilen in der Mitte eine klare, runde Stelle, welche derjenigen der in Rede stehenden Bildung völlig entsprach, während der Umfang da, wo die Verklebung mit dem Blut-

hofe statt gefunden hatte, verdickt und opak war. Dies war auch der Fall mit der Dotterhaut des auf Taf. III. Fig. 5 und 6 dargestellten Embryo, der noch kein rothes Blut führte. Schon hieraus würde man schliessen können, dass jene dicke, opake Membran nichts Anderes ist, als die peripherische Keimscheibe, welche, bevor es zur rothen Blutbildung gekommen ist, abnormer Weise in der Gegend, wo sich sonst der Bluthof bildet, mit der Dotterhaut so fest verklebt, dass eine Trennung ohne Zerreissung nicht möglich ist. Späterhin, nach Bildung rothen Bluts im Bluthofe, würde dann eine solche abnorme Verbindung zwischen dem Bluthofe und der Dotterhaut ebenfalls möglich sein, sie würde dann aber nicht eine so feste Consistenz erlangen und man würde, wenigstens in der Regel, den Embryo zugleich vorfinden. Hiernach würde bei der in Rede stehenden Bildung der Embryo nebst dem hellen Kreise, der ihn normaler Weise zunächst umgiebt, fehlen, da er ja in jener hellen Scheibe unseres Doppelschildes hätte liegen müssen, während dieselbe doch, wie bereits erwähnt, nur aus der Dotterhaut besteht. Die naheliegende Vermuthung, es könnte der Embryo nach der abnormen Verbindung des inneren Randes der peripherischen Keimscheibe mit der Dotterhaut, bevor es zur Bildung rothen Blutes gekommen ist, mit seiner zarten nächsten Umgebung aus der Keimscheibe herausgefallen, und zu Grunde gegangen sein, kann ich thatsächlich begründen. Ich fand nämlich in 3 Fällen, gerade unter der Mitte des beschriebenen durchsichtigen Theiles der Scheibe, auf dem durch eine klare Flüssigkeit vom Doppelschilde getrennten, sogenannten weissen Dotter, unverkennbare Reste und Spuren von Embryonen aus den frühesten Stadien. Auf Taf. I. Fig. 2 und 3 sind solche Embryonalreste abgebildet, ersterer bei 28facher, letzterer bei 5facher Vergrösserung. Bei dieser pathologischen Bildung verdient übrigens noch ein Umstand bemerkt zu werden. Die Ausbreitung der Keimscheibe über den Dotter ist nämlich verschieden, bisweilen aber viel weiter, als sie es normaler Weise selbst um die Zeit ist, da sich der Bluthof mit rothem Blute füllt. Hieraus folgt, dass die peripherische Keimscheibe unter Umständen ihr Flächenwachsthum noch eine Zeitlang fortsetzen kann, wenn der Embryo zu Grunde gegangen ist, oder wenn die rothe

Blutbildung in dem durch die Adhäsion mit der Dotterhaut verkümmerten Gefässhofe verhindert ist. Diese, wie sonst, aus Zellen zusammengesetzte peripherische Keimscheibe endigt mit einem ziemlich scharf markirten Rande und ist schon dadurch zu erkennen, dass der Theil des gelben Dotters, der von dieser Membran bedeckt ist, eine mehr weissgelbliche Färbung zeigt, als der nur von der Dotterhaut bedeckte Theil desselben. Während dieselbe in einigen Fällen nur etwa $^3/_4$ Zoll im Durchmesser mass, war sie in anderen Fällen über den grössten Theil des Dotters ausgebreitet.

2. Noch öfter, als die so eben beschriebene Bildung, habe ich ohne Spur eines Embryo in bebrüteten Eiern unter der Dotterhaut eine Keimscheibe von verschiedener, meist ziemlich beträchtlicher Ausdehnung gefunden, welche in der Mitte Stellen zeigte, wo sie rothes Blut enthielt, und wo in der Regel Löcher wahrgenommen wurden, zwischen denen die Substanz der Membran opaker und dicker war, als weiter gegen die Peripherie hin. Ich möchte diese Form die abortive Bluthofbildung nennen. Auf Taf. I. Fig. 4, 5 und 6 sind die centralen Stellen solcher in dieser Art pathologisch veränderter Keimscheiben dargestellt. Die Menge des rothen Blutes ist meist gering, und die Vertheilung desselben ist auf einen verhältnissmässig kleinen, kaum 10 Mm. im Durchmesser haltenden Theil der opaken, fast immer von Löchern durchbohrten centralen Partie der Keimscheibe begränzt. In der überwiegenden Zahl der Fälle fehlte eine Andeutung des Sinus terminalis, und wenn die Anordnung des rothen Bluts den Ort anzeigte, wo er vorhanden sein sollte, so war seine Anlage doch meist schwach und unvollständig, etwa wie am Rande der Fig. 5 auf Taf. I. Die Anordnung des rothen Blutes ist überhaupt durchaus unregelmässig; bisweilen sind es nur Punkte und Blutflecke auf, oder wohl richtiger in den Balken, welche die Löcher umgeben; häufig sieht man aber auch an einzelnen Stellen verhältnissmässig grosse, mit rothem Blute gefüllte Stellen, deren Form öfter eine, vielleicht jedoch nur zufällige Aehnlichkeit mit dem Herzen in frühen Entwickelungsperioden darbietet; bisweilen sind es gefässartige Strichelchen, welche meist von den kleinen Blutansammlungen ausgehen. Einmal hatte endlich die Blutansammlung eine Form und Anordnung,

welche mit dem Medullarrohr eine gewiss nur ganz zufällige Aehnlichkeit hatte (Taf. I. Fig. 6), und welche, wie wir später sehen werden, wahrscheinlich eine Andeutung des Sinus terminalis vorstellt. Die Löcher in der Keimscheibe fehlten bisweilen; sonst waren sie meist ganz unregelmässig vertheilt, bald viele, bald wenige; sie erstreckten sich aber, wie gesagt, meist über einen grösseren Theil der Keimscheibe, als die Blutflecke, ohne sich jedoch weit von der Mitte zu entfernen. Viele dieser Löcher waren ganz klein, andere verhältnissmässig sehr gross; in einigen Fällen umgaben sie das Centrum in ziemlich gleichmässiger Anordnung; bisweilen waren sie zu einem mit zackigen und buchtigen Rändern versehenen Halbkreise confluirt. Diese Löcher gingen durch die ganze Dicke der Keimscheibe hindurch, so dass die gelbe Dottermasse durch sie hindurch direkt mit der Dotterhaut in Berührung kommen konnte. Die Substanz der Keimscheibe war um die Löcher herum verdickt, was sich besonders bei durchfallendem Lichte erkennen liess. Ueberdiess war die Mitte der Keimscheibe oft vollständig von Höfen umgeben, welche bei durchfallendem Lichte theils hell, theils dunkel erschienen. Diese Höfe oder Zonen lagen mehr peripherisch als die Blutflecke und als die Löcher der Keimhaut. Mit Ausnahme jener Blutansammlungen, welche bisweilen eine entfernte und ohne Zweifel ganz zufällige Aehnlichkeit mit den Hohlräumen des Embryo hatten, war in den entschieden hieher gehörigen Fällen von einem Embryo meist gar keine Spur zu entdecken, und ebenso wenig war jener helle Kreis vorhanden, der normaler Weise vom Bluthofe begränzt, den Embryo sonst zunächst umgiebt; so z. B. in Fig. 5. der Taf. I. In einigen Fällen fand sich jedoch im Centrum eine ganz unregelmässige Massenanhäufung, welche möglicherweise den Rest des Embryonalkörpers vorstellen könnte, wie auf Taf. I. Fig. 4, wo dieselbe jedoch etwas zu dunkel gehalten ist. Sehr oft war die Keimscheibe an der durchlöcherten und rothes Blut führenden Stelle mit der Dotterhaut verklebt, bisweilen auch durch die Dotterhaut hindurch mit der Schalenhaut. Bei dieser abnormen Bildung ist nicht wie bei der vorhergehenden anzunehmen, dass der Embryo einfach aus der Keimscheibe herausgefallen und in Berührung mit dem gelben Dotter zu Grunde gegangen ist. Hiergegen spricht das Fehlen des normal vorhandenen durchsichtigen Kreises, der vom Bluthofe begrenzt den Embryo zunächst umgiebt. Dass der centrale, gewöhnlich durchlöcherte, mehr undurchsichtige und rothes Blut enthaltende Theil der Keimscheibe hauptsächlich die pathologisch entwickelte Anlage des Bluthofes repräsentirt, kann nicht bezweifelt werden, obwohl demselben die normale scharfe und regelmässige Begrenzung, das regelmässige Gefässnetz mit seinen Maschen, und der innere Rand fehlt, der sonst den hellen Kreis um den Embryo herum begrenzt. Ebenso wenig kann man darüber zweifelhaft sein, dass die vorliegenden Formen durch eine Störung der normalen Cellenbildungs- und Ernährungsvorgänge gesetzt sind, und dass durch diese einerseits die verschiedenen Lagen oder Blätter der Keimscheibe mit einander verbunden, und andererseits bisweilen mit der Dotterhaut und Schalenhaut verklebt sind. Bei der amorphen Beschaffenheit der Dotterhaut muss man annehmen, dass bei der Ernährungsstörung dieses Theils der Keimscheibe abnorme Produkte entstanden sind, welche entweder die Dotterhaut auflösen oder sie durchdringen, indem sie eine Verklebung mit der den Ernährungsgängen gegenüber jedenfalls ganz passiven Schalenhaut zustandebringen können. Dagegen konnte es fraglich erscheinen, ob ursprünglich normale Gebilde so verändert wurden? und ob ein Embryo vorhanden war, als die rothe Blutbildung auftrat? — Das Fehlen des hellen Kreises, der normaler Weise die Embryonalanlage von vorn herein umgiebt, und der sich mit der Entwickelung des Bluthofes immer mehr ausdehnt, weist darauf hin, dass vorhanden gewesene Bildungen zu Grunde gegangen sind; denn es ist doch wohl nicht denkbar, dass die wesentlichsten centralen Gebilde von vorn herein ganz gefehlt haben sollten, während die peripherische Anlage bis zur Entwickelung rothen Blutes gediehen wäre. Das ziemlich häufige Vorkommen einer stärkeren Massenanhäufung in der Gegend, wo der Embryo liegen sollte, wie z. B. auf Taf. I. Fig. 4, spricht ebenfalls für diese Annahme. Eine Andeutung über die Art und Weise, wie diese Bildung zustandekommt, scheint aber der auf Taf. I. Fig. 7 abgebildete Fall zu geben. Hier war ein Primitivstreifen mit der Primitivrinne bei 43-stündiger Bebrütungsdauer vorhanden; die der Anlage des Bluthofes entsprechende Umgebung enthielt keine Spur von rothem Blute, war aber sonst ganz in der so eben besprochenen Weise verändert, indem die Keimscheibe hier von vielen, ganz bis auf den gelben Dotter hindurchgehenden, grösseren und kleineren Löchern durchbohrt, und zwischen diesen Löchern verdickt war. Diese noch kein rothes Blut führende und pathologisch veränderte Anlage eines Gefässhofes zeigte nun sowohl an ihrem äusseren als am inneren Rande noch andere Unregelmässigkeiten, welche obiger Auffassung entsprechen. Die Form des äusseren Randes erkennt man am besten an der auf Taf. IX. Fig. 8. gegebenen Abbildung des Eies, welches dies Gebilde enthielt. Man sieht hier nämlich auf dem zur rechten Hand liegenden Dotter eine zackige Figur von einem ovalen Kreise umgeben. Diese zackige Figur stellt die äussere Peripherie der Anlage des Bluthofes dar. Aber auch der innere Rand dieser Anlage ist, wie Taf. I. Fig. 7. zeigt, nicht wie unter normalen Verhältnissen scharf begränzt, sondern es finden sich auch in dem hellen Kreise, der den Embryo umgiebt, und am Embryo selbst, unregelmässige, bei durchfallendem Lichte weniger durchsichtige, kleine Massen, ganz derjenigen Substanz entsprechend, welche sich zwischen den Löchern findet, und meist in unmittelbarem Zusammenhange mit derselben. Hiernach würde man vermuthen können, dass der Primitivstreifen allmählig von der Masse der pathologischen Anlage des Bluthofes überwuchert wird, dass er hierdurch zu Grunde geht, indem er in pathologisches Bluthofgewebe verwandelt wird, und dass sich dann vielleicht nachträglich rothes Blut in den zwischen den Löchern befindlichen Balken bildet. Man würde demnach also anzunehmen haben, dass die so eben besprochenen Formen in den allerersten Entwickelungsperioden vorbereitet werden, und dass nicht etwa ein ursprünglich normal gebildeter Bluthof in dieser Weise pathologisch verändert worden ist, nachdem derselbe schon rothes Blut enthielt, und nachdem die Entwickelung des Embryo weiter vorgeschritten war. Ich wage indess nicht diese Erklärung der Entwickelung der abortiven Bluthofbildung mit voller Bestimmtheit, als die einzig mögliche hinzustellen. Einen Einwurf, den man der entfernten Aehnlichkeit der Blutansammlungen mit der Höhle des Herzens, des Medullarrohrs u. s. w.

entnehmen könnte, kann man freilich leicht beseitigen. Wenn man nämlich Fig. 6 der Taf. I. betrachtet, wo gerade diese Aehnlichkeit am allerauffallendsten war, so deutet schon der Umstand, dass jenseit des unregelmässigen Halbkreises keine Blutspuren vorhanden waren, darauf hin, dass derselbe den Sinus terminalis, und nicht etwa die Höhle des Medullarrohrs vorstellt, mit welcher derselbe allerdings eine nicht geringe Aehnlichkeit hat. Dazu kommt noch, dass ein Embryo, der ein Medullarrohr von solcher Form und solchem Umfange hat, schon zu massenhaft ist, um ohne weitere Spuren, nur mit Hinterlassung der Hohlräume, zu verschwinden. Ueberdies würden, unseren anderweitigen Erfahrungen zufolge, gerade die Hohlräume viel früher schwinden, als die solideren Organtheile; auch müsste die Bluthofbildung eines solchen Embryo bereits eine solche Entwickelung erlangt haben, dass sie wenigstens Spuren von Gefässen hinterlassen haben müsste. Etwas bedeutsamer erscheint ein anderer Einwurf, der später darzulegenden Beobachtungen entnommen werden könnte, denen zufolge eine narbenartige Contraction des Bluthofes bei gewissen pathologischen Veränderungen desselben vorzukommen scheint, wodurch der helle Saum, der seinen inneren Rand vom Embryo trennt, vermindert werden kann. Wenn nun eine solche Schrumpfung oder Contraction des inneren Randes des Bluthofes so weit ginge, dass der Embryo auf einen ganz kleinen Raum beschränkt und schliesslich resorbirt würde, so könnte dadurch allerdings ein ähnliches Resultat zustandekommen. Es ist aber, anderweitigen Beobachtungen zufolge, nicht wahrscheinlich, dass bereits gebildete Gefässe, Gefässnetze u. s. w. im Bluthofe und sämmtliche in der Entwickelung schon ziemlich weit vorgeschrittene Organe des Embryo so gänzlich zerstört werden könnten, wie es hier der Fall gewesen sein müsste. Es bleibt mir daher immer noch bei weitem am wahrscheinlichsten, dass Fig. 7 der Taf. I. die Entstehung der abortiven Bluthofbildung in der oben dargelegten Weise andeutet, indem die vom inneren Rande der Bluthofanlage detachirten Cellenmassen durch ihre Wucherung den Primitivstreifen zerstören, und indem sich dann nachträglich Blut in den zwischen den Löchern befindlichen Strängen und Balken entwickelt.

3. In manchen Fällen fand ich ferner weder eine Spur vom

Embryo noch von jenem denselben umgebenden hellen Kreise, noch von einem Bluthofe oder von rothem Blute, sondern nur eine aus mehreren Cellenlagen zusammengesetzte weissliche Haut, welche unterhalb der Dotterhaut lag und sich über einen grösseren oder kleineren Theil des gelben Dotters ausbreitete. Bald hatte dieselbe nur etwa 10 Mm. im Durchmesser, bald erstreckte sie sich fast über $^2/_3$ des gelben Dotters, ohne dass irgend ein anderes Resultat der Entwickelung sichtbar war. Solche Eier faulen, wenn sie längere Zeit der Brütwärme ausgesetzt sind, und unterscheiden sich schon hierdurch von den Eiern, in welchen gar keine Entwickelung statt fand; denn letztere sind, wenn sie nicht schon zu Anfang der Bebrütung alt waren, noch am Schlusse der 3wöchentlichen Bebrütungszeit ganz frisch. Diese pathologische Bildung könnte man die einfache abortive Keimscheibenbildung nennen, und ihre Entstehung dürfte in ähnlicher Weise zu erklären sein, wie die der so eben besprochenen Bildung auf Taf. I. Fig. 7.

4. Bisweilen beobachtet man in Eiern mit doppeltem Dotter noch eine 4te Art des Aborts der Keimscheibe ohne Embryo, die man die halbmondförmige abortive Bluthofbildung nennen könnte. — Eine solche ist auf Taf. IX. Fig. 10 in einem 8 Tage lang bebrüteten Hühnerei mit doppeltem Dotter abgebildet. Es war nämlich der eine Dotter geplatzt, und es war auf demselben ein Bluthof sichtbar, dem eine scharfe Begränzung an der dem andern Dotter zugewendeten Seite fehlte. Ich muss ausdrücklich bemerken, dass ich mich überzeugt habe, dass der Dotter schon vor dem sehr vorsichtig unter Wasser ausgeführten Oeffnen des Eies geplatzt war, und dass nicht etwa eine zufällige Beschädigung statt gefunden hatte. Auf Taf. I. Fig. 8 ist der durch Scheerenschnitte, welche um den Bluthof herum geführt wurden, abgelöste mittlere Theil der Keimscheibe dargestellt. Er hatte eine halbmondförmige Gestalt, die sich auch beim Liegen in Wasser und bei der Aufbewahrung in Spiritus conservirte. Man erkennt den Sinus terminalis an der stärkeren Anhäufung rothen Blutes am äusseren Rande des Bluthofs. Am inneren Rande des Letzteren ist ein zarter, heller, durchlöcherter und zerrissener Saum sichtbar, den man sogleich als die helle Zone erkennt, welche den Embryo normaler Weise

vom innern Rande des Bluthofes trennt. Der Embryo selbst war durchaus nicht aufzufinden. — Ich war anfangs sehr geneigt in diesem Falle anzunehmen, dass der Bluthof beim Platzen des Dotters zugleich mit der Dotterhaut zerrissen worden, und dass der Embryo in die gelbe Dottermasse hineingefallen und hier vielleicht aufgelöst worden wäre. Dem gemäss glaubte ich, dass die ursprüngliche Form des Bluthofes eine ganz andere, und dass der Durchmesser desselben vor dem Zerreissen viel kleiner gewesen wäre. Ein 2ter ganz analoger, auf Taf. IV. Fig. 5 abgebildeter, Fall berichtigte aber diese Auffassung. Er betraf ebenfalls ein Ei mit doppeltem Dotter, das 9 Tage lang bebrütet war, und dessen einer Dotter einen schönen, der Entwickelungsstufe entsprechenden Embryo trug, während auf dem anderen, übrigens unversehrten Dotter ein grosser halbmondförmiger Bluthof sichtbar war, dessen längster Durchmesser 32 Mm. betrug. Das rothe Blut war fast nur an der Peripherie, in einem 2—3 Mm. breiten Saume angesammelt; der innerhalb dieses Kreises befindliche Theil zeigte nur ganz schwache rothe Flecke. Das Mikroskop liess auch an dem fast ganz farblosen Theile der ausgeschnittenen Scheibe ein Gefässnetz erkennen. Vom Embryo war keine Spur zu sehen. Zunächst zeigt dieser Fall, dass die halbmondförmige Gestalt die wahre ist, und dass sie auch im ersteren Falle nicht etwa durch Platzen des Dotters entstand. Die Erklärung dieser Form findet man aber leicht, wenn man anderweitige Resultate der Bebrütung von Eiern mit doppeltem Dotter berücksichtigt. Ich habe nämlich gefunden, dass der Bluthof sich in diesen Eiern niemals auf die Fläche ausdehnt, mit der die beiden Dotter einander berühren, sondern dass er hier immer mit einer der Grenze der Berührungsfläche entsprechenden Linie endigt, auch dann, wenn der Embryo derselben ganz nahe liegt, und wenn die Entwickelung so weit fortgeschritten ist, dass der Bluthof fast den ganzen Dotter umgiebt. Belege hierfür liefert z. B. schon der Bluthof des anderen, übrigens ganz normalen Embryo in demselben Eie (Taf. IV. Fig. 5), so wie auch Taf. IX. Fig. 4. Diese Regel habe ich in den vielen von mir beobachteten Fällen dieser Art ganz ausnahmslos gefunden. — Was aus dem Embryo in diesen Fällen geworden ist, lässt sich freilich nicht mit derselben Bestimmtheit angeben. Es ist wohl am wahrscheinlichsten, dass er, wie bei der abortiven Doppelschildbildung aus der Keimscheibe herausgefallen und in der Dottermasse verschwunden ist; es ist aber auch nicht ganz undenkbar, dass er nach und nach dadurch zu Grunde gegangen ist, dass er sich nicht fortentwickelt hat, und dass die geringe gebildete Masse wieder aufgelöst worden ist. Für die letztere Möglichkeit könnte vielleicht folgende Beobachtung sprechen: In einem auf Taf. IV. Fig. 7 abgebildeten Eie mit doppeltem Dotter, das reichlich 6 Tage lang bebrütet war, und dessen einer Dotter keine Entwickelung zeigte, fand sich auf dem andern, durch Eiweissaufnahme beträchtlich ausgedehnten Dotter ein ganz unregelmässig geformter, mit spitzigen Ausläufern versehener Bluthof, der im grössten Durchmesser eine Ausdehnung von 42 Mm. hatte, und der so wenig Blut enthielt, dass nur die Anlage des Sinus terminalis als zarter rother Strich mit blossem Auge zu erkennen war. Bei der mikroskopischen Untersuchung wurde jedoch auch innerhalb dieses Kreises ein unvollständiges Netz sehr dünner Gefässe erkannt, welche an den Stellen wo mehrere Gefässe sternartig zusammenstiessen kleine Erweiterungen zeigten, die mit rothen Blutklümpchen gefüllt waren. Grössere Gefässstämme konnten nicht aufgefunden werden. Dieser abnorme Bluthof bildete einen mit der Dotterhaut stellenweise verklebten Saum von unregelmässiger Breite, der eine ausnehmend grosse, unregelmässig geformte helle Zone einschloss, in deren Mitte ein ganz kleiner, nur 4 Mm. langer und 1 Mm. breiter, auf Taf. III. Fig. 13 abgebildeter Embryo lag. An demselben waren das Kopfende, die Anlage des Ohrs, die vorderen Visceralbögen, und ein Stück der Medulla oblongata und des Rückenmarks zu erkennen, und man sah in demselben ein wenig rothes Blut. Um denselben herum liess sich eine zarte Haut, als Andeutung des Amnion, erkennen. Der Embryo war so weich, dass seine Ausdehnung bei ganz schwacher Compression durch ein Deckgläschen doppelt so gross wurde, als vorher, und man sah dann, dass er schleifenartig zusammengekrümmt war, so dass Kopf und Schwanz einander berührten. Das Missverhältniss der Grösse des Embryo zum Umfange des Bluthofes ist hier so auffallend, dass man annehmen muss, dass der Embryo schon sehr verkümmert war, während der Bluthof sein Wachsthum nach der Peripherie hin noch eine Weile fortsetzte. Es wäre nun nicht undenkbar, dass unter gewissen Umständen ein so kleiner und so weicher, krankhaft veränderter Embryo bei fortschreitender peripherischer Entwickelung des Bluthofes gänzlich aufgelöst werden könnte, was aber nicht von einem Embryo anzunehmen ist, dessen normale Entwickelung einem Bluthofe von 32—42 Mm. Durchmesser entspricht. Wie dem auch sei, so scheint jedenfalls aus diesen Beobachtungen hervorzugehen, dass der Bluthof sein peripherisches Wachsthum noch fortsetzen kann, nachdem der Embryo zu Grunde gegangen ist oder aufgehört hat, für das Wachsthum desselben bestimmend zu sein.

B. Die Missbildungen des Bluthofes bei gleichzeitiger Gegenwart eines Embryo.

Abgesehen von den einzelnen, schon im vorhergehenden Abschnitte (A.) besprochenen, hierher gehörigen Fällen, kamen überhaupt folgende Abnormitäten des Bluthofes bei gleichzeitiger Gegenwart eines Embryo zur Beobachtung:

1. Verklebungen des Bluthofes mit den anderen Blättern der Keimscheibe und mit der Dotterhaut. Das Gefässblatt, das in der Keimscheibe mit Recht als ein besonderes Blatt bezeichnet werden kann, verbindet sich bei Gegenwart eines Embryo sehr oft in einer abnormen Weise mit dem animalen Blatte, und durch dieses hindurch mit der Dotterhaut. Ueberdies entstehen aber auch oft abnorme Verbindungen des Gefässblattes mit dem vegetativen oder Schleimblatte. Dass solche abnorme Verbindungen der verschiedenen Blätter der Keimscheibe mit einander bei der oben besprochenen abortiven Bluthofbildung, wo der Embryo fehlt, vorkommen, geht schon daraus hervor, dass jene Löcher, welche den Maschen des Bluthofes entsprechen, in der Weise durch die ganze Keimscheibe hindurch gehen, dass der gelbe Dotter durch dieselben hindurch direkt mit der Dotterhaut in Berührung kommt. Zugleich ist aber auch bei jenen Fällen, wo der Embryo fehlte, bemerkt worden, dass Verklebungen der Keimscheibe mit der Dotterhaut oft vorkommen. — Bei gleichzeitiger Gegenwart eines Em-

bryo wurden nun Adhäsionen der Keimscheibe mit der Dotterhaut ganz besonders häufig in der Gegend des Bluthofes gefunden. So war es z. B. in dem in Fig. 7—9 der Taf. III. dargestellten Falle gerade diese Partie, die mit der Dotterhaut verklebt war, während der mehr peripherisch gelegene Theil, sowohl als der Embryo selbst, frei unter derselben lag. Dasselbe war der Fall mit den Bluthöfen der auf Taf. III. Fig. 12, Taf. IV. Fig. 1 und 2, Taf. V. Fig. 1 und 2, Taf. XI. Fig. 5 abgebildeten Embryonen. Mit der weissen Schalenhaut, durch die Dotterhaut hindurch, wurden indess Verklebungen, bei Gegenwart eines Embryo, so weit ich erinnern kann, nur an den Stellen gefunden, wo der Embryo selbst lag, nicht in der Gegend der peripherischen Keimscheibe. Alsdann fanden sich an der Innenseite der Schalenhaut oft Reste rothen Blutes, wie in dem in Fig. 1—4 der Taf. VI. abgebildeten Falle. Die besondere Betheiligung des Gefässblattes an diesen Verklebungen mit der Dotterhaut ging nun daraus hervor, dass sie nicht über den Rand der Anlage des Sinus terminalis hinaus vorkamen, und meist am inneren Rande des Bluthofes am festesten waren, über der hellen Zone, die den Embryo zunächst umgab, aber fehlten. Auch bei der abortiven Doppelschildbildung fand sich gerade die Partie, welche später zum Bluthof hätte werden sollen, mit der Dotterhaut verklebt. Diese Verklebung der Dotterhaut mit dem Verbreitungsbezirke des Gefässblattes setzt selbstverständlich die Betheiligung des animalen Blattes voraus, das ja die Dotterhaut und das Gefässblatt von einander trennt. Auf die Betheiligung des animalen Blattes an solchen Verklebungen mit der Dotterhaut weist übrigens auch der Umstand hin, dass die gleichzeitig vorhandenen Embryonen, besonders bei weiter vorgeschrittener Entwickelung, auch anderweitige Abnormitäten dieses Blattes zeigten. Besonders war die Amnionbildung beeinträchtigt, ausserdem aber auch die Entwickelung und Vereinigung der Seiten-, Brust-, Hals- und Kopfplatten, oft auch die äussere Anlage des Auges und Ohres, der Extremitäten u. s. w. Ein Umstand, der bei diesen Verwachsungen noch bemerkt zu werden verdient, ist die bis zum Verschwinden fortschreitende Verkleinerung der hellen Zone, welche den Embryo vom Bluthofe trennt. Zum Theil rührt diese wohl daher, dass sich der Embryo fortentwickelt und wächst, während der innere Rand des Bluthofes stationär bleibt, zum Theil scheint aber eine wirkliche Verengerung statt zu haben. Es mag einstweilen dahingestellt bleiben, ob diese Verengerung von einer Wucherung des inneren Randes des Bluthofes oder von einer narbenartigen Verschrumpfung herrührt, und ob dieselbe unter Umständen zur abortiven Bluthofbildung führen kann. Dass aber ebenfalls das Schleimblatt oder das vegetative Blatt oft, wenn gleich wohl nicht immer, durch die pathologischen Veränderungen der Gefässschicht des Bluthofes auch bei Gegenwart eines Embryo alterirt wird, lässt sich leicht nachweisen. Man findet nämlich nicht selten, wie z. B. in dem auf Taf. II. Fig. 5 dargestellten Falle, bei abnormer Kleinheit des Bluthofes, in Verbindung mit anderen Veränderungen desselben und bei gleichzeitiger abnormer Verbindung der animalen Schicht mit der Gefässschicht, dass die gelbe Dottermasse beim Ablösen der Keimscheibe unter Wasser mitfolgt, und zwar gerade und ausschliesslich unterhalb des Bluthofes, was unzweifelhaft auf eine abnorme Verbindung der Gefässschicht desselben mit der darunter liegenden Schleimschicht und selbst mit dem gelben Dotterinhalt hinweist. Dazu kommen noch Fälle hinzu, wie der auf Taf. III. Fig. 12 abgebildete, wo alle vom vegetativen Blatte ausgehenden Productionen, bei sonst verhältnissmässig weit vorgeschrittenen Entwickelung, fehlen. Hier muss offenbar entweder eine Verwachsung des Gefässblattes mit dem vegetativen Blatte oder eine Auflösung des vegetativen Blattes angenommen werden. Der Analogie mit dem Verhalten des animalen Blattes gemäss ist wohl Ersteres am wahrscheinlichsten. — Die besprochenen Verklebungen des Bluthofes scheinen den ihnen hier angewiesenen ersten Platz in der That zu verdienen, weil sie einen sehr wesentlichen Antheil an den übrigen Abnormitäten des Bluthofes haben. Zu diesen zählen wir

2. die Abnormitäten der Gefässentwickelung und der Gefässverbreitung. Wenn der Bluthof viel kleiner war, als er es der Entwickelungsdauer zufolge sein sollte, so entsprechen die Gefässnetze mehr oder weniger derjenigen Form, die sie bei ihrer allerersten Anlage haben, wo die Maschen sehr klein und die einzelnen Gefässe, die das Netz bilden, ziemlich gleich dick sind, wo

also die Gefässvertheilung noch netzförmig, nicht dendritisch verzweigt ist. Eine Abbildung dieser Hemmungsbildung des Bluthofes findet sich auf Taf. IV. Fig. 1, wo ein solcher Bluthof einen Embryo mit zwei getrennten Herzen umgiebt. Dass in solchen Fällen die grösseren Gefässstämme, die sonst vom Embryo kommen und zu demselben zurückkehren, nicht wie sonst entwickelt sind, erklärt sich dadurch, dass die Embryonen auch immer abnorm waren, wenn der Bluthof bedeutend kleiner geblieben war, als es der Entwickelungsdauer entsprach. Aber auch die Weite des Sinus terminalis steht oft im Missverhältniss zu der Grösse des entsprechenden Bluthofes, indem er bald verhältnissmässig zu weit, öfter verhältnissmässig zu eng, oft auch hier und da verstrichen ist, während der Durchmesser des Bluthofes sehr gering geblieben ist. Die netzförmige Gefässverbreitung ist bald sehr dicht, wie bei der normalen ersten Anlage, bald mit grossen Maschen enger Gefässe durchzogen, die an einzelnen Stellen, meist an den Theilungspunkten, knotenartige mit Blut gefüllte Erweiterungen zeigen. Letzteres fand ich öfter, wenn der Bluthof im Verhältniss zu dem sehr klein gebliebenen, missgestalteten Embryo eine bedeutende Ausdehnung erlangt hatte, wie in dem vorhin genannten Falle (Taf. IV. Fig. 7). Die durchaus netzförmige Gefässvertheilung habe ich oft in kleinen Bluthöfen gefunden, welche 4—6 Tage lang bebrüteten und noch lebendigen, aber missgestalteten und verkrüppelten Embryonen angehörten. Bei solchen abnorm kleinen netzförmigen Hemmungsbildungen des Gefässhofes fand ich, wie gesagt, gleichzeitig vorhandene Embryonen immer abnorm; ausserdem kamen aber auch Fälle vor, wo die Gefässvertheilung ziemlich normal war, während doch der Embryo in höchstem Grade degenerirt war, wie z. B. bei Taf. VI. Fig. 1. Ein normaler Embryo setzt also einen bezüglich der Gefässvertheilung normalen Bluthof voraus, aber nicht umgekehrt. In allen den Fällen, wo die genannten Abnormitäten der Gefässentwickelung und der Gefässverbreitung vorhanden waren, schienen auch immer abnorme Adhäsionen des Gefässblattes mit den anderen Blättern der Keimscheibe vorhanden zu sein, und oftmals war in solchen Fällen auch die Dotterhaut mit der Keimscheibe verklebt. Dass aber Ernährungsstörungen des Gefässblattes und Verklebungen desselben mit den anderen Blättern der Keimscheibe, mit der Dotterhaut und mit dem gelben Dotter nothwendig eine Beschränkung der Gefässentwickelung und Gefässverbreitung im Bluthofe herbeiführen müssen, ist von selbst einleuchtend.

3. Ein Missverhältniss der Grösse des Bluthofes zur Entwickelung des Embryo und zur Entwickelungsdauer wurde oft in Folge gestörter Entwickelung gefunden. Die auf Taf. II. Fig. 5—9 und auf Taf. III. Fig. 7—9 und 12—13 abgebildeten Embryonen waren sämmtlich von Bluthöfen umgeben, deren Grösse weit hinter der meist 4 bis 8tägigen Entwickelungszeit derselben zurückgeblieben war. Auf Taf. IX. Fig. 9 und 10 und auf Taf. XI. Fig. 1 und 5 sieht man solche abnorm kleine Bluthöfe in situ auf ihren Dottern. Nach 4tägiger Bebrütung habe ich mehrmals (z. B. bei dem auf Taf. II. Fig. 5 abgebildeten Embryo) einen Bluthof gefunden der weniger als 5 Mm. im Durchmesser hatte. Oft wies dabei die Untersuchung des Embryo nach, dass die Entwickelung desselben weit über den Zeitpunkt hinaus fortgeschritten war, der der Grösse des Bluthofes entsprach. In den angeführten Abbildungen wird man hierfür Belege finden. Dabei ist es, wie gesagt, auffallend, dass die Embryonen immer mehr oder weniger bedeutende, oft sehr beträchtliche Missbildungen darboten, wenn der Bluthof bedeutend kleiner war, als er es der Bebrütungszeit gemäss sein sollte. Ich habe von dieser Regel überhaupt keine Ausnahme gefunden. Hieraus scheint zu folgen: 1) dass die Entwickelung des Embryo nicht immer durch eine primäre Störung der Ernährung und Bildung des Bluthofes gänzlich zum Stillstehen gebracht wird, sondern dass dieselbe noch fortschreiten kann, wenn auch die Entwickelung des Bluthofes gestört worden ist, und 2) dass die gestörte Entwickelung des Bluthofes der normalen Entwickelung des Embryo hinderlich ist, und Missbildungen desselben bedingt. Andererseits wird jedoch bisweilen auch die Ausdehnung des Bluthofes im Verhältniss zur Grösse des Embryo zu gross gefunden, wie z. B. in dem auf Taf. IV. Fig. 7 abgebildeten Falle. — Was nun die Ursachen jener Missverhältnisse der Grösse des Bluthofes betrifft, so ist es zunächst klar, dass abnorme Verbindungen der verschiedenen Blätter der Keimscheibe untereinander und mit der Dotterhaut dem Wachsthume und der

Ausbreitung des Bluthofes sehr hinderlich sein müssen. Dem entsprechend haben wir bei recht bedeutender Beeinträchtigung der Flächenausbreitung des Bluthofes auch fast immer gleichzeitig vorhandene abnorme Verklebungen desselben gefunden. Uebrigens scheinen noch einige andere Umstände für die Grössenverhältnisse des Bluthofes bestimmend zu sein. Zunächst ist es klar, dass der Bluthof um so kleiner bleiben wird, je früher der Embryo abstirbt. Denn wenn gleich, dem oben Angeführten zufolge, anzunehmen ist, dass der Bluthof sein Wachsthum noch eine Weile fortsetzen kann, nachdem der Embryo abnorm geworden oder gar gänzlich zu Grunde gegangen ist, so wird diese selbstständige Fortentwickelung des Bluthofes doch bald ihre Grenze finden. Demnächst wird die Blutmenge und die Kraft, mit der das Blut in den Bluthof hineingetrieben wird, wesentliche Momente für die Ausbreitung des Bluthofes abgeben müssen, was denn auch aus dem sehr raschen Wachsthume desselben nach dem Zustandekommen des ersten Kreislaufs hervorgeht. Endlich wird noch die Eiweissaufnahme des Dotters ein mechanisches Moment für die Flächenausbreitung des Bluthofes abgeben müssen, dessen Verschiedenheiten auch Verschiedenheiten der verhältnissmässigen Grössen des Bluthofes bedingen müssen.

4. Abweichungen in der Form des Bluthofes sind ebenfalls häufig, und werden oft neben Missverhältnissen der Grösse beobachtet. Auf die normale Fortentwickelung des Embryo hat die Form des Bluthofes keinen erkennbaren Einfluss, wenn nur die Grösse der Entwickelungsdauer entspricht. Diese Abweichung ist ganz besonders häufig bei der Entwickelung in Eiern mit doppeltem Dotter, wenn der Embryo der Berührungsfläche beider Dotter nahe liegt, indem der Bluthof sich alsdann, wie bereits oben bemerkt wurde, an der Berührungslinie, wie abgeschnitten, endigt und oft ganz schmal wird, während er sich desto reichlicher über den übrigen freien Theil des Dotters verbreitet (vergl. Taf. XV. Fig. 5, Taf. IX. Fig. 4 und 10). Auch wenn der Embryo in der Nähe des Eipols liegt, was ebenfalls in Eiern mit doppeltem Dotter nicht selten vorkommt, ist die Form des Bluthofes meist mehr oder weniger verzerrt (vergl. Taf. IX. Fig. 3), ohne dass die Entwickelung des Embryo dadurch irgendwie gestört zu werden scheint. Es ist

offenbar, dass diese Formveränderungen des Bluthofes in den Eiern mit doppeltem Dotter von den mechanischen Druckverhältnissen abhängen, welche an der Berührungsfläche der Dotter der Ausbreitung des Bluthofes entgegentreten. Noch deutlicher tritt dieser mechanische Einfluss auf die Form des Bluthofes uns in den Eiern mit eingeschnürtem Dotter entgegen. Auf Taf. IV. Fig. 6 und auf Taf. XI. Fig. 1 und 4 sind solche Fälle dargestellt, wo die Einschnürung über den Embryo und den Bluthof hinweglief. In den beiden Fällen, wo der Embryo und der Bluthof keine anderweitigen Abnormitäten zeigte (Taf. IV. Fig. 6 und Taf. XI. Fig. 4), nahm der Bluthof sogleich seine runde Gestalt an, als er vom Dotter abgetrennt wurde, ja schon, als die strangförmige Einschnürung der Dotterhaut, die über ihn und den Embryo hinlief, durchschnitten wurde. In dem in Fig. 1 der Taf. XI. abgebildeten Falle dahingegen, wo der Bluthof sowie der Embryo sehr abnorm, und ersterer mit der Dotterhaut verklebt war, bewahrte der Bluthof seine abnorme Form noch nach der Abtrennung vom Dotter und nach der durch Zerrung bewirkten Entfernung der Dotterhaut. In diesem Falle hatten also auch andere Momente, als die genannten rein mechanischen, Antheil an der abnormen Gestalt des Bluthofes. Dies war noch auffallender in dem auf Taf. IV. Fig. 7 abgebildeten Falle, wo der Bluthof ganz unregelmässig winklig verzerrt war. Auch hier fanden sich Verklebungen mit der Dotterhaut vor, die wahrscheinlich an einzelnen Stellen fester gewesen sind, und der Ausbreitung des Bluthofes, welche theils durch das Wachsthum, theils auf mechanische Weise durch Eiweissaufnahme des gelben Dotters bewirkt sein konnte, einen verschieden grossen Widerstand entgegensetzen konnten. Einen ähnlichen Einfluss der Verklebungen des Bluthofes auf die Form und Ausbreitung desselben erkennt man auf Taf. III. Fig. 9.

5. Abnormitäten der Blutmenge und der Blutverbreitung. Bei gleich grossen Bluthöfen, gleich grossen Embryonen und gleicher Entwickelungsdauer, ist die Menge des rothen Blutes, die man im Bluthofe und im Embryo findet, höchst verschieden. In einigen Fällen findet man sowohl Bluthof als Herz und Embryo von Blut strotzend gefüllt und durch dasselbe ausgedehnt, wie z. B. in Fig. 5, 6 und 8 der Taf. VI. bei $4^1/_2$ tägiger Entwickelung, während

das Blut in anderen Fällen in geringer Menge vorhanden ist, z. B. bei Fig. 8 und 9 der Taf. II., dessen Bluthof auf Taf. IX. Fig. 10 auf dem zur linken Hand gelegenen Dotter sichtbar ist, und bei Fig. 7 der Taf. IV. — In einigen Fällen fehlte die Bildung rothen Blutes gänzlich, bei Embryonen, deren Bebrütungsdauer und sonstige Entwickelung das Vorhandensein desselben erwarten liess. Hierher gehört z. B. der auf Taf. II. Fig. 3 und 4 abgebildete Embryo. In solchen Fällen fehlte dann auch das Herz, und die weisslich gebliebene Anlage des Bluthofes war allemal sehr klein und bildete einen ovalen Saum um den Embryo herum. Die Ursachen der Nichtentwickelung des rothen Blutes in einigen, sowie der verhältnissmässig zu grossen oder zu geringen Menge desselben in anderen Fällen sind sehr dunkel. Wenn bei kleinen, aber in der Entwickelung im Verhältniss zu ihrer Grösse, wenn gleich in abnormer Weise, vorgeschrittenen Embryonen ein plethorischer Zustand vorhanden ist, so muss man sich wohl vorstellen, dass die Vermehrung der rothen Blutkörperchen (durch Theilung) nicht besonders beeinträchtigt worden ist. Wenn dagegen im Verhältniss zur Grösse des Bluthofes und des Embryo zu wenig Blut gefunden wird, so könnte wohl in einigen Fällen, z. B. bei Taf. VI. Fig. 1, eine gewisse Quantität rother Blutkörperchen wieder aufgelöst und verschwunden sein, in anderen Fällen muss man aber gewiss eine pathologische Beschränkung der rothen Blutbildung annehmen, ebenso wie man beim gänzlichen Fehlen des rothen Blutes, z. B. bei Fig. 3 und 4 der Taf. II. genöthigt ist, eine krankhafte Verhinderung derselben zu statuiren. Letztere Annahme ist besonders darum nicht abzuweisen, weil der rothe Blutfarbstoff sich in abgestandenen Eiern sehr lange zu conserviren pflegt.

Ungleichmässig fand ich die Blutvertheilung gewöhnlich in den Bluthöfen solcher missgestalteten Embryonen, welche beim Oeffnen des Eies schon abgestorben waren. Die auf Taf. IX. Fig. 9 und 10, Taf. XI. Fig. 1 und 5 u. s. w. mögen als Belege dieser Angabe dienen. Jedoch ist zu bemerken, dass diese Regel nicht ohne Ausnahmen ist, wie man aus Fig. 1 der Taf. VI. ersieht, wo die Blutvertheilung im Bluthofe regelmässig erscheint, obgleich der Embryo sehr degenerirt ist. Die Ungleichmässigkeit der Blutvertheilung dürfte zum Theil von den gleichzeitig meist vorhandenen Abnormitäten der Gefässverbreitung und Gefässvertheilung abhängen, zum Theil wohl auch von der Art der Herzthätigkeit des Embryo, und vor Allem wohl auch davon, dass sich nach dem Aufhören des Kreislaufes die moleculären Anziehungsverhältnisse der Blutkörperchen gegen einander geltend machen.

Die Folgen aller dieser Veränderungen und Abnormitäten des Bluthofes für die Entwickelung des Embryo werden wir später zu betrachten haben.

II. Die Bildungsfehler des Amnion, des Nabels und der Allantoïs.

Während die peripherische Keimscheibe mit dem Bluthofe gleichsam neben der Anlage des Embryo entsteht, und gewissermassen unabhängig von derselben gebildet wird, können Amnion, Nabel und Allantoïs schon als dem Embryo selbst angehörige Gebilde aufgefasst werden, indem ihre Entwickelung unmittelbar vom Embryo ausgeht. Hier verdienen diese Bildungsfehler aber noch aus anderen Gründen in einem besonderen Abschnitte behandelt zu werden, nämlich theils, weil ihre Bildungsfehler sehr mannigfaltig sind, theils, weil sie einen sehr wesentlichen Antheil an der Entstehung der Missbildungen der Embryonen haben, und theils endlich, weil ihre Bildungsfehler im Vogeleie bisher fast ganz unbekannt geblieben sind. Besonders sind es aber die Bildungsfehler des Amnion, die wir hier vor Augen haben.

Die Bildung des Amnion beginnt bekanntlich mit der Anlage der Kopfkappe kurz vor dem Auftreten des rothen Blutes. Im Laufe des 3ten Tages der Bebrütung des Hühnereies kommt die Anlage der Schwanzkappe hinzu, und am 4ten Tage wird die Amnionbildung beendigt, und mit ihr die Bildung des anfangs rinnenförmigen Nabels. Die Anlage der Allantoïs ist schon am 3ten Tage als Knötchen kenntlich, und am 5ten Tage schlägt sie sich schon rechts um den alsdann ganz auf der linken Seite gelagerten Embryo herum, setzt aber dann noch sehr lange ihr Wachsthum fort.

Schon hieraus würde man schliessen können, dass der 2te bis 4te Tag der Bebrütung beim Hühnchen die verhängnissvollste Zeit für die Entstehung der Bildungsfehler des Amnions sein würde. Die mir vorliegenden Beobachtungen bestätigen Dieses vollkommen, und zeigen, dass Temperaturschwankungen gerade am 2ten und 3ten Tage der Bebrütung ganz besonders leicht Missbildungen des Amnions und fehlerhafte Nabelbildung bedingen.

Die Darlegung der Bildungsfehler des Amnions gestattet nicht eine solche gleichsam summarische Behandlung, wie die Bildungsfehler der Keimscheibe und des Bluthofes. Sie stehen nämlich in innigem Zusammenhange mit den Bildungsfehlern des Embryo, und sind so mannigfaltig, dass die Darlegung der verschiedenen Formen und ihrer Entstehung es nöthig macht, einzelne Fälle speciell durchzunehmen, bevor man versuchen kann etwas Allgemeineres darüber aufzustellen. —

Auf Taf. III. Fig. 12 ist ein Embryo dargestellt, der keine Spur eines Amnions erkennen lässt, obgleich das betreffende Ei 8 Tage lang bebrütet worden war, und obgleich unter Anderem die grosse Zahl der Wirbelplättchen beweist, dass eine wenigstens partielle Entwickelung weit über die Periode der Anlage des Amnions hinaus statt gehabt hatte. Das betreffende Ei enthielt zwei Dotter, deren einer (der links gelegene) den auf Taf. III. Fig. 10 und 11 abgebildeten, von einem vollständigen Amnion umgebenen und einer 6 — 7tägigen Entwickelung entsprechenden Embryo trug. Der vollständige Mangel eines Amnions bei dem in Rede stehenden Embryo erklärt sich leicht, wenn man die übrigen Abnormitäten desselben berücksichtigt. Sein Bluthof, nur 18 Mm. lang und 15 Mm. breit, war mit der Dotterhaut fast verklebt, woraus, wie bereits oben entwickelt worden ist, hervorgeht, dass das obere (animale) Blatt des Bluthofes erkrankt sein musste. Beim Ablösen des von seinem Bluthofe umgebenen Embryo vom Dotter folgte gelbe Dottermasse, die der unteren Seite des Bluthofes fest anhaftete, mit. Hieraus folgt, dass auch das untere (vegetative) Blatt des Bluthofes pathologisch verändert war. Der Bluthof enthielt dunkles rothes Blut, das nicht in bestimmten Gefässen vertheilt, sondern diffus verbreitet war. Es waren mithin alle Blätter des Bluthofes pathologisch verändert. — Die vom Bluthofe zunächst eingeschlossene Area pellucida, war der geringen Ausbreitung des Bluthofes entsprechend sehr klein, nur 6,9 Mm. lang und 4,3 Mm. breit (an der breitesten Stelle). Auch in ihr waren bei mikroskopischer Betrachtung röthliche, nicht scharfbegränzte Blutflecke sichtbar. Der ganze Embryo war vom Scheitel bis zur äussersten Schwanzspitze nur 5 Mm. lang, dennoch waren reichlich 30 Wirbelpaarplättchen vorhanden, die aber durch ihre grosse Breite und geringe Länge in sehr auffallender Weise von der Norm abwichen. Die Fortsetzungen der Seitenplatten (Hals- und Kopfplatten) hatten sich nicht, wie sonst, nach vorn umgebogen und zur Bildung eines freien Kopfendes vereinigt, sondern sie waren wie ein zurückgeschlagener Mantel ausgebreitet, in der Gegend des Halses bedeutend breiter als weiter unten, und sie verliefen von beiden Seiten her in schräger Linie nach der grossen Hirnblase zu. Dahingegen hatten sich die Seitenplatten am hinteren Ende des Körpers nach der Bauchseite hin etwas eingerollt, so dass an dieser Stelle die Andeutung einer Körperhöhle vorhanden war, und am Schwanzende war das hintere Ende der Wirbelsäule selbst als Steissbeinhöcker hervorragend, was schon auf eine ziemlich weit vorgeschrittene Entwickelung hinweist. Auch das Hirnende zeigte Formen, welche von ziemlich weit fortgeschrittener Entwickelung zeugten, indem es nicht nur verschiedene blasenartige Gebilde, sondern selbst Kreuzungen zeigte; die Formen desselben wichen aber so sehr von der Norm ab, dass ihre Deutung kaum möglich war. Die Chorda dorsalis war noch sichtbar; sie verlief vor dem Medullarrohre nach dem Kopfe zu und endigte hier in einer nach vorn umgebogenen Spitze. — Die Bildung der vorderen Darmpforte fehlte ganz, und von Produktionen des Schleimblattes war überall Nichts zu erkennen, es sei denn, dass eine dunkle ovale Masse, die an der linken Seite der Wirbelsäule lag, die Urniere dieser Seite andeuten sollte. Das hufeisenförmig gekrümmte, ganz zusammengebogene Herz war ganz von der Wirbelsäule abgezogen, gleichsam herausgezerrt, und an der rechten Seite des Embryo gelagert, am Rande des Zipfels, den der Halstheil der Halsplatten hier bildete. Von jedem Ende des Herzens erstreckte sich ein weites Gefäss gegen die Wirbelsäule hin. Im Herzen selbst war kein Blut zu sehen, es lag aber eine dichte rothe Blutmasse oberhalb desselben, rechts von der Grosshirnblase. Es geht aus dieser Beschreibung hervor, dass auch alle Schichten des Embryo, wie die des Bluthofes erkrankt sind, und man kann nicht umhin, dieser allgemeinen Erkrankung des Gewebes es zuzuschreiben, dass die Entwickelung zu einer so enormen Missbildung geführt hat. Es kann dabei nicht im Mindesten befremden, dass die Amnionbildung nicht zustandekommen konnte. Sowohl die Ernährungsstörung des oberen Blattes selbst, woraus sich das Amnion entwickeln sollte, als auch die abnorme Verbindung und Verklebung desselben mit der Dotterhaut und mit den anderen Blättern, sowohl im Bluthofe als im Embryonalkörper selbst, welche hier so offenbar vorliegt, müsste die Entwickelung der Amnionbildung von vorn herein verhindern. Schon die geringe Grösse dieses Embryo und der Umfang der Bildungsfehler weist darauf hin, dass diese Missbildung auf eine sehr frühe Entwickelungsperiode zurückzuführen ist. Die Vergleichung desselben mit den auf Taf. II. Fig. 5 und Taf. III. Fig. 4 abgebildeten Embryonen bestätigen diese Vermuthung, insofern hier offenbar ganz verwandte Missbildungen vorliegen, die aber in einer früheren Periode abgestanden sind, obwohl die Kopfbildung in ihnen sich besser gestaltet hat, als in dem hier besprochenen Falle.

Eine durchaus rudimentäre Andeutung einer Amnionbildung zeigt demnächst Taf. IV. Fig. 1 und 2. Der betreffende Embryo stammt aus einem 112 Stunden lang bebrüteten Eie mit doppeltem Dotter (Taf. IX. Fig. 9), dessen Entwickelung, besonders mit Rücksicht auf die Entstehung der zwei in demselben vorhandenen Herzschläuche schon in Virchow's Archiv für pathologische Anatomie Bd. XVI. Heft 1 und 2 pag. 39—50 besprochen worden ist. Das Rudiment des Amnions besteht in diesem Falle aus einer Falte, welche in Fig. 1 nur schwach durch den Körper hindurchschimmert, in Fig. 2 aber, von der anderen Seite her gesehen, ihren freien Rand dem Beobachter zukehrt. Diese Falte, deren Rand sich fast wie eine Bogensaite über die Concavität der Rückenkrümmung hinzieht, bildet mit dem Rücken des Embryo eine kahnförmige Höhlung. Mit ihrem vorderen Ende zieht sie sich über die Visceralbogenanlage hin und endigt in der äussersten Schicht des

Vorderkopfes. Nach hinten zu verläuft die Falte gegen die Mittellinie und gegen die rechte Seite des Rückens hin, bis ein wenig hinter die Stelle, wo der Eingang zur vorderen Darmpforte liegt. Aus diesem Verhalten lässt sich schon schliessen, dass diese Falte vom Hautblatte gebildet ist, und ihre Deutung als Amnionrudiment wird dadurch gerechtfertigt. Mit noch grösserer Sicherheit dürfte aber das Vorhandensein der aus der Verbindung der Seitenplatten entstandenen vorderen Darmpforte Dieses beweisen; denn es geht daraus hervor, dass die nach vorn eingebogenen Seitenplatten an der Bildung dieser nach hinten umgebogenen Falte keinen Antheil haben können. Gleichzeitig erkennt man aber noch andere Ernährungsstörungen oder Erkrankungen des Hautblattes. Man sieht nämlich: 1) eine Verwachsung der Oberfläche des Scheitels mit der peripherischen Keimscheibe, 2) bemerkt man, dass die Faltungen und Einstülpungen am Auge fehlen, 3) ist die Verminderung des hellen Kreises um den hinteren Theil des Körpers auffallend, wodurch die Seitenplatten fast unmittelbar dem Bluthofe anzuliegen kommen. Ferner können noch folgende Bildungsfehler dieses Embryo von der umfassenden Ernährungsstörung des Hautblattes abgeleitet werden, nämlich: 4) der geringe Umfang und die Verkürzung des Kopfes, indem eine Verminderung der Nachgiebigkeit des Hautblattes (oder ein schwächeres Wachsthum desselben) der Ausdehnung der Hirnblasen hinderlich sein müsste; 5) der geringe Umfang des Hinterkörpers im Verhältniss zum Vorderkörper; 6) die platte und gerade gestreckte Form des Hinterkörpers, indem die Verklebung im Umfange sowohl das Einrollen der Seitenplatten, als auch die Schwanzkrümmung und die Bildung der Schwanzkappe verhindern müsste, und endlich 7) der im Verhältniss zur Entwickelung des Vorderkörpers geringe Umfang des Bluthofes. — Dass diese rudimentäre Amnionbildung gerade an dieser Stelle zustandegekommen ist, begreift sich leicht. Denn jene Verwachsung des Scheitels mit der peripherischen Keimscheibe musste die Bildung der Kopfkappe unmöglich machen, weil der Kopf sich nicht nach unten beugen konnte, und weil eine etwa entstandene Falte nicht an der verwachsenen Stelle hätte vorbei kommen können. Ferner konnte sich auch am hinteren Theil des Körpers keine Amnionfalte bilden, weil die Verwachsung der Ränder des Embryo mit der peripherischen Keimscheibe hier sowohl die Schwanzkrümmung, als die Bildung der Schwanzkappe und der seitlichen Amnionfalten unmöglich machte. Die Möglichkeit der Entwickelung eines rudimentären Amnions war somit auf den Vorderkörper beschränkt; aber auch hier konnte sie, wegen der eingetretenen seitlichen Drehung des Vorderkörpers und der dadurch gebotenen Lagerung des Embryo auf der einen Seite, nur am oberen freien Rande stattfinden, wo sie auch wirklich beobachtet wird. Derselbe Vorgang, durch den sich das Amnion normaler Weise abschnürt, hat sich nun ganz unzweifelhaft am freien Rande des hier vorhandenen rudimentären, und nur durch jene Falte repräsentirten Amnions geltend gemacht. Dies geht nicht nur daraus hervor, dass dieser Rand sich wie eine Bogensaite über die Krümmung der Wirbelsäule hinzieht, und dass jene kahnförmige Vertiefung an der Rückenseite des Embryo entstanden ist, sondern es wird diese secundäre Contraction des Randes jener Falte in noch bestimmterer Weise durch die Form der den Vorderkörper umgebenden peripherischen Keimscheibe bewiesen. Man sieht nämlich, dass gerade da, wo der Scheitel angewachsen ist, eine starke Ausbuchtung vorhanden ist, während man ohne die Einwirkung dieser secundären, die Krümmung des Embryo nach hinten vermehrenden Kraft, im Gegentheil hätte erwarten sollen, dass ein Zipfel der peripherischen Keimscheibe durch jene Adhäsion des Kopfes in die Area pellucida hineingezogen worden wäre.

Auch in diesem Falle ist es somit klar, dass eine Erkrankung, zunächst des oberen Blattes des Embryo, die Amnionbildung verhindert hat. Wie im vorigen Falle so war auch hier der Bluthof in entsprechender Weise erkrankt. Er maass nur 14—15 Mm. im Durchmesser und enthielt dunkles Blut, das ungleichmässig in netzförmig angeordneten Gefässen vertheilt war. Die Störung der Entwickelung konnte in diesem Falle mit Bestimmtheit von einer Abkühlung abgeleitet werden, welche dadurch entstanden war, dass die Lampe 29 Stunden nach Anfang der Bebrütung verlosch, wodurch die Temperatur 10 Stunden später auf 22° C. gesunken war. Durch diese Abkühlung war der auf dem anderen Dotter befindliche

Embryo sogleich abgestorben; denn er entsprach in seinen Formen einem normalen etwa 36stündigen Hühnerembryo. Der in Rede stehende Embryo hatte dahingegen die Abkühlung überlebt, war aber durch dieselbe krank geworden und hatte sich, in Folge dieser Erkrankung, welche besonders das obere Blatt zunächst betroffen hatte, zur vorliegenden Missbildung fortentwickelt. —

Ein mit der Dotterhaut verklebtes rudimentäres Amnion zeigt der auf Taf. V. Fig. 1 und 2 abgebildete Embryo. Derselbe war in einem Eie entwickelt, das 7 Tage lang der Brütwärme ausgesetzt gewesen war. Diese Brütwärme war jedoch nicht gleichmässig gewesen. Gegen Ende des 3ten Tages hatte ich nämlich dieses Ei absichtlich 4¼ Stunden lang aus der Brütmaschine entfernt und bei kühler Stubentemperatur (im März) auf meinen Schreibtisch gelegt, nach welcher Zeit die Bebrütung regelrecht fortgesetzt wurde. Beim Lostrennen dieses Embryo vom Dotter, durch Schnitte, die in einiger Entfernung um den Bluthof herum geführt wurden, zeigte sich nun, dass die Dotterhaut so fest mit der oberen Fläche der Amnionbildung zusammenhing, dass eine Trennung nicht ohne Zerreissung bewerkstelligt werden konnte. Diese Verbindungen zwischen der Dotterhaut und dem Amnion konnten bis gegen die Mitte der Oberfläche des Amnions hin verfolgt werden, und ihre Falten sind in Fig. 1 besonders hinter der nach hinten gebogenen Stelle des Rückens deutlich, indem man sie hier von beiden Seiten her gegen die Mittellinie hin in querer Richtung verlaufen sieht. Vorn erkennt man an der rechten Seite die Falten der losgetrennten Dotterhaut, welche hier mehr seitlich theils am Amnion, theils vielleicht aber auch am Embryo befestigt zu sein scheint. Nachdem das Präparat eine Weile in Spiritus gelegen hatte, wurden besonders diese vorderen Anheftungen viel deutlicher, während zu gleicher Zeit zahlreiche feine, mit rothem Blute gefüllte Gefässmaschen in der Area pellucida deutlich wurden. Das Amnion stellte einen geschlossenen Sack dar, der jedoch neben dem Kopfe nicht zu erkennen war, vom Herzen an aber den hinteren Theil des Körpers einschloss und mit klarer Flüssigkeit gefüllt war, welche jedoch in viel geringerer Menge vorhanden war, als normal um diese Zeit, weshalb die Amnionhöhle verhältnissmässig klein erschien. Auch von der Bauchseite her, in Fig. 2, erkennt man die angeführten Verhältnisse. Namentlich sieht man hier wie das Amnion, vom Rande der Seitenplatten ausgehend, nur an der hinter dem Herzen gelegenen Körperhälfte zu erkennen ist, indem die seitlichen Contouren, die am Kopfe sichtbar sind, offenbar dem Kopfe selbst angehören. Man sieht ferner an dieser Figur wie der Nabel, nur am hinteren Körpertheile angelegt ist, hier aber einen langen und breiten Schlitz bildet. Endlich erkennt man, wie die Falten der Dotterhaut am Rande des Amnions so verschwinden, dass man auf ihre Insertion an der Oberfläche desselben schliessen kann, und das Netz der Blutgefässe der Area pellucida ist hier angegeben. Die Uebereinstimmung dieses merkwürdigen Embryo mit dem oben Pag. 51 besprochenen, auf Taf. IV. Fig. 1 und 2 abgebildeten, fällt schon beim ersten Blicke auf. Auch dieser Embryo ist mit 2 von einander getrennten Herzen versehen, welche nur hier noch weiter entwickelt sind, indem bereits zwei Abtheilungen an jedem derselben zu erkennen sind, und welche noch pulsirten, als das Ei geöffnet wurde. Auch die zweite auffallende Abweichung, nämlich die Biegung des Brusttheils der Wirbelsäule nach vorn, war hier in sehr ausgezeichneter Weise vorhanden. Wir werden später darauf zurückkommen, dass diese Krümmung der Wirbelsäule, welche wahrscheinlich durch die Adhäsionen der Kopf- und Schwanzkappe mit der Dotterhaut entstand, ohne Zweifel die Spaltung des ursprünglich einfachen Herzschlauches in ähnlicher Weise wie in Fig. 1 und 2 der Taf. IV bedingt hat. Hier haben wir zunächst nur auf die abnorme Amnionbildung und ihre Entstehung Rücksicht zu nehmen. In dieser Beziehung scheint nun folgende Erklärung sehr nahe zu liegen. Durch die starke Abkühlung, welche gegen Ende des dritten Bebrütungstages eintrat, wurde eine Erkrankung des oberen Blattes herbeigeführt, die sich, wie im vorigen Falle, durch das Fehlen der äusseren Anlage des Auges und durch die Abnormitäten der ganzen Oberfläche des Embryo kund giebt. Diese Erkrankung des oberen Blattes ist aber zu einer Zeit eingetreten, da die Anlage des Amnions als eine den Embryo rings umgebende, am Kopfe und Schwanze aber am stärksten entwickelte Falte vorhanden sein musste. Diese Anlage des noch nicht geschlossenen Amnions ist mit erkrankt und, in der schon aus dem Vorhergehenden hinreichend bekannten Weise, mit der Dotterhaut verklebt. Durch diese Verklebung ist denn allerdings ein Verschluss des Amnions zustandegekommen, die normale Vollendung der Amnionbildung ist aber zu gleicher Zeit dadurch unmöglich geworden. Denn da die Ränder der Falte, aus der das Amnion gebildet wird, einander nicht erreicht hatten, sondern mit der Dotterhaut verwachsen waren, so konnte sich das äussere Blatt dieser Falte auch nicht in der normalen Weise, als seröse Hülle, vom inneren Blatte derselben, welche bekanntlich das Amnion constituirt, lostrennen. Es konnte also das Amnion nicht frei werden, und die Amnionhöhle verblieb oben zum Theil durch die Dotterhaut geschlossen, die nicht entfernt werden konnte ohne die Höhle des Amnions zu öffnen.

In mehrfacher Beziehung der so eben besprochenen Amnionbildung ähnlich ist der auf Taf. XI. Fig. 1 — 3 abgebildete Fall. Derselbe betrifft ein Ei mit eingeschnürtem Dotter, das 6 Tage lang bebrütet worden war. Die Einschnürung ging, wie Fig. 1 zeigt, über den in seiner Form, Grösse, Gefässanordnung und Blutvertheilung abnormen, 33 Mm. langen und 13 Mm. breiten Bluthof hinweg, der mit der Dotterhaut so fest verklebt war, dass letztere nur mit Mühe ohne Zerreissung entfernt werden konnte. Eine ganz kleine Amnionbildung erkannte man schon mit blossem Auge (Fig. 1), und mit Hülfe einer passenden Vergrösserung sah man (Fig. 2) Falten der Dotterhaut, die sich nach der Rückenseite der Amnionbildung hin erstreckten. Am Kopfende war die Amnionbildung bedeutend vom Embryo abgehoben, zeigte grössere Ausbuchtungen und war daselbst mit einer blutrothen Flüssigkeit gefüllt, deren Farbe an der vor und unter dem Kopfe liegenden Ausbuchtung am intensivsten war. Von der Rückenseite her erkannte man (Fig. 3) die Amnionbildung rings um den Körper herum als durchsichtigen Sack; sie war aber nicht über dem Rücken des Embryo geschlossen, sondern bildete eine kreisförmige Falte, mit der die Dotterhaut verklebt war. Nach Entfernung der Dotterhaut war die Höhle des Amnions offen und die dann noch sichtbare rothe Flüssigkeit war nicht Liq. Amnii, sondern zwischen den Blättern jener Falte angesammelt, die sich bei der Vollendung der Amnionbildung in seröse Hülle und

Amnion scheidet. Von der Bauchseite her war die Amnionbildung nur am Kopfende deutlich zu erkennen (Fig. 2). Hier war auch noch eine Verwachsung der Amnionbildung mit dem innern Rande des Bluthofes durch einen schmalen Zipfel bemerkenswerth. Besonders auffallend ist in dieser Figur auch noch der Umstand, dass die Nabelbildung hier so zu sagen ganz fehlt. Die Bauchplatten hatten sich nämlich vollkommen geschlossen und waren dabei mit beiden Blättern der an der Amnionbildung betheiligten Falte verwachsen, so dass diese gleichsam einen an der Rückenseite gelegenen Ring um den Embryo herum bildete.

Eine solche Amnionbildung wie in den beiden zuletzt beschriebenen Fällen, wo die Amnionhöhle eigentlich noch nicht geschlossen ist, indem die Ränder der Falte einander noch nicht erreicht haben, wo aber durch Verklebung der Dotterhaut mit der Falte doch eine scheinbare Amnionhöhle gebildet ist, worin der Embryo liegt, könnte man Amnion spurium nennen. Um diese falsche Amnionhöhle herum, in der Falte der Amnionbildung (zwischen demjenigen Blatte, woraus das Amnion und demjenigen, woraus die seröse Hülle entstehen sollte), findet sich dann oft eine secundäre, ringförmige mit Flüssigkeit (Liq. Amnii spurius) gefüllte Höhle. Diese Formen der Amnionbildung setzen immer eine Ernährungsstörung des oberen Blattes voraus, und wenn sie zur Beobachtung kamen, fand ich dasselbe sowohl am Embryo, als auch am Bluthofe krankhaft verändert. Das Verständniss dieser Missbildungen wird sehr leicht, wenn man den auf Taf. XII. Fig. 1, 2 und 3 abgebildeten Fall berücksichtigt, der freilich eigentlich nicht hieher gehört, da die Missbildung des Amnions hier nicht auf Störung der Entwickelung beruht, sondern von einer ursprünglich fehlerhaften Beschaffenheit des Eies abhängt und daher in einem andern Abschnitte näher erörtert werden wird. Hier sieht man nämlich auf dem einen Dotter eines zweidottrigen Eies zwei dicht neben einander liegende Embryonen, welche nach reichlich $7^1/_2$tägiger Bebrütung von einem gemeinschaftlichen Amnion umgeben, aber nicht eingeschlossen sind. Ueber dem Rücken der Embryonen erkennt man eine 6—8 Mm. weite, von den Rändern der Amnionfalte gebildete rundliche Oeffnung, welche in die unvollendete Amnionhöhle führt. Diese Oeffnung ist in Fig. 1 und 2 der Taf. XII deutlich zu erkennen, indem man den mittleren Theil des Rückens beider Embryonen durch dieselbe frei vorliegen sieht, während ihre Köpfe und ihre Hinterkörper durch die doppelte Amnionschicht hindurch undeutlicher erkannt werden. Hier ist keine Spur von Verklebungen oder anderweitigen Erkrankungen des oberen Blattes, sondern es ist offenbar die abnorm grosse Masse des Inhalts, welche den Verschluss dieses gemeinschaftlichen Amnions verhindert hat, indem das normale Flächenwachsthum der Amnionfalte ihre Grenze erreicht zu haben scheint, bevor der Verschluss in gewöhnlicher Weise zustande gekommen ist. Zwischen den beiden Hinterkörpern der Embryonen erhob sich eine flache Falte, die sich nach vorn und oben verlor, und welche andeutete, dass das gemeinschaftliche Amnion aus zweien verschmolzen war. — Sieht man von dem Umstande ab, dass zwei Embryonen hier von einem unvollständigen Amnion eingeschlossen sind, so begreift man leicht, dass eine Verklebung der Dotterhaut mit dem oberen Rande dieser Amnionbildung eine solche Höhle abschliessen würde, die wir oben Amnion spurium genannt haben, und dass eine Annäherung und Verklebung der beiden Blätter dieser Amnionfalte, in einiger Entfernung vom freien Rande, eine solche secundäre ringförmige Höhle zustandebringen könnte, wie wir sie oben auf Taf. XI. Fig. 2 und 3 kennen lernten, und welche die Flüssigkeit enthielt, die wir als Liq. Amnii spurius bezeichneten.

Dieser auch sonst in mehrfacher Beziehung interessante und sehr seltene Fall verdient übrigens auch aus dem Grunde an dieser Stelle angeführt zu werden, weil er zeigt, dass sich ein Hühnerembryo bis fast zum 8ten Tage normal entwickeln kann, ohne von einem Amnion vollkommen eingeschlossen zu sein.

Embryonen, welche in dem Grade pathologisch sind, wie die oben genannten (Taf. III. Fig. 12, Taf. IV. Fig. 1 und 2, Taf. V. Fig. 1 und 2 und Taf. XI. Fig. 1—3), werden in Vogeleiern in der Regel früh absterben, obgleich der auf Taf. V. dargestellte doch noch nach 7tägiger Bebrütung lebendig gefunden wurde. Der höchst abnorme und verkrüppelte Zustand derjenigen Embryonen, welche mit solchen pathologischen Amnionbildungen versehen waren, macht es begreiflich, dass sie immer auch sehr klein waren, viel kleiner, als sie es bei normaler Entwickelung, der Bebrütungsdauer zufolge, sein sollten.

Es kommen aber auch vollständige Amnionbildungen von verschiedener, oft sehr geringer Grösse, bei ganz verkrüppelten und sehr kleinen Embryonen vor. Ein hübsches Beispiel dieser Abnormität zeigt Taf. II. Fig. 8. Das 7 Mm. lange und 5 Mm. breite Amnion ist hier wohlerhalten, mit Liq. Amnii gefüllt und es schliesst einen ganz kleinen, nur 4 Mm. langen, compakten, fleischfarbenen Embryo ein, der an einem ganz dünnen Nabel befestigt ist. Das betreffende Ei war ein 8 Tage lang bebrütetes Ei mit doppeltem Dotter, das auf Taf. IX. Fig. 10 abgebildet ist. Aehnliche Fälle sind mir bei hinreichend lange, aber unter Temperaturschwankungen bebrüteten Eiern ziemlich oft vorgekommen. Die Grösse eines solchen Amnions, sowie des von demselben eingeschlossenen Embryo, war dabei verschieden; immer war jedoch der Embryo in eine compakte, fleisch-molenartige Masse verwandelt, welche mit einem Stiel auf der unteren Fläche der inneren Wand der Blase festsass. Die Grösse des Amnionbläschens entsprach bisweilen derjenigen einer kleinen Haselnuss, bisweilen auch nur derjenigen einer Erbse; der Embryo konnte aber, selbst in einem nussgrossen Amnion, bisweilen auf die Grösse eines Stecknadelknopfes reducirt sein, in anderen Fällen hatte er aber fast die Grösse einer Erbse. Der den Nabel repräsentirende Stiel war in einigen Fällen sehr dünn, in anderen hingegen verhältnissmässig dick. Wenn das Amnion verletzt wurde, so floss natürlich der Liq. Amnii heraus und die Haut des Amnion legte sich dicht an den Embryo an. In manchen Fällen hatte diese Entleerung des Liq. Amnii schon stattgefunden, bevor das Ei geöffnet wurde, und es war das dem molenartig veränderten, alsdann meist erbsengrossen Embryo dicht anliegende Amnion oft, vielleicht selbst immer, mit der Oberfläche des Embryo mehr oder weniger verklebt. Ein solcher Fall ist auf Taf. VI. Fig. 1—3 dargestellt. Der Grad, in welchem die Embryonen in allen diesen Fällen verändert sind, ist sehr verschieden, selbst bei gleicher Grösse. In dem letztgenannten, auf Taf. VI. Fig. 1—3 abgebildeten Falle ist der Embryo ganz in einen unförmlichen Klumpen verwandelt, an dem man, bei Vergrösserung durch die Loupe, nur auf der einen Seite, aber auch hier kaum deutliche Spuren der Extremitäten, sonst aber kein Organ erkennt. In anderen Fällen (Taf. VII. Fig. 1 bis 4) kann man aber, bei übrigens vollkommener Uebereinstimmung mit dem vorigen Falle, deutlich die Formen des Embryo unterscheiden. Auch bei dem auf Taf. II. Fig. 8 dargestellten Falle wird man die Form des Embryo nicht verkennen; bisweilen war aber nur ein rundliches Gebilde vorhanden, das man, ohne Bekanntschaft mit den Uebergangsformen, schwerlich als Embryo erkennen würde. Das Gefässnetz des Bluthofes war in allen diesen Fällen bei einiger Vergrösserung deutlich. Es ist wohl keinem Zweifel unterworfen, dass der oben erwähnte Fall, den v. Baer als vermeintliche Lebermole beschrieben und abgebildet hat, hierher gehört, und dass es der Rest des ganzen Embryo, nicht aber eine für sich fortentwickelte Leber ist, welche v. Baer vorlag. Die braune Farbe, welche diese Mole zeigte, ist ganz irrelevant, da alle diese hier zuletzt besprochenen Embryonen und Embryonalreste eine verschiedene Farbe zeigen können, je nachdem längere oder kürzere Zeit zwischen dem Oeffnen des Eies und dem Absterben des Embryo verstrichen ist. Durch Aufheben in Spiritus werden überdies ganz junge Embryonen, welche rothes Blut enthalten, immer braunroth, und zwar um so dunkler, je mehr Blut sie enthalten.

Die Fälle, wo ein vollständig gebildetes Amnion, das einen ganz verkrüppelten Embryo einschliesst, bedeutend kleiner ist, als es normaler Weise bei seiner Vollendung sein sollte, setzten entweder voraus, dass dasselbe nachher durch Schrumpfung kleiner geworden ist, oder, was jedenfalls wahrscheinlicher ist, dass der Embryo bereits erkrankt war, als die Amnionbildung begann, ohne dass dadurch die Vollendung dieser Bildung gestört wurde. Die Fälle, wo ein stecknadelknopfgrosses Rudiment eines Embryo in einem Amnion von der Grösse einer Haselnuss gefunden wurde, würden aber entweder durch die Annahme zu erklären sein, dass die Masse des erkrankten Embryo durch Schrumpfung und Auflösung bedeutend abnehmen könnte, oder man müsste eine, bis zu einem gewissen Grade selbstständige Fortentwickelung des Amnions für möglich halten, nachdem der Embryo aufgehört hat, für das Wachsthum bestimmend zu sein. Letzteres erscheint am wahrscheinlichsten, wenn man solche Fälle berücksichtigt, wie die auf Taf. VI. Fig. 1 und auf Taf. VII. Fig. 1—4 dargestellten, indem hier die Masse des molenartig degenerirten Embryo offenbar nicht merklich verringert worden ist.

Schon bei der Beschreibung der vorliegenden Fälle ist angeführt worden, dass Adhäsionen des Amnions mit der Dotterhaut, mit dem inneren Rande des Bluthofes und mit der Oberfläche des Embryo vorkommen. Für die Verklebungen oder Verwachsungen des Amnions mit der Oberfläche des Embryo verdienen aber die auf Taf. VII. Fig. 1—4 dargestellten Beispiele noch einer specielleren Erwähnung. In Fig. 1 scheint die ganze innere Fläche des Amnions mit der Oberfläche des Embryo verklebt zu sein. Man erkennt dasselbe nur noch an den feinen Falten, welche an der Oberfläche des ganz verkrüppelten, in eine rundliche, solide Masse verwandelten Embryo sichtbar sind, dessen Grösse auf eine etwa 7tägige Entwickelung hinweist. Die Seite, auf welcher der Embryo lag, war so fest mit den Eihäuten verklebt, dass eine Trennung ohne vollständige Zerreissung nicht möglich war. In Fig. 2 ist das Amnion kaum zu erkennen, aber wahrscheinlich ganz mit der Oberfläche verklebt. In Fig. 3 ist die ganze Oberfläche des Embryo uneben, mit Runzeln und kleinen Fetzen besetzt; erstere rühren offenbar von dem mit dem Embryo verklebten Amnion her, letztere von der durch Zerren getrennten Verbindung der Dotterhaut mit dem Amnion. In Fig. 4, welche denselben Embryo von der andern Seite her darstellt, sind die Eihäute, bei denen sich ohne Zweifel auch der Rest des Amnions befindet, mit der Oberfläche des Körpers innig verbunden. In Fig. 1—3 der Taf. VI ist das Amnion nur undeutlich zu erkennen. An der oberen Fläche ist es aber jedenfalls einerseits mit dem Embryo, andererseits mit der Dotterhaut und durch diese hindurch mit der weissen Schalenhaut verbunden. Nach der Trennung der Schalenhaut wurden die in Fig. 4 der Taf. VI bei starker Vergrösserung abgebildeten Elemente von der Innenseite derselben abgeschabt. Das betreffende Ei war 10 Tage lang bebrütet worden; gegen Ende des 3ten Tages war aber die Bebrütung absichtlich dadurch unterbrochen worden, dass das Ei $4\frac{1}{2}$ Stunden lang aus der Brütmaschine entfernt und bei kühler Zimmertemperatur auf den Tisch gelegt worden war.

Schliesslich ist bezüglich der Fehler der Amnionbildung noch anzuführen, dass es bisweilen sehr schwer ist anzugeben, ob das Amnion fehlt, oder ob es dem Embryo ausserordentlich eng anliegt. Der auf Taf. XI. Fig. 4 in einem Eie mit eingeschnürtem Dotter nach fünftägiger Bebrütung abgebildete Embryo schien mit seinem vorderen Theile ganz frei und nackt vorzuliegen, indem man eine Sonde unter den Kopf hinwegführen konnte. Als der Embryo mit seiner Area vasculosa losgetrennt war, schien er ganz nackt mit seinem Nabel der Keimscheibe anzuhängen. Als aber der Embryo eine Weile im Spiritus gelegen hatte, wurde bei schwacher Vergrösserung eine zarte Haut sichtbar, welche den Embryo umgab und welche man für ein ganz eng anschliessendes Amnion halten konnte, ohne dass ich doch diese Deutung mit Bestimmtheit hinstellen möchte, da vielleicht die abgelöste Oberhaut dieses Aussehen veranlasst haben könnte. In letzterem Falle würde der Embryo wirklich nackt gewesen sein, wie Wolff es von den beiden auf Taf. XII. Fig. 6 abgebildeten Doppelembryonen auf gemeinschaftlichem Dotter mit Bestimmtheit angegeben hat. — Auch bei den auf Taf. VI. Fig. 5, 6 und 8 abgebildeten Embryonen kann man in Zweifel sein, ob ein sehr eng anliegendes Amnion vorhanden ist, oder ob es fehlt.

Die Abnormitäten der Nabelbildung beim Vogelembryo stehen in so unmittelbarem Zusammenhange mit der Amnionbildung, dass das, was darüber anzuführen wäre, eigentlich schon im Vorstehenden enthalten ist. Bei fehlender Amnionbildung flach ausgebreiteter Embryonen, wie bei Taf. III. Fig. 12 und Taf. IV. Fig. 1 und 2, fehlt selbstverständlich auch die Nabelbildung. Bei der als Amnion spurium bezeichneten Amnionbildung, war der Nabel meist sehr weit, rinnenförmig, wie auf Taf. V, oder die Nabelbildung fehlte, indem die Leibeshöhle ganz geschlossen war, wie auf Taf. XI. Fig. 1—3. Bei den ganz verkrüppelten Embryonen, welche von einem vollständig gebildeten Amnion eingeschlossen waren, wie bei Fig. 8 der Taf. II, war die Nabelbildung auch, wie gesagt, immer entwickelt, aber bald war sie sehr eng, bald weit. Bei den Verwachsungen des Amnions mit der Oberfläche des Embryo wird die Nabelbildung meist ganz undeutlich, wie auf Taf. VI. Fig. 1 und auf Taf. VII. Fig. 1—4. In jenen Fällen endlich, wo es unentschieden bleiben müsste, ob das Amnion bei weiter vorgeschrittener Entwickelung fehlte, oder ob es ganz eng der Körperoberfläche anlag, war bisweilen ein Nabel vollkommen entwickelt, wie bei Fig. 4 der Taf. XI und in Wolff's Falle (Taf. XII. Fig. 6), oder der Embryo sass mit breiter Fläche der Keimhaut auf, wie auf Taf. VI. Fig. 5, 6 und 8.

Ueber die Bildungsfehler und Erkrankungen der Allantoïs sind meine Beobachtungen noch sehr lückenhaft. Es scheint nicht selten vorzukommen, dass ihre Entwickelung ganz ausgeblieben ist, obgleich man sie, der Dauer der Bebrütungszeit und der Entwickelung der übrigen Organe zufolge, hätte erwarten sollen. Bei Taf. III. Fig. 12 zeugt namentlich die grosse Zahl der Wirbelplättchen, zum Theil auch die freilich ganz abnorme Entwickelung des Hirns davon, dass der acht Tage lang bebrütete Embryo noch um die Zeit gelebt hat, da die Allantoïsbildung normaler Weise auftreten sollte. Das Fehlen der Allantoïs erklärt sich hier leicht aus dem Umstande, dass die Bildung des Darmrohrs wie die der Leibeshöhle, offenbar durch krankhafte Veränderung des unteren wie des oberen Blattes nicht zustandegekommen ist, da die Allantoïs ja bekanntlich aus einer ursprünglich soliden Blastemmasse hervorgeht, welche sonst vor dem hinteren Ende des Darmrohrs auftritt. Auch bei Fig. 1 und 2 der Taf. IV. kann man wohl, der Entwickelung des Vorderkörpers zufolge, annehmen, dass der 112 Stunden lang bebrütete Embryo ein Alter erreicht hat, wo unter normalen Verhältnissen die Anlage der Allantoïs schon erkennbar sein würde. Die auffallend geringe Entwickelung des Hinterkörpers und die Verwachsung der Seitenplatten mit dem inneren Rande des Bluthofes macht es aber sehr begreiflich, dass die Allantoïsbildung hier nicht zustandegekommen ist. Bei den zu einer rundlichen soliden Masse verwandelten Embryonen, die auf Taf. II. Fig. 8 u. 9, Taf. VI. Fig. 1—3 und Taf. VII. Fig. 1 u. 2 abgebildet sind, ist die Allantoïs nicht nachzuweisen. In diesen Fällen kann man aber nicht wissen, ob eine Allantoïsbildung doch nicht vielleicht vorhanden gewesen, aber wieder zu Grunde gegangen ist. Bei dem auf Taf. XI. Fig. 2 abgebildeten Embryo ist die Allantoïs bei sechstägiger Bebrütungsdauer nicht deutlich zu erkennen. Man sieht von der Bauchseite her den Hinterkörper ganz glatt, mit ovaler Rundung endigen, und falls die Allantoïs nicht ganz fehlt, so muss sie durch jenes Gebilde, das hinter den beiden Herzabtheilungen liegt, repräsentirt sein. Bei dieser Deutung würden die vom hintern Ende dieses Gebildes nach hinten abgehenden Gefässe ihre Erklärung als verkümmerte Umbilicalgefässe finden, während dieselben ganz unverständlich erscheinen würden, wenn man dies Gebilde für eine pathologisch geformte Herzabtheilung ansehen wollte. Wichtiger als in den so eben aufgezählten Fällen ist das Fehlen der Allantoïs bei dem auf Taf. VI. Fig. 8 abgebildeten Embryo, weil derselbe nach $112\frac{1}{2}$stündiger Bebrütung noch lebendig, mit pulsirendem Herzen gefunden wurde, obgleich er nur 5 Mm. lang war. Auf dem andern Dotter desselben Eies wurde überdies ein normaler 9,3 Mm. langer, mit Amnion und Allantoïs versehener Embryo gefunden. Die Abbildung zeigt den Embryo freilich nur von der Rückseite her; es nahm aber auch bei der Ansicht von der Bauchseite her die blasenartige Spina bifida den ganzen hinteren Theil des Körpers ein, und es war von einer Allantoïs auch nicht die geringste Spur vorhanden. Ob der relative Blutreichthum, der besonders in der Area pellucida bemerkbar ist, zur Nichtentwickelung der Allantoïs in Beziehung steht, mag dahingestellt bleiben. — Ich muss bedauern, dass ich bezüglich des auf Taf. VII. Fig. 5 und 6 abgebildeten Embryo, dem die Unterleibshöhle fehlt, nicht angeben kann, ob derselbe mit einer Allantoïs versehen war oder nicht.

Eine auffallende Deformität der ersten Anlage der Allantoïs zeigt der auf Taf. V. Fig. 2 abgebildete Embryo, der ebenfalls nach 7tägiger Bebrütung trotz seiner enormen Verkrüppelung noch lebendig gefunden wurde. Die durch ihre Lage, durch ihren Blutreichthum und durch das neben ihr Vorhandensein der Anlagen der hintern Extremitäten unverkennbare Allantoïs ist hier in 2 Abtheilungen getheilt. Die Einschnürung in der Mitte, durch welche sie gleichsam in zwei, an der Basis mit einander communicirende Bläschen getheilt ist, und durch welche sie der ersten Form der Allantoïs beim Reh-

Embryo ähnlich wird, ist wahrscheinlich durch die oben besprochene fehlerhafte Bildung des Amnions und durch die schlitzförmige, hinten in eine Spitze auslaufende Nabelbildung bedingt.

Auch der auf Taf. VI. Fig. 5 und 6 abgebildete, mumienartig verkrüppelte Embryo, der nach 111stündiger Bebrütung noch beim Oeffnen des Eies ein pulsirendes Herz zeigte, lässt am hinteren Körperende zwei rundliche Knötchen erkennen, deren Deutung als Allantoïs jedoch zweifelhaft ist, da die Anlagen der hinteren Extremitäten nicht neben ihnen zu sehen sind.

Bei weiter vorgeschrittener Entwickelung der Allantoïs findet man bisweilen, dass sie sich links, statt normaler Weise rechts, um den Embryo herumschlägt. In solchen Fällen, die mir nur in Eiern mit doppeltem Dotter vorgekommen sind, lag der Embryo abnormer Weise auf der rechten, statt auf der linken Seite. Dass dieses abnorme Verhalten Ursache anderweitiger Missbildungen geworden wäre, habe ich nicht gesehen. Darest's Angaben, dass eine abnorme Lagerung der Allantoïs Missbildungen bedingen sollte, scheinen, wie bereits oben bemerkt wurde, nicht auf wirkliche Beobachtungen gestützt zu sein, da gar keine Beziehung zwischen den von ihm in ein Paar Fällen gesehenen Missbildungen (einmal Fehlen der Zehen des linken Fusses, ein anderes Mal Verkrümmung des Oberkiefers) und der abnormen Lagerung der Allantoïs nachgewiesen ist. Eine andere Frage, die ich aber unerörtert lassen muss, da mir keine Beobachtungen darüber vorliegen, wäre es, ob nicht die so räthselhafte Inversio viscerum von einer abnormen Lage des Embryo und von einer dadurch bedingten fehlerhaften Lagerung der Allantoïs abhängig sein sollte?

Bei Hühnchen, welche bis kurz vor dem Auskriechen übrigens normal entwickelt, in der Schale gestorben waren, habe ich mehrmals dicke Gefässstämme der Allantoïs so über Kopf und Schnabel hinlaufen sehen, dass es mir sehr wahrscheinlich war, dass diese das Hinderniss für das Auskriechen abgegeben hatten, indem sie die zum Durchbrechen der Schale nöthigen Kopfbewegungen nothwendig beschränken oder ganz verhindern mussten. —

A priori ist es wohl wahrscheinlich, dass auch die Allantoïs den Verklebungen und Verwachsungen ausgesetzt ist, welche bei der peripherischen Keimscheibe und dem Amnion so vielfach beobachtet wurden; positive Beobachtungen liegen mir aber darüber nicht vor, da ich überhaupt die späteren Stadien der Entwickelung bisher nicht so genau und so oft zu untersuchen Gelegenheit gefunden habe, wie die früheren.

III. Die durch Störung der Entwickelung entstandenen Missbildungen der Embryonen.

Eine systematische naturhistorische Darlegung der monströsen Formen der Embryonen, welche in Folge gestörter Entwickelung in Vogeleiern vorkommen, ist zur Zeit unmöglich, weil so viele verschiedene Combinationen von Missbildungen einzelner Theile beobachtet wurden, dass die bisher vorliegenden Fälle noch lange nicht ausreichen, um einen vollständigen Ueberblick zu ermöglichen. Diese Mannigfaltigkeit ist so gross, dass man kaum zwei Exemplare findet, die nicht in der einen oder anderen Beziehung wesentliche Abweichungen von einander zeigen. Eine Beschreibung und Erklärung der Missbildungen der einzelnen Theile und Organe würde aber nicht genügen, theils weil gewisse Combinationen in der Hauptsache sich wiederholen, theils aber auch weil die Art und Weise, in der die Missbildungen der einzelnen Organe gruppirt und combinirt sind, zum Theil gerade den Schlüssel zur Erklärung der Entstehung dieser Monstruositäten enthält. Es erschien mir daher unerlässlich, eine Reihe solcher Einzelfälle ausführlich zu beschreiben. Hierbei musste ich mich zunächst an die in den Abbildungen wiedergegebenen, auserwählten Exemplare halten, da solche Beschreibungen ohne Abbildungen höchst undankbar und ziemlich unnütz sind.

Zur Erleichterung der Uebersicht musste ich darauf bedacht sein, die zu beschreibenden Missbildungen in gewisse Abtheilungen zu bringen, bei deren Aufstellung jedoch die herrschende, den etwa bis zur Geburt vollständig entwickelten Monstris entnommene Nomenclatur nicht wohl zu Grunde gelegt werden konnte, wenn man es vermeiden wollte, hypothetische Beziehungen einzuführen. Ich habe verschiedene Eintheilungen versucht und wieder verworfen, und gestehe gern, dass auch diejenige, bei der ich schliesslich stehen geblieben bin, recht mangelhaft ist. So lange indess die Kenntniss der Missbildungen aus den ersten Entwickelungsperioden noch so lückenhaft ist, kann sie vielleicht provisorisch gebraucht werden. Zunächst kann man die hierher gehörigen Missbildungen in 2 Abtheilungen bringen, je nachdem sie sich auf die ganze Formation des Embryo beziehen, und sich gleichzeitig auf viele Organe erstrecken (Monstruositates totales), oder je nachdem sie mehr auf einzelne Theile und Organe desselben beschränkt sind (Monstruositates partiales). Der schon von vorn herein als wahrscheinlich aufgestellten Vermuthung entsprechend, fanden sich erstere besonders in den frühesten Entwickelungsperioden, selten über den Anfang der zweiten Woche beim Hühnchen hinaus; letztere wurden dahingegen am häufigsten auf weiter vorgeschrittenen Entwickelungsstufen beobachtet.

Diejenigen Missbildungen, die sich auf die ganze Formation des Embryo beziehen, kann man aber nach der Form wiederum in 3 Classen eintheilen: 1) Monstruositates totales planae, deren Körper die blattartige, flache Ausbreitung beibehalten hat, welche bei der ersten Anlage vorhanden, normaler Weise im Verlaufe der Entwickelung durch den Verschluss der Leibeshöhle und durch die Nabelbildung verloren geht; 2) Monstruositates totales cylindricae, bei denen allerdings die Faltung und das Einrollen der ursprünglich blattartigen Körperanlage erfolgt ist, wo aber doch alle Theile mehr oder weniger von derjenigen Norm abweichen, welche der jedesmaligen Entwickelungsstufe entspricht; 3) Monstruositates amorphoïdes, welche durch krankhafte Veränderung der ursprünglichen Form in eine mehr oder weniger compakte, rundliche Masse verwandelt sind. — Die partiellen Missbildungen würden dann dadurch charakterisirt sein, dass nicht alle, oft nur einzelne Theile, Organe oder Bildungen von der Norm abweichen. Auch bei der Beschreibung der letzteren werden wir uns in diesem Abschnitte an die einzelnen concreten Fälle halten, die in den Abbildungen wiedergegeben sind.

A. Monstruositates totales.

1. Monstruositates totales planae.

Die flach und blattartig ausgebreiteten Missbildungen, die wir in Vogeleiern, deren Bebrütung gestört wurde, gefunden haben, kann man wiederum in 2 Unterabtheilungen bringen, jenachdem ihnen rothes Blut fehlte, oder jenachdem dasselbe vorhanden war.

a) Monstruositates totales planae anaemicae.

Wie früh Missbildungen der Embryonen entstehen können, geht aus der Betrachtung der auf Taf. I. Fig. 9, 10 und 11 abgebildeten Embryonen hervor, welche bei etwa 5½maliger Vergrösserung dargestellt sind. Von Herz, Blut und Gefässen ist hier Nichts zu sehen, und die Grösse dieser Embryonen übertrifft nur wenig diejenige der Anlage des Primitivstreifens. Auch von Rücken- und Seitenplatten lassen dieselben fast Nichts erkennen, während die Entwickelung des Medullarrohrs nicht nur zustandegekommen, sondern am Kopfende, z. B. in Fig. 9 und 10, selbst zur Andeutung von Hirnabtheilungen vorgeschritten zu sein scheint. Der hintere Theil der Körperanlage ist besonders verkümmert. Auf Tafel I. Fig. 9 und 10 ist derselbe Embryo dargestellt, in Fig. 9 von der Rücken-, in Fig. 10 von der Bauchseite her gesehen. In letzterer Figur ist die Keimscheibe, auf welcher der kleine Embryo sitzt, so zurückgeschlagen, dass man das freie, schon in 2 seitliche Hälften getheilte Kopfende desselben erkennt. Die betreffenden Eier hatten 13 Tage in der Brütmaschine gelegen.

Die missgebildeten Embryonen auf Taf. III. Fig. 1—6 und auf Taf. II. Fig. 1—4 sind zwar weiter vorgeschritten, aber auch bei ihnen ist von Herz, Blutgefässen und rothem Blute noch Nichts zu sehen. Der auf Taf. III. Fig. 1—2 dargestellte Embryo stammt aus einem Eie, das 43 Stunden lang bebrütet war. Das hintere Ende des Körpers war so blass, dass sich hier seine Grenze nicht ganz genau feststellen liess. Höchstens betrug seine Länge jedoch 2,9 Mm. Die Area pellucida war normal und verhältnissmässig gross. Mehr als die hintere Hälfte des Medullarrohrs war offen, und die 5 Paar Wirbelplättchen, welche allein vorhanden waren, divergirten nach hinten zu, ebenso wie auch die sehr blassen Rückenplatten hier auseinander wichen. Die Chorda dorsalis und die Seitenplatten waren kaum sichtbar. Am auffallendsten war aber die Form des Kopfendes des Medullarrohrs, das sich nicht zu einer Blase erweiterte, sondern in zwei nach vorn umgebogene, blinde Röhren zu endigen schien. Ausserdem waren zu jeder Seite des Vorderkörpers noch zwei scharfe Contouren zu erkennen, die sich bogenförmig umbogen und wohl als Kopfplatten zu deuten sind. Herz und rothes Blut fehlten, wie gesagt, gänzlich. Der Umstand, dass dieses Ei ein zweidottriges war (Taf. IX. Fig. 8), dessen anderer Dotter die auf Taf. I. Fig. 7 dargestellte missgebildete Embryonalanlage trug, verdient noch angeführt zu werden, da die pathologische Beschaffenheit beider Embryonen auf eine gleichzeitige und gemeinschaftliche äussere Störung hinweist. Der Embryo auf Taf. III. Fig. 3—4 stammt aus einem 42 Stunden lang bebrüteten Eie. Seine Länge betrug nur 3,3 Mm., während die Area pellucida 4,5 Mm. lang und 1,3 Mm. breit war. Der dunkle Saum, den sonst die Seitenplatten um den hinteren Theil des Körpers bilden, war ganz und gar verwischt, indem die dunklere Schattirung sich über den hinteren Theil der Area pellucida verbreitete. Die seitlichen Schenkel der sogenannten vorderen Darmpforte verloren sich nicht, wie sonst, im inneren, hinteren Theile der Seitenplatten, sondern sie erstreckten sich in einem vorn concaven Bogen durch die ganze Area pellucida hindurch nach dem inneren Rande der peripherischen Keimscheibe, welche im ganzen Umfange des hellen Hofes mit der Dotterhaut verklebt war. Diese mantelartige Ausbreitung der Rücken- und Seitenplatten gab dem Embryo eine Form, welche an die eines fliegenden Eichhörnchens erinnerte. Eine durch deutliche Begrenzung bezeichnete Anlage eines Bluthofes fehlte, ebenso wie Herz und rothes Blut. Das Medullarrohr war ganz hinten an der Spitze offen, nicht zu einem Rohre geschlossen. Auffallend, und ganz von der vorhergehenden Missbildung abweichend, war die spitze Form, die der Kopf durch die unverhältnissmässig breite Basis der Anlage der Augenblasen erhalten hatte. Die Chorda dorsalis war nebst 7 Wirbelplättchenpaaren kenntlich; die wellenförmige Krümmung der in Fig. 3 sichtbaren Chorda weist aber darauf hin, dass das Längenwachsthum des ganzen Embryo, wahrscheinlich durch jene Adhäsion des Umfanges der Area pellucida mit der Dotterhaut, mechanisch beeinträchtigt worden ist. — Der auf Taf. III. Fig. 5—6 abgebildete Embryo war 65 Stunden lang der Brütwärme ausgesetzt, und seine Länge betrug nur 3,8 Mm. Die bisquitförmige Area pellucida war 5,5 Mm. lang und an der schmälsten Stelle nur 1,1 Mm. breit. Die Anlage des Bluthofes war vorhanden, aber ohne rothes Blut, und von so geringer Ausdehnung, dass sie nur einen schmalen ovalen Ring um die Area pellucida bildete. Die Dotterhaut war mit dieser kleinen Anlage des Bluthofes fest verklebt. Durch stärkeres Zerren gelang es allerdings die Dotterhaut von der Keimscheibe loszutrennen, sie zeigte dann aber in der Mitte eine kleine Scheibe, die nur aus der Dotterhaut gebildet war, und um diese herum einen opaken Wall, der aus abgerissenen Zellen der Keimscheibe bestand. Diese Bildung ist schon oben bei Gelegenheit der abortiven Doppelschildbildung besprochen worden. — Wie im vorigen Falle war die Chorda, zugleich aber das Medullarrohr geschlängelt, offenbar wiederum in Folge des durch die Adhäsion des Bluthofes mit der Dotterhaut gesetzten Hindernisses für das Längenwachsthum. Ausserdem zeigte unser Embryo noch mehrere andere Abnormitäten. Das Medullarrohr lief nach hinten ganz spitz zu, und schien in der Mitte des Rückens zu endigen, während die Chorda und die Wirbelplättchen sich bedeutend weiter nach hinten erstreckten.*) In der Nähe ihres hinteren Endes zeigte die Chorda eine Anschwellung, und die Stellung der Wirbelplättchen wich durch ihre dachziegelartige Lagerung von der Norm ab. Seitenplatten waren am Hinterkörper kaum zu erkennen, und auch die Rückenplatten waren um das Schwanzende herum ganz ungewöhnlich schmal und blass. Obgleich der Vorderkörper verhältnissmässig weiter in der Entwickelung vorgeschritten war, als der Hinterkörper, so war doch offenbar auch seine Entwickelung zurückgeblieben und abnorm geworden. Es fehlten namentlich die Einschnürungen für die Bildung des Zwischen- und Hinterhirns, während die Vorderhirnblase nicht nur eine durchgehende Theilung in zwei seitliche Hälften,

*) Die Figur giebt diese Verhältnisse leider nicht treu wieder, wie in der Erklärung zu den Tafeln näher angegeben ist.

sondern auch eine scharfe runde Begränzung dieser seitlichen Hälften nach hinten zeigte. Von der Rückenseite her waren keine Augenblasen sichtbar, von der Bauchseite erkannte man jedoch eine Andeutung der Anlage der Augen. Auch diese Missbildung war in einem Eie mit doppeltem Dotter entwickelt, und der andere Dotter trug eine abortive Doppelschildbildung als einzige Spur der Entwickelung.

Auf Taf. II. Fig. 1 und 2 ist ein Embryo dargestellt, der nach 42stündiger künstlicher Bebrütung in einem Hühnereie mit einfachem Dotter gefunden wurde. Von rothem Blut war ebensowenig eine Spur zu erkennen, wie von der Anlage eines Herzens. Von der Rückenseite her sah man (in Fig. 1) besonders deutlich, dass das Medullarrohr am Kopfe, sowie in der Brust- und Lendengegend offen geblieben war, und sich nur stellenweise zum Rohre geschlossen hatte. In der Brustgegend, wo der Mangel des Verschlusses am auffälligsten und am ausgedehntesten war, fehlten die Contouren des Medullarrohrs gänzlich, und die Masse der Markplatte war mit derjenigen der Rücken- und Seitenplatten verschmolzen. Letztere waren aber überhaupt nur sehr schwach angedeutet, indem sie nur als diffuse, bei durchfallendem Lichte etwas dunklere, in der Area pellucida verschwommene Masse erkannt werden konnten. Von der Chorda dorsalis und den Wirbelplättchen war nichts zu erkennen, dagegen erkannte man eine Andeutung der Kopfkappe, in den seitlich nach hinten zu divergirenden Falten neben dem Kopfe. Am Kopfe waren zwei seitliche Ausstülpungen als Andeutungen der Augenblasen, und ein Einschnitt in der Mitte des vorderen Endes bemerkbar. Die vordere Darmpforte war, wie Fig. 2 zeigt, gebildet, lag aber sehr weit nach vorn. Die Area pellucida war am hinteren Körperende sehr schmal, die Anlage des Bluthofes, ohne Gefässanlagen und ohne rothes Blut, war länglich rund, 9 Mm. lang und 6 Mm. breit. Die Länge des Embryo betrug 4,1 Mm. Ein anderes gleichzeitig derselben Brütwärme ausgesetzt gewesenes Ei enthielt einen 6 Mm. langen normalen Embryo mit 18 Paar Wirbelplättchen in einer 10 Mm. langen und 9 Mm. breiten, rothes Blut führenden Area vasculosa.

Der auf Taf. II. Fig. 3 und 4 abgebildete Embryo ist noch von grösserem Interesse, weil er neben dem Mangel des Herzens und des rothen Blutes eine partiell, wenn auch pathologisch, weiter vorgeschrittene Entwickelung zeigte. Er rührte von einem 5 Tage lang von einer Henne bebrüteten Eie her, das im Sommer von der 36sten bis zur 44sten Stunde der Bebrütung von der Henne verlassen worden war. Figur 3 zeigt denselben von der Bauchseite, Figur 4 von der Rückenseite her. Man sieht, dass das Medullarrohr nur am vorderen Ende vollständig, am hinteren Ende unvollständig geschlossen, in der Mitte aber ganz verstrichen und mit den Rücken- und Seitenplatten verschmolzen war, welche sich auch ihrerseits ohne bestimmte Begrenzung bis zum inneren Rande der Anlage des Bluthofes hin erstreckten, so dass eine eigentliche Area pellucida nicht vorhanden war. Das Schwanzende war nicht scharf begrenzt, die Schwanzkappe jedoch angedeutet. Das vordere geschlossene Ende des Medullarrohres war, von der offenen Mitte her gerechnet, durch drei Einschnürungen in vier Abtheilungen getheilt, von denen die beiden vorderen in zwei seitliche Hälften zerfielen. Hinter diesen beiden vorderen Abtheilungen hatte es das Aussehen, als kreuzten sich die Seitenhälften des Rückenmarks von rechts nach links. Die nächstvordere Abtheilung schien 2 nebeneinander liegende röhrenförmige Gebilde darzustellen, welche an der Einschnürung, die sie von der vorderen trennte, durch eine Commissur verbunden zu sein schienen. Die vordere Abtheilung zeigte an jeder ihrer, vorn unter einem etwas spitzen Winkel zusammenstossenden Hälften einen Wulst, der von hinten und der Mitte nach vorn und aussen verlief. Diese Weise, wie sich die beiden vorderen Abtheilungen darstellen, würde sich durch die Annahme erklären, dass die äusseren Ränder des vorn ausgebreiteten Medullarblattes sich conchenartig eingerollt hätten, anstatt einander in der Mitte zu begegnen und sich zunächst mit einander und dann auch mit den vorderen Rändern zur Bildung der Hirnblase zu vereinigen. Es ist diese Form sehr mit derjenigen übereinstimmend, welche vorhin (pag. 69) besprochen wurde, und welche auf Taf. III. Fig. 1 u. 2 abgebildet ist. Am Kopfende der Fig. 4 erkennt man noch die Andeutung der Kopfkappe, in Fig. 3 ist dieselbe noch viel deutlicher. In dieser Figur ist überdies das Aussehen des Kopfes von demjenigen in Fig. 4

sehr verschieden, indem das Hirn hier deutlich geschlossen ist, wobei zugleich durch Falten und Ausbuchtungen mehrere Abtheilungen gebildet sind, unter denen zwei grosse seitliche, in Fig. 4, wegen weniger tiefer Einstellung des Mikroskops, nicht sichtbare Ausbuchtungen wohl als Augenblasen gedeutet werden müssen. Eine Falte der Seitenplatten, welche hinter der Kopfkappe einen schmäleren Bogen bildet, würde man als vordere Darmpforte deuten, wenn nicht die weiter nach hinten gelegenen Gebilde diese Deutung etwas zweifelhaft machten. Hier sieht man nämlich vor der Stelle, wo das Medullarrohr sich an der Rückenseite plötzlich öffnet und ausbreitet, an der Bauchseite faltige Erhabenheiten, welche lebhaft an Visceralbögen erinnern, wahrscheinlich jedoch nur Falten des Medullarrohrs sind, welche den seitlich bemerkbaren Einbuchtungen derselben entsprechen. Ferner sieht man an der Bauchseite, den vorhin besprochenen zwei hinteren Abtheilungen des geschlossenen vorderen Theiles des Rückenmarks entsprechend, Contouren, welche man bei dem ersten Blicke vielleicht als Andeutung des Herzens auffassen könnte. Wenn aber jener Bogen wirklich als Eingang zur vorderen Darmpforte zu betrachten ist, und wenn jene faltigen Erhabenheiten nur Falten der Medullarplatte sind, so kann eine solche Deutung nicht in Betracht kommen, und es würde dann also das Herz ganz fehlen, ebenso wie bei dem vorhin besprochenen Embryo (Taf. II. Fig. 1 und 2). Von rothem Blute fand sich auch in diesem Falle keine Spur, und die Anlage des Bluthofes entsprach bezüglich ihrer Farbe, Grösse und Form der bei jenem beschriebenen. In Fig. 3 erkennt man noch an der Stelle, wo das Medullarrohr ganz verstrichen und mit der Masse der Rücken- und Seitenplatten verschmolzen war, eine von der Rückenseite her nicht sichtbare Contour, welche wohl als eine Andeutung der normalen Einrollung der Seitenplatten zur Bildung der kahnförmigen Leibeshöhle zu deuten ist. Auch erkennt man innerhalb dieser scharfen Contouren jederseits eine Massenanhäufung, welche den Urnieren entsprechen könnte. Von Wirbelplättchen und Chorda dorsalis war Nichts zu sehen. Ein anderes gleichzeitig bebrütetes Ei enthielt einen normalen Embryo, welcher in gestreckter Stellung 13 Mm. lang war, während die ganze Länge dieses missgebildeten Embryo nur 4,85 Mm. betrug.

Wenn wir nun versuchen, einen Ueberblick über die bei diesen flachen, blutlosen Embryonen beobachteten Bildungsfehler zu gewinnen, so fällt fast bei Allen 1) ihre geringe Grösse auf. Um aber zu beurtheilen, ob Dieses wirklich als ein Bildungsfehler zu betrachten ist, darf man ihre Grösse allerdings nicht einfach mit derjenigen vergleichen, welche sie der Bebrütungsdauer zufolge haben sollten, indem sie ja abgestorben sein könnten, bevor das Ei geöffnet wurde. Dieses ist z. B. ganz gewiss mit den Embryonen auf Taf. I. Fig. 9, 10, 11 der Fall gewesen, welche 13 Tage lang in der Brütmaschine gelegen hatten. Ebenso findet man nach einer plötzlichen Unterbrechung der später wiederum regelrecht fortgesetzten Bebrütung oft nach mehreren Tagen Embryonen, deren Entwickelung derjenigen Zeit entspricht, um welche die Bebrütung vorübergehend gestört wurde, und alsdann ist anzunehmen, dass sie durch die Störung abgestorben sind, und dass sie während der späteren Bebrütung schon todt waren.

In anderen Fällen findet man aber Formen der embryonalen Organe und Gebilde vor, welche offenbar einer Entwickelungsperiode angehören, die unter normalen Verhältnissen eine bedeutendere Grösse voraussetzen würden. Wenn man nämlich von der wohl ziemlich unbedenklichen Voraussetzung ausgeht, dass kein Organ vor Ablauf der unter normalen Verhältnissen dazu nöthigen Zeit eine Form annehmen kann, die einer gewissen Entwickelungsstufe entspricht, so kann man, durch Berücksichtigung derjenigen Gebilde, welche auf die am weitesten vorgeschrittene Entwickelung hinweisen, annäherungsweise das Minimum des wirklich erreichten Alters bestimmen und damit die gefundene Grösse des Embryo vergleichen. Der auf Taf. I. Fig. 11 dargestellte Embryo zeigt nun am Kopfe bereits Andeutung einer Theilung der Hirnblase in mehrere Abtheilungen, während seine Länge nur etwa der der Anlage des Primitivstreifens entspricht. Er ist also offenbar zu klein. Der auf Taf. III. Fig. 3—4 abgebildete Embryo ist nur 3,3 Mm. lang, während er, der Zahl seiner Wirbelplättchen, der Anlage und Stellung der vorderen Darmpforte und der Breite des freilich noch blutleeren Bluthofes zufolge, wenigstens etwa 6 Mm. gross sein sollte. Der Embryo auf Taf. III. Fig. 5—6 ist nur 3,8 Mm. lang, während er, der Zahl der Wirbelplättchen, der Anlage und Stellung der vorderen Darmpforte, der Breite der Bluthofanlage und der Theilung des Vorderhirns in 2 seitliche Hälften zufolge, etwa 6 Mm. messen sollte. — Auch der auf Taf. II. Fig. 3—4 dargestellte Embryo liesse, bei der freilich sehr abnormen, aber doch weit vorgeschrittenen Abtheilung des Hirns, sowie bei dem Vorhandensein der Anlage der Kopf- und Schwanzkappe, eine beträchtlichere Grösse erwarten. — Der auf Taf. III. Fig. 1—2 abgebildete Embryo ist nur 2,9 Mm. lang, während er, der Zahl der Wirbel zufolge, etwa 4 Mm. lang sein sollte. Bei dem Embryo, der auf Taf. II. Fig. 1—2 abgebildet ist, könnte es vielleicht zweifelhaft sein, ob er wesentlich kleiner geblieben ist, als er es seiner wahren Entwickelungsdauer zufolge sein sollte, obgleich die Beschaffenheit der vorderen Darmpforte und die Form des Hirns wohl eine etwas beträchtlichere Grösse, als die beobachtete (4,1 Mm.) erwarten liessen. — Bei Taf. III. Fig. 3—4 u. 5—6 könnte die Verklebung der Dotterhaut mit der Anlage des Bluthofes als Ursache der zu geringen Länge des Embryo betrachtet werden, da dieselbe dem Längenwachsthume hinderlich sein musste, und die Schlängelung der Chorda und des Rückenmarks weis't darauf hin, dass Dieses wirklich der Fall gewesen ist. Bei den übrigen zu kleinen Embryonen fehlte aber diese Ursache, und die von ihr wahrscheinlich abhängigen Verkrümmungen waren ebenfalls nicht vorhanden; es musste daher ihr Wachsthum direkt, durch eine Veränderung der dieselben constituirenden Cellen, beeinträchtigt sein. — Die Abweichungen der in Rede stehenden Embryonen von der Norm geben sich ferner 2) durch eine Ungleichmässigkeit der Entwickelung zu erkennen, indem Gebilde fehlen, welche beim Auftreten anderer Gebilde normaler Weise vorhanden sind. So fehlt die Anlage der Wirbelplättchen bei Taf. I. Fig. 9—11, obgleich sie, der Entwickelung des Kopfendes zufolge, zu erwarten waren; dieselbe fehlt bei Taf. II. Fig. 1—2, obgleich die Grösse des Embryo, die Beschaffenheit der Anlage des Bluthofes und die Bildung der Darmpforte sie normaler Weise voraussetzen würden, und bei Taf. II. Fig. 3—4, obgleich sowohl die Grösse des Embryo, als auch die Anlage des Bluthofes, die Anlage der Kopf- und Schwanzkappe, sowie die freilich abnorme Entwickelung des Kopfendes ihr Vorhandensein mit Recht erwarten liessen.

Das Fehlen der Wirbel ist in diesen Fällen gewiss dadurch zu erklären, dass sie von vorn herein nicht gebildet wurden; denn bei der Kürze der Bebrütungsdauer (für Taf. II. Fig. 1—2 nur 42 Stunden) ist es höchst unwahrscheinlich, dass eine Wiederauflösung der einmal bereits gebildeten Wirbel stattgefunden haben sollte, um so mehr, als die Wirbelanlagen doch wahrscheinlich zu den relativ festesten und widerstandsfähigsten Embryonaltheilen gehören. Wie die Wirbel in manchen dieser Fälle, so fehlte auch die Chorda dorsalis, deren Bildung bekanntlich derjenigen der Wirbel vorausgeht; ihre innige Beziehung zu den Wirbelplättchen und zur Bildung der Wirbelsäule würde ihr gleichzeitiges Fehlen erklären, wenn dieses davon abhinge, dass eine Ernährungsstörung der Schicht, worin sich beide hätten bilden sollen, ihre Entwickelung verhindert hätte. Das Herz fehlte ferner in allen diesen Fällen, obgleich man wenigstens die Anlage desselben bei Taf. II. Fig. 1—4 und Taf. III. Fig. 1—6 hätte erwarten sollen. Die vordere Darmpforte endlich, welche bei Taf. III. Fig. 3—4 und 5—6 im Verhältniss zur Länge des Körpers auffallend weit nach hinten gerückt erscheint, ist dahingegen bei Taf. II. Fig. 3—4 offenbar nicht so weit vorgeschritten, wie es die Gegenwart einer Kopf- und selbst einer Schwanzkappe, so wie die merkwürdige Entwickelung des Hirns bei diesem Embryo erwarten liessen. Ueberdies machten sich aber, neben solchen partiellen Hemmungen der Bildung und Entwickelung auch noch 3) positive Abnormitäten bemerkbar, die keiner normalen Entwickelungsstufe angehören. Hieher gehören a) die verschiedenen Bildungen des Kopfes und des Hirns. Bei Taf. III. Fig. 1—2 scheint die auffallende Kopfform davon abzuhängen, dass sich die vorderen Ränder des Medullarblattes, da wo sie sich zur Bildung der primären Hirnblase hätten vereinigen sollen, zu weit, über die Mittellinie hinaus eingerollt haben, so dass dadurch zwei, nach vorn umgebogene und dabei divergirende, blind endigende Röhren, anstatt der Hirnblase entstanden sind. Dieser ganz ähnliche Bildungen hat übrigens Erdl, Entwickelungsgeschichte des Hühnchens im Ei (Taf. IV. Fig. 8, Taf. V. Fig. 5, Taf. VI. Fig. 4 u. 7), aber offenbar mit Unrecht als normale Entwickelungsstufen aufgefasst und abgebildet. Das Kopfende des auf Taf. II. Fig. 3—4 dargestellten

Embryo glaube ich der Hauptsache nach als eine weitere Entwickelung der vorhergehenden Missbildung (Taf. III. Fig. 1—2) auffassen zu müssen. Eine dieser ähnliche Missbildung scheint Valentin vor Augen gehabt zu haben, als er an der oben angeführten Stelle von einer durchgreifenden Theilung des Hirns bei einem jungen Hühnerembryo sprach. Ein mechanisches Moment, das diese Missbildung hervorgebracht haben könnte, scheint nicht vorzuliegen. Andere ebenfalls mehr oder weniger abnorme Bildungen des Hirns zeigen die Embryonen auf Taf. III. Fig. 3—4, 5—6 und Taf. II. Fig. 1—2. — Am Rücken bemerkt man bei den in Rede stehenden Embryonen ebenfalls sehr beachtenswerthe Abnormitäten. Bei Taf. III. Fig. 1—2 ist das Medullarrohr nicht nur unten an der Rückenseite offen, wie bei Taf. III. Fig. 3—4, was als Hemmungsbildung gedeutet werden könnte, sondern es ist auch ganz am Ende als breite Platte ausgebreitet, während die beiden Reihen der Wirbelplättchen nach hinten abnormer Weise divergirend auseinander weichen. Bei Taf. III. Fig. 5—6 endigt das Rückenmark dahingegen mit einer geschlossenen Spitze etwa in der Mitte des Rückens; die hinter dieser Stelle liegenden Wirbelplättchen hatten dabei, vielleicht eben in Folge des Ausfalls des unteren Endes des Rückenmarks, eine schräge, dachziegelartige Stellung bekommen. Auch die Anschwellung der Chorda oberhalb ihres Endes ist als eine Abnormität dieses Embryo hervorzuheben. Nicht weniger ist das bei Taf. II. Fig. 1—2 beobachtete Verhalten des Medullarrohrs als absolut abnorm zu betrachten, indem es am Rücken stellenweise zum Rohre vereinigt, stellenweise offen, in der Mitte aber ganz und gar verstrichen und verwischt ist, so dass die Substanz desselben mit der der Rücken- und Seitenplatten zu confluiren scheint. Dieses ist in noch höherem Maasse bei dem Embryo der Fall, der auf Taf. II. Fig. 3—4 abgebildet ist. Die Seitenplatten, welche bei Taf. III. Fig. 1—2 u. 5—6 so blass sind, dass sie fast zu fehlen scheinen, dehnen sich bei Taf. III. Fig. 3—4 und bei Taf. II. Fig. 1—2 u. 3—4 abnormer Weise ganz bis zum inneren Rande der Anlage des Bluthofes aus, deren innere Ränder hier zugleich einander genähert sind, so dass die Area pellucida, die sonst den Embryo zunächst umgiebt, gleichsam fehlt.

Sowohl die Beschränkung des normalen Wachsthums, als die

Ungleichheit der Entwickelung und die absoluten Abnormitäten der verschiedenen Gebilde dieser Embryonen lassen sich gewiss nur durch Ernährungsstörungen der betreffenden Gewebe deuten. In einigen Fällen war es wohl unverkennbar, dass die gleichzeitig vorhandenen Abnormitäten der Anlage des Bluthofes, namentlich seine Verklebungen mit der Dotterhaut, auf mechanische Weise das Wachsthum beeinträchtigt und Verkrümmungen des Embryonal-Körpers veranlasst hatten; in anderen und zwar den meisten Fällen waren aber offenbar die Gewebe des Embryo direkt afficirt. Die Ernährungsstörungen gaben sich freilich fast überall dadurch zu erkennen, dass das Wachsthum beeinträchtigt war; diese Beeinträchtigung traf aber nicht alle Theile gleichmässig, und eben hierdurch mussten abnorme Formen entstehen. Zugleich aber erkennt man mehrfach die Ernährungsstörung am Ausbleiben der normalen Differenzirung der Gewebe, z. B. bei dem Fehlen der Wirbelbildung. Verklebungen wurden in diesen Fällen nur an der Anlage des Bluthofes deutlich wahrgenommen, wobei der Umstand, dass dieselbe noch kein rothes Blut führte, und dass der Kreislauf fehlte, in bemerkenswerther Weise die Unabhängigkeit dieser Verklebungen vom rothen Blute und von Kreislaufsstörungen beweist.

b) Monstruositates totales planae cum sanguine rubro.

In dieser Abtheilung treten fast alle die in der vorhergehenden schon besprochenen Missbildungen noch weit entschiedener hervor, und ganz neue Monstruositäten gesellen sich ihnen bei. Unter den hierher gehörigen Embryonen, die ich beobachtet habe, mögen die folgenden, in den Abbildungen dargestellten Fälle hier speciell besprochen werden:

Der auf Taf. II. Fig. 6 abgebildete Embryo stammt aus einem 4 Tage lang künstlich bebrüteten, und zwischen der 36sten und 44sten Stunde der Bebrütung stark abgekühlten Hühnereie. Der nur 3,4 Mm. breite und 6,8 Mm. lange Bluthof enthielt trotz seiner geringen Grösse rothes Blut; seiner unteren Fläche haftete aber der gelbe Dotter fest an. Die zahlreichen Wirbelplättchen waren von vorn nach hinten in höchst auffallender Weise zusammengedrängt, und hatten sich in querer Richtung ausgebreitet. Bei der

Untersuchung unter einem Deckgläschen war kein merklicher Unterschied zwischen der Bauch- und der Rückenseite zu bemerken. Die Hirnblase war in zwei seitliche Hälften getheilt. — Der auf Taf. II. Fig. 5 abgebildete Embryo stammt aus einem anderen, mit dem vorigen gleichzeitig bebrüteten gewöhnlichen Hühnereie. Der ganze Durchmesser des rothes Blut führenden Bluthofes betrug nur 4,5 Mm. Die Seitenplatten setzten sich bis zum inneren Rande des Bluthofes fort, so dass die Area pellucida hier fehlte. Der Kopf war frei und zeigte nicht nur Ausstülpungen der Hirnblase für die Augenblasen, sondern auch äussere Anlagen der Augen. Die Wirbelsäule war gekrümmt und sehr verkürzt; die Wirbelplättchen waren in ziemlich grosser Zahl vorhanden, aber dicht aneinander gedrängt; die Chorda war zu erkennen. Die vordere Darmpforte war stark nach hinten gerückt und sehr weit, indem sie sich zwischen den inneren Rändern des Bluthofes ausbreitete, wie es der Verschmelzung der Seitenplatten mit dem Bluthofe entsprach. Die Körperhöhle des Embryo war somit unverhältnissmässig gross, kahn- oder richtiger schuhförmig, indem der Eingang derselben hinten und an den Seiten vom inneren Rande des Bluthofes, vorn von der der Darmpforte entsprechenden Falte gebildet war.

Der auf Taf. III. Fig. 7, 8, 9 dargestellte Embryo fand sich in einem 66 Stunden lang künstlich bebrüteten Hühnereie. Fig. 9 stellt den Embryo von einem Theil der peripherischen Keimscheibe umgeben dar. Die Area pellucida und die Area vasculosa waren verzerrt und hatten einen schiefen birnförmigen Umkreis. Das Netz rother Blutgefässe zeigte sich bei der mikroskopischen Untersuchung in demselben vollkommen entwickelt, alle Blutgefässe in der Area vasculosa waren aber fast gleich weit, etwa wie in Fig. 1 der Taf. IV. Bis zum Embryo hin konnte kein Blutgefäss durch die Area pellucida hindurch verfolgt werden. Der Sinus terminalis war nur sehr schwach entwickelt und stellenweise ganz verstrichen. Die Dotterhaut war auch in diesem Falle mit dem zunächst um den Bluthof herum gelegenen Theil der Keimscheibe fest verklebt. Der Embryo war wie ein Flitzbogen gekrümmt, am meisten am hinteren Ende des Körpers. So lange die Dotterhaut mit dem entsprechenden Theile der Keimscheibe verbunden war, blieb die Verzerrung des Bluthofes und der Area pellucida, sowie die Krümmung des Embryo ganz unverändert, in welcher Richtung man auch das Präparat auf der Glasplatte herumzerren mochte. Nach vorsichtiger Ablösung der Dotterhaut, welche nicht ohne Schwierigkeit gelang, konnte der Umkreis des Bluthofes wohl durch das Verschieben auf der Glasplatte etwas verändert werden, ohne dass jedoch die abnorme Krümmung des Embryo aufgehoben oder selbst vermindert werden konnte. Im Verhältniss zur übrigen Entwickelung war ferner die geringe Grösse des Embryo auffallend. Vom Scheitel bis zum Ende des Medullarrohrs maass der in Fig. 7 vergrössert dargestellte Embryo, die Krümmung mitberechnet, nur 3,755 Mm., vom Scheitel bis zum äussersten sichtbaren Ende des Saumes, den die Seitenplatten um das Schwanzende bildeten, 4,17 Mm. Von der Bauchseite her betrachtet (Fig. 8) zeigte sich in der Herzgegend eine eigenthümliche Bildung, welche ich am meisten geneigt bin, als eine Abnormität der Bildung des Herzens und des Herzbeutels zu deuten, welche aber an eine Figur erinnert, die Erdl in genanntem Werke Taf. VIII. Fig. 4 abgebildet hat. In dieser bezeichnet Erdl dieses Gebilde als Amnionbildung; die dann aber doch gar sehr von der Norm abweichen würde. Das Ei enthielt übrigens zwei Dotter; auf dem anderen Dotter war aber kein Embryo entwickelt.

An diesen Fall reiht sich der auf Taf. III. Fig. 12 abgebildete Embryo, der schon oben pag. 49 u. folg. besprochen wurde, an. Seine geringe Länge (5,045 Mm.) bei Gegenwart von reichlich 30 sehr kurzen und breiten Wirbelplättchenpaaren, die flächenartige Ausbreitung des ganzen Körpers, wodurch die Bildung der Höhlen des Körpers zugleich mit der Bildung des Amnions verhindert worden war, die Missbildung des Hirns, die Dislocation des Herzens und die zu diesen Missbildungen in unzweifelhafter Beziehung stehenden Verklebungen des Bluthofes mit der Dotterhaut einerseits, und die Verklebungen der Blätter unter einander und mit dem Dotter andererseits, geben diesem Embryo, der in einem Eie mit 2 Dottern gefunden wurde, das 8 Tage lang der Brütwärme ausgesetzt worden war, ein hohes Interesse.

Wie bezüglich des Verhaltens der Amnionbildung, so schliesst sich, auch rücksichtlich der Entwickelung des Embryonalkörpers, der auf Taf. IV. Fig. 1 und 2 abgebildete Embryo in mehrfacher Beziehung an den vorhergehenden Fall an. Abgesehen von den schon oben (Pag. 51 u. 63) besprochenen, auf die Amnion- und Allantoïsbildung dieses Embryo bezüglichen, Verhältnissen, müssen wir hier noch folgende Eigenthümlichkeiten desselben anführen. Die dunkle Farbe des Blutes, das in einem 14—15 Mm. im Durchmesser haltenden Bluthofe gesehen wurde, als das Ei unter Wasser geöffnet war, wies darauf hin, dass der Embryo abgestorben sein musste. Anstatt des normalen feinen Gefässnetzes, sah man das Blut im Bluthofe unregelmässig vertheilt, so dass derselbe fleckig oder schollig gefärbt erschien. Das Blut war besonders im hinteren Theile und am Rande der Area vasculosa angesammelt, während die dem hellen Hofe anliegenden Partien meist farblos waren. Die Area pellucida war am Kopfende etwas schief nach der einen Seite hin verzerrt, am Schwanzende aber überall so schmal, dass sie nur einen ganz engen Saum zwischen den Seitenplatten des Embryo und dem Bluthofe bildete. Ganz besonders auffallend war bei diesem Embryo das Vorhandensein zweier hufeisenförmig gekrümmter, mit Blut gefüllter Herzen, von denen eins an jeder Seite des Halstheiles des Embryo lag. Die Lage und Form dieser mit rothem Blute gefüllten Organe, die vollkommene Reinheit und Schärfe ihrer Contouren, die Falten, die an ihrer Oberfläche wahrgenommen wurden, der vollkommene Mangel an Blutextravasat, und endlich der sowohl am venösen, als am arteriellen Ende beider erkennbare Ursprung der grossen Gefässe, waren Beweise für die Richtigkeit unserer Deutung dieser Organe als Herzen, obgleich sie, als sie zur Untersuchung kamen, aufgehört hatten zu pulsiren. Das an der rechten (vorderen) Seite des Embryo liegende Herz war etwas grösser und zeigte eine stärkere Windung, als das an der linken (hinteren) Seite liegende. Der von dem rechts (vorn) gelegenen Herzen aufsteigende grosse Gefässstamm war bis zum Kopfe hin mit rothem Blute gefüllt; er verlief, soweit er verfolgt werden konnte, ganz am seitlichen Rande. Die Blutleere der übrigen Gefässe im Körper des Embryo machte es leider unmöglich den Verlauf der Arterien und Venen genauer und weiter zu verfolgen.

Der Embryo war übrigens ganz einfach, ohne Verdoppelung irgend eines anderen Organs, zeigte aber ausserdem noch andere sehr auffallende Missbildungen. Zunächst fällt die ganze Körperform auf. Der in der That 12,147 Mm. lange Embryo scheint, seiner starken Krümmung halber, viel kürzer zu sein. Diese Krümmung hat aber eine der gewöhnlichen entgegengesetzte Richtung, nach hinten, anstatt nach vorn. Nur der Hals- und Brusttheil sind in dieser Weise gebogen; diese Theile sind aber zugleich so um die Längsachse des Körpers gedreht worden, dass die Stirn nach rechts und der Nacken nach links gewandt ist. Der hintere Theil des Körpers, der offenbar weniger in der Entwickelung vorgeschritten ist, als der vordere, hat dahingegen seine ursprüngliche Lage, mit der Rückenseite nach oben, der Bauchseite nach unten, vollständig bewahrt, und zeigt zugleich einen vollkommen geraden Verlauf ohne Spur einer Schwanzkrümmung. Berücksichtigt man demnächst die einzelnen Organe und Theile des Embryo, so bemerkt man noch folgende Abweichungen:

Die Länge des Kopfes, von der vorderen Gränze der Vorderhirnblase bis zur hinteren Gränze der Vierhügelblase, beträgt nur 1,569 Mm., und ist jedenfalls bedeutend geringer, als sie es unter normalen Verhältnissen, bei gleicher Körperlänge sein würde. Zwischen der Vorderhirn- und der Vierhügelblase hat sich ein Zwischenhirn entwickelt, das aber von vorn nach hinten sehr kurz ist. Die Augen sind länglich rund, scharf begrenzt, bei durchfallendem Lichte dunkel; in ihrer Umgebung ist aber Nichts von den sonst um diese Zeit so deutlichen Faltungen und Einstülpungen des Hautblattes zu erkennen, welche zur Conformation des äusseren Sehorgans so wesentlich beitragen. — Das verlängerte Mark und der vordere Theil des Rückenmarks, bis zum Eingange der weit nach hinten gerückten vorderen Darmpforte und noch etwas darüber hinaus, bildet eine der oben beschriebenen Körperform entsprechende, stark parabolische Krümmung, deren Concavität nach hinten (oder nach links) gewandt ist. Der hintere Theil des Rückenmarks hat hingegen einen ganz geraden Verlauf. Die Chorda kann nach vorn bis zum verlängerten Mark hin verfolgt werden, ihr hinteres Ende zeigt eine breite Anschwellung. Die Zahl der Wirbelplättchen beträgt etwa

30 Paare. An der stark gekrümmten Stelle des Medullarrohrs in der Hals- und Brustgegend sind sie an der concaven Seite der Krümmung bedeutend kürzer (von vorn nach hinten) und breiter (nach der Dimension der Queraxe des Embryo), als an der convexen Seite der Krümmung. Dem entsprechend stellen die Rückenplatten an der Convexität der Krümmung einen ganz schmalen, dunklen Saum dar, an dessen Contour man die von den Wirbelplättchen herrührenden Einschnitte erkennt, während die Breite der Rückenplatten an der concaven Seite des Embryo beträchtlich ist. Die Seitenplatten haben sich vorn zur Bildung der vorderen Darmpforte vereinigt; der Bogen, den diese bildet, liegt, wie bereits bemerkt, im Verhältniss zur Körperlänge ungemein weit nach hinten, was von der geringen Entwickelung des Hinterkörpers abhängt; er erscheint überdies aber ungemein breit. Die Seitenplatten des Hinterkörpers umgeben die Rückenplatten desselben wie ein blässerer Saum; hier ist es besonders auffallend, dass sie fast unmittelbar an die Area vasculosa anstossen, und nicht wie sonst durch eine ziemlich breite Area pellucida von derselben getrennt sind. Am Hinterkörper vermisst man die Einrollung der Seitenplatten, die Schwanzkrümmung und, wie bereits oben angeführt wurde, die Bildung des Amnions und die Anlage der Allantoïs, die bei der Entwickelung des Vorderkörpers sonst erwartet werden könnte. — Ausser den angeführten Abnormitäten ist nun noch eine vorhanden, die mir in gewisser Hinsicht die wichtigste unter allen zu sein scheint. Man sieht nämlich eine sehr deutliche Verwachsung des Scheitels des Embryo mit der peripherischen Keimscheibe des Bluthofes. Der helle Saum, den die Area pellucida sonst zwischen Embryo und Bluthof bildet, ist hier ganz verstrichen, und bei Zerrung am Bluthofe erkannte man die Festigkeit dieser Adhäsion dadurch, dass die dunkle Verbindungsmasse deutliche Stränge und Falten bildete, und dass der Kopf dem Zuge einer jeden Zerrung an der peripherischen Keimscheibe folgte. Das betreffende Ei enthielt zwei Dotter. Es wurde 112 Stunden lang bebrütet, die Temperatur sank aber während dieser Zeit zweimal unter der Norm, nämlich einmal zwischen der 29sten und 39sten Stunde bis auf 22° C., das zweitemal in den allerletzten Brütstunden bis auf 28° C. Der andere Dotter trug einen todten

Embryo, dessen Entwickelung einer etwa 36stündigen Bebrütung entsprach, der aber übrigens ganz normal war. Es ist demnach wohl unzweifelhaft anzunehmen, dass der letztgenannte Embryo bei der ersten starken Abkühlung gestorben, der oben besprochene aber durch dieselbe erkrankt ist, und in Folge dieser Erkrankung in der angeführten Weise monströs wurde.

Ueberblicken wir nun diese zweite Gruppe der total missgebildeten Embryonen, so tritt in ihr 1) ihre geringe Grösse im Verhältniss zur Entwickelungsdauer noch viel bestimmter hervor, als in der vorigen Gruppe, indem schon die Gegenwart von rothem Blute einen ziemlich bestimmten Anhaltspunkt über das Minimum des Alters giebt, das diese Embryonen erreicht haben. Während nämlich ein normaler Hühnerembryo um die Zeit da das rothe Blut auftritt wenigstens 6 Mm. lang und von einem 9—10 Mm. im Durchmesser haltenden Bluthofe umgeben ist, war der Bluthof des Embryo, der auf Taf. II. Fig. 6 abgebildet ist, nur 3,4 Mm. breit und 6,8 Mm. lang, der Bluthof um den auf Taf. II. Fig. 5 dargestellten Embryo maass selbst nur 4,5 Mm., und die Embryonen waren dem entsprechend viel kleiner, als sie es sein sollten, selbst unter der Voraussetzung, dass sie schon um die Zeit der normalen Entstehung rothen Blutes abgestorben wären. Selbst der im Ganzen weniger abnorme Embryo der Taf. III. Fig. 7—9 maass, die Krümmung mitberechnet, höchstens 4,17 Mm., und der auf Taf. III. Fig. 12 abgebildete war trotz seiner zahlreichen Wirbel nur 5,04 Mm. lang. 2) Ungleichmässigkeit der Entwickelung findet sich nicht minder bei den beschriebenen Exemplaren der gegenwärtigen Gruppe, als bei der vorigen. Namentlich wurden die faltenartigen Entwickelungen vielfach vermisst oder sehr unvollständig gefunden. Die Bildung der Leibeshöhle scheint bei II. 6 zugleich mit dem Herzen ganz zu fehlen. Auch bei III. 12 fehlt die Leibeshöhle, obgleich ihre Bildung hier, bei der grossen Zahl der vorhandenen Wirbelplättchenpaare, normaler Weise weit vorgeschritten sein sollte. Bei dem letztgenannten Embryo ist das Schwanzende auch schon eingerollt, aber es fehlt, wie bei ersterem, die Bildung der vorderen Darmpforte und die Einbiegung der Seitenplatten. Auch bei IV. 1—2 wäre, der Entwickelung des Vorderkörpers zufolge, gewiss auch die Bildung einer Leibeshöhle am Hinterkörper zu erwarten gewesen. Ferner fehlen die Faltungen für die Bildung des Auges z. B. bei IV. 1—2, obgleich derselbe fast dreimal länger ist, als der Embryo II. 5, bei welchem dieselben schon kenntlich sind. Das abnorme Ausbleiben der Faltungen für die Bildung des Amnions wurde schon oben besprochen. Ganz besonders zeichnen sich aber schon die Embryonen dieser Gruppe 3) durch Bildungen aus, deren Formen keiner normalen Entwickelungsstufe angehören, und die daher als absolute Abnormitäten bezeichnet werden können. Abnormitäten der Bildung des Kopfes und des Hirns finden wir, wie bei der vorigen, so auch bei dieser Gruppe in verschiedenen Formen, so namentlich bei II. 6, III. 12 und IV. 1—2. Am Rücken ist bei III. 7—9 die abnorme seitliche, und bei IV. 1—2 die abnorme Krümmung nach hinten auffallend. Auch in diesen beiden letztgenannten Fällen waren abnorme Verklebungen des Bluthofes, bei jenem mit der Dotterhaut, bei diesem mit dem Scheitel des Embryo offenbar die Ursache dieser Deformität. Noch auffallender ist bei manchen dieser Embryonen die Form der Wirbelplättchen, welche namentlich bei II. 6, sowie bei III. 12 sehr kurz und breit, gleichsam von vorn nach hinten zusammengedrückt sind. Es ist wohl kaum zu bezweifeln, dass ein Hinderniss, das besonders dem Längenwachsthum des Embryo entgegengetreten ist, dieses Zusammendrängen der Wirbelsäule von vorn nach hinten bewirkt hat. Die Seitenplatten zeigen namentlich bei II. 5, III. 12 und IV. 1—2 ein ähnliches Verhalten, wie bei mehreren der in der vorigen Gruppe besprochenen Embryonen, indem sie sich gegen den inneren Rand des Bluthofes so ausbreiten, dass die Area pellucida fast fehlt. Das Herz ist bei III. 12 offenbar durch abnorme Verbindung mit der peripherischen Keimscheibe und durch die nachfolgende weitere Entwickelung dislocirt, gleichsam aus dem Embryo herausgezerrt. Eine ganz entsprechende Dislocation des Herzens fand ich in einem anderen Falle, der nicht mehr unter die Abbildungen aufgenommen werden konnte, bei einem 64stündigen Embryo, bei dessen Bebrütung am Ende des ersten Tages eine ziemlich starke Abkühlung statt gehabt hatte. Die Area pellucida war hier an den Seiten des Embryo sehr schmal, und der innere Rand des Bluthofes war mit dem, nach der rechten Seite hin, aus dem Embryo ganz herausgezerrten Herzen fest verbunden, ohne dass andere Deformitäten des Embryo sichtbar waren. Noch auffallender ist das Vorhandensein zweier Herzen bei IV. 1—2, das sich ungezwungen in der obigen Weise durch eine Spaltung des ursprünglichen Herzschlauches erklären lässt. Dieser Erklärung zufolge würde jeder der vorliegenden Herzschläuche eigentlich nur eine Herzhälfte darstellen. Diesen Fall habe ich übrigens schon bei einer anderen Gelegenheit ausführlicher in Virchows Archiv Bd. XVI. Hft. 1 u. 2 pag. 39—50 besprochen, und ich erlaube mir mit Rücksicht auf das nähere Detail auf diese frühere Abhandlung zu verweisen.

Auch die in dieser Gruppe besprochenen Missbildungen scheinen mit derselben Nothwendigkeit, wie die der vorigen Gruppe, auf Ernährungsstörungen der betreffenden embryonalen Gewebe zurückgeführt werden zu müssen. Diese Ernährungsstörungen haben offenbar die missgebildeten Organe zum Theil direkt afficirt und verändert, zum Theil haben sie auf indirekte Weise Formveränderungen an sich ursprünglich nicht erkrankter Theile hervorgebracht. Letzteres ist besonders in jenen Fällen hervortretend, wo vorhandene abnorme Verbindungen des inneren Randes des Bluthofes mit dem Kopfe (IV. 1—2), mit dem Herzen (III. 12), oder mit den Seitenplatten (II. 6, III. 12, IV. 1—2), oder Verklebungen des Bluthofes mit der Dotterhaut (III. 7—9, 12), Verkrümmungen, Dislocation oder selbst Spaltung übrigens relativ gesunder, und nicht direkt erkrankter Theile bewirkt hatten. Ersteres ist dahingegen bei denjenigen Missbildungen anzunehmen, welche mehr oder weniger bedeutende Deformitäten zeigen, die nicht auf solche, zunächst von den Ernährungsstörungen anderer Gewebe abhängige mechanische Wirkungen zurückgeführt werden können. —

2. Monstruositates totales cylindricae.

Die hieher gehörigen Embryonen zeigen, ihrer weiter vorgeschrittenen Entwickelung entsprechend, eine noch grössere Mannigfaltigkeit.

Zu denselben zählen wir zunächst den Embryo der auf Taf. VI. Fig. 5—6 dargestellt ist. Derselbe fand sich in einem ungewöhnlich kleinen Hühnerei nach 111stündiger Bebrütung, bei welcher, 40 Stunden nachdem sie begonnen war, ein Sinken der Temperatur bis auf 28° C. stattgehabt hatte. Der ganze Embryo war nur 4,87 Mm. lang, und der ihn umgebende Bluthof maass 10 Mm. im grössten Durchmesser. Zwei andere gleichzeitig bebrütete Hühnereier, welche derselben Störung ausgesetzt gewesen waren, enthielten Embryonen welche, die Krümmung mitberechnet, 15—16 Mm. lang waren, und deren Bluthöfe je 30—40 Mm. im mittleren Durchmesser hielten. Trotz seiner starken Verkrüppelung war dieser Embryo noch lebendig, indem sein Herz lebhaft pulsirte. Nächst der geringen Grösse fällt besonders die enorme Entwickelung der rothen Blutgefässe auf, welche auch in dem hellen Kreise, der den Embryo vom Bluthofe trennt, ein stark mit Blut gefülltes und aus ziemlich weiten Gefässen bestehendes Netz bilden. Besonders entwickelt erscheint das venöse Gefäss, welches das Blut vom vorderen Theile des Bluthofes zurückführt. Der Kopf stellt eine solide runde Masse dar, an welcher von Augen- und Gesichtsbildung keine Spur zu entdecken ist. Ebensowenig sind Visceralbögen und Visceralspalten vorhanden. Vom Rücken her sieht man eine Doppelcontour, welche, in der Halsgegend stark geschlängelt, zum Kopfe aufsteigt und im Kopfe zweimal in sich selbst zurückkehrt. Ich glaube diese Doppelcontour als dem Marke angehörig deuten zu müssen. Hierfür spricht erstens ihr Hervortreten nahe an der Oberfläche des Rückens, zweitens aber noch folgendes Verhalten: man sieht am Rücken einen von einer Doppelcontour umgebenen Spalt zwischen den Wirbelplättchen, eben oberhalb der Stelle, wo die Arterien aus der absteigenden Aorta zum Bluthofe treten; zwischen diesem Spalt und dem hinteren Körperende ist aber eine stark geschlängelte Doppelcontour sichtbar, welche offenbar dem Medullarrohr angehört, indem die von der Bauchseite her (in Fig. 6) sichtbare Chorda dorsalis, mit der allein eine Verwechselung möglich wäre, einen völlig gestreckten Verlauf nimmt. Die Uebereinstimmung dieser dem Medullarrohr angehörigen und der am Kopfe sichtbaren Doppelcontouren scheint mir nun obige Deutung unzweifelhaft zu machen. Diese Schlängelungen der dem Markrohr angehörigen Contouren in diesem kleinen Embryo erkläre ich mir durch ein Fortwachsen des Medullarrohrs in einem Embryo, dessen Haut- und Fleischblatt durch eine Ernährungsstörung, die es befallen hat, am normalen Wachsthume verhindert worden sind. Die Wirbelplättchen sind nur am hinteren Theile des Körpers sichtbar; die obersten derselben zeigen eine abnorme schiefe Stellung. Das Schwanzende des Embryo ist ganz hinten nach unten gekrümmt. Die Seitenplatten sind, wie Fig. 6 zeigt, nur vorn zur Vereinigung gekommen, so dass Kopf, Hals und Brust gebildet sind; hinter der vorderen Darmpforte, bis zum Schwanzende hin, haben sie sich aber nicht vereinigt, so dass hier die Unterleibshöhle offen geblieben ist. Das Schwanzende läuft hier in zwei runde seitliche Wülste aus, deren Deutung als hintere Extremitäten oder als Anlage der Allantoïs, wie bereits oben bemerkt wurde, zweifelhaft erscheint. Dass von einem Amnion Nichts zu sehen ist, wenn man von einer nur in Fig. 5 sichtbaren, nach unten zu vom Kopfe abgehenden Falte absieht, welche vielleicht als dem Amnion angehörig gedeutet werden könnte, wurde schon oben bemerkt.

An diesen mumienartig verschrumpften Embryo schliesst sich der auf Taf. VI. Fig. 8 abgebildete an. Das Ei, in welchem dieser sich entwickelte, enthielt zwei Dotter und war $112\frac{1}{2}$ Stunden lang der künstlichen Brütwärme ausgesetzt gewesen. Dieser Embryo war nur 5 Mm. lang, während der andere Dotter desselben Eies einen normal entwickelten Embryo trug, der, die Krümmung mitberechnet, über 14 Mm. lang war. Diesem Grössenunterschiede der Embryonen entsprach auch die Differenz ihrer Bluthöfe. Dennoch war auch dieser zwerghafte Embryo lebendig, wie das aus der Pulsation des Herzens hervorging. Die abnorme Kleinheit dieses Embryo betraf ziemlich gleichmässig alle Theile. Die zahlreichen Wirbel sind besonders in der Hals- und Rückengegend deutlich, und dieser Embryo unterscheidet sich hierdurch sowohl, als durch die Entwickelung des Hirns mit seinen Abtheilungen, der Anlage des Auges, des Ohrs und der Andeutung eines Visceralbogens von dem vorigen, mumienartig verschrumpften Exemplare. Besonders fiel aber schon bei der Betrachtung mit blossem Auge die Auftreibung des Hinterkörpers zu einer mit klarer, etwas röthlicher Flüssigkeit gefüllten Blase auf. Bei schwacher Vergrösserung gab sich diese blasenartige Anschwellung als eine ganz enorme Spina bifida zu erkennen. Man sah nämlich, dass das Medullarrohr dicht oberhalb der Anschwellung eine starke Knickung machte und in die Wand der Blase überging. Die Rückenplatten wichen hier zugleich weit auseinander, liessen keine Wirbel mehr erkennen, und waren an der Rückenseite, sowie an der Bauchseite und am blinden Ende durch eine durchsichtige zarte Membran verbunden, welche das Ausfliessen der eingeschlossenen Flüssigkeit verhinderte. Diese Membran war an der Bauchseite mit zahlreichen rothen Gefässen versehen. Die rothe Färbung der in der Blase enthaltenen Flüssigkeit nahm während der Untersuchung zu und theilte sich den Hirnblasen mit. Zuletzt entstand am spitzen Ende ein Riss in der dünnen Membran, und es floss Blut heraus. Das Herz war am Schlusse der Beobachtung sehr blass und blutleer geworden. Uebrigens war bei diesem, wie bei dem vorigen Embryo der grosse Blutreichthum auffallend, der besonders auch in dem ganz ausserordentlich starken und dichten Gefässnetze der Area pellucida sichtbar war. Die Seitenplatten hatten sich oberhalb der blasenartigen Erweiterung des Medullarrohrs zur Bildung der Leibeshöhle mit einander verbunden. Dass von einem Amnion und einer Allantoïs Nichts zu sehen war, ist schon oben angeführt worden. —

Der auf Taf. XI. Fig. 1—3 dargestellte Embryo, der mit Bezug auf die unvollkommene Amnion-, Nabel- und Allantoïs-Bildung schon oben besprochen wurde, verdient auch noch hier bezüglich der ihn selbst betreffenden Missbildungen hervorgehoben zu werden. Das Ei, in welchem derselbe gefunden wurde, enthielt, wie schon oben bemerkt, einen eingeschnürten Dotter, und war 6 Tage lang der Brütwärme ausgesetzt gewesen, die jedoch nicht sehr gleichmässig war. Von der Rückenseite her lässt er (Fig. 3) ein rundes Kopfende erkennen, worin das Medullarrohr endigt. Am Rücken zeigt das Medullarrohr beiderseits wellenförmig geschlängelte Contouren, und in der Mittellinie eine Raphe, die nach hinten und vorn etwas weiter verfolgt werden kann, als die Contouren des Medullarrohrs, die an beiden Körperenden nicht scharf markirt, sondern verwischt sind (mehr als in der Zeichnung). Von der Kopfanschwellung abwärts, zu beiden Seiten des Medullarrohrs, erkennt man in Fig. 3 zwei roth tingirte Ausbuchtungen, welche die Schlundgegend einnehmen. Wirbelplättchen sind nirgends zu erkennen, die Rückenplatten sind nicht scharf begränzt, und die Seitenplatten zeigen wulstige, unregelmässige Unebenheiten. Von der Bauchseite her betrachtet (Fig. 2) erscheint das Kopfende viel breiter, als von der Rückenseite her, und lässt drei grosse Wülste erkennen, von denen die zwei links gelegenen stark roth gefärbt sind. Unter diesem Kopfende ist eine röthlich gefärbte Grube sichtbar, welche nach oben und seitlich scharf begränzt, nach unten zu unmerklich in die Körperoberfläche übergehend, sich als vordere Darmpforte präsentirt. Hinter der vorderen Darmpforte, näher dem Schwanzende, liegt das wunderlich geformte Herz. Von jeder der beiden seitlichen Abtheilungen desselben geht ein grosses Gefäss ab, das sich seitwärts und nach oben umbiegt. An der rechten Seite des Embryo verläuft dasselbe hart am Körper herum, an der linken Seite hingegen entfernt es sich sogleich von demselben bevor es sich nach oben umbiegt. Hinter diesen beiden seitlichen Herzabtheilungen sieht man noch ein Gebilde, das an der linken Seite einen Einschnitt zeigt, und das nach hinten in zwei dünne, kurze, geschlängelte Gefässe ausläuft, die sich an den Enden verästeln und dem Körper dicht anliegen. Man ist beim ersten Blicke wohl am meisten geneigt dieses Gebilde als eine Herzabtheilung zu deuten; ich habe aber bereits oben angeführt, dass es wohl eher als ein Rudiment der Allantoïs anzusehen ist. Weder das Herz noch die von demselben ausgehenden Gefässe zeigen irgend eine Spur von rother Färbung. Ebensowenig ist von einer solchen Färbung in dem hellen Kreise zu erkennen, der den Embryo zunächst umgiebt und der ihn vom Bluthofe trennt. Das hintere Körperende erscheint, von unten her gesehen (Fig. 2), dick und rund, und die Undurchsichtigkeit und Festigkeit desselben machte eine weitere Untersuchung bei durchfallendem Lichte unmöglich. Die ganze Länge des Embryo erschien von der Bauchseite her beträchtlicher, als von der Rückenseite her gesehen, da dort die Amnionbildung sich als mit zum Embryo gehörig präsentirte. Mit der Anlage des Amnions (in Fig. 2) betrug die Länge 6,95 Mm., vom Kopfende bis zur hinteren

Grenze der Seitenplatten (in Fig. 3) 5,67 Mm. Die Breite des unvollständigen Amnions betrug unterhalb der kleinen seitlichen Ausbuchtung (in Fig. 3) 3,93 Mm., die Breite des Embryo in Fig. 2 nur 2,43 Mm.

Ferner gehört der auf Taf. V. Fig. 1—2 dargestellte Embryo hierher, dessen abnorme Amnion- und Allantoïsbildung schon oben (pag. 54 u. 64) besprochen wurde. Die fast 7tägige Bebrütung wurde, wie dort bereits erwähnt, reichlich 60 Stunden nach Anfang derselben absichtlich unterbrochen, indem das Ei aus der Maschine herausgenommen und bei ziemlich niedriger Stubentemperatur 4¼ Stunden lang auf meinen Arbeitstisch gelegt wurde. Eine geringere Abkühlung (bis auf 32° C.) hatte ausserdem nach etwa 30stündiger Bebrütung stattgehabt; diese war aber nur von kurzer Dauer gewesen.

Der etwa 24 Mm. im Durchmesser haltende Bluthof zeigte nur sehr sparsame Gefässverzweigungen, und der Sinus terminalis war nicht gleichmässig mit Blut gefüllt, sondern es war in demselben so zu kleinen Klümpchen zusammengelaufen, dass derselbe ein punktirtes Aussehen hatte. An jeder Seite des Halses sah man ein verhältnissmässig grosses lebhaft pulsirendes Herz von blassrother Farbe. An dem links gelegenen Herzen erkannte man schon mit blossem Auge 2 Abtheilungen, welche alternirend pulsirten, an dem rechts befindlichen Herzen konnte man bei der unmittelbaren Betrachtung nur eine pulsirende Abtheilung erkennen, obgleich die genauere Untersuchung bei stärkerer Vergrösserung und in anderer Lage (siehe die Abbildungen) zeigte, dass auch dieses Herz aus zwei Abtheilungen bestand. Der Puls beider Herzen schien anfangs einen ganz verschiedenen und von einander unabhängigen Rhythmus inne zu halten; kurz vor dem Stillstande aber, der sehr bald erfolgte, pulsirten sie alternirend, so dass nach einer Contraction des rechten Herzens zuerst eine Contraction des linken Vorhofes, und sehr schnell darauf eine Contraction des linken Ventrikels folgte. Der Stillstand des Herzens erfolgte so bald und so plötzlich, dass ich nicht Zeit fand, die Zahl der Schläge beider Herzen zu bestimmen, indem diese Beobachtung durch die Schnelligkeit der Bewegungen sehr erschwert war, und indem meine Aufmerksamkeit zugleich durch das höchst sonderbare Aussehen des ganzen Embryo gefesselt war. Von der Rückenseite her (Fig. 1) erkannte man bei passender Vergrösserung, dass die 2 Abtheilungen des linken Herzens gegen die Mittellinie des Körpers hin mit einander communicirten, nach aussen aber durch eine Scheidewand getrennt waren, durch welche dieses Herz in zwei, mit rothem Blute gefüllte, gleichsam einem gemeinschaftlichen Stiele aufsitzende Bläschen getheilt wurde. Das rechte Herz zeigte bei passender Vergrösserung, wie gesagt, ebenfalls eine unvollständige Scheidewand, welche aber nicht von aussen, sondern von der Mittellinie des Körpers her in die Herzhöhle hineinragte. Nach dem Tode enthielten die beiden hinteren Herzabtheilungen mehr rothes Blut, als die beiden vorderen. Die Abtheilung der beiden Herzen in je einen vorderen und einen hinteren Abschnitt wurden viel deutlicher, als der Embryo eine Weile in Spiritus gelegen hatte. Von der Bauchseite her gesehen (Fig. 2) präsentirt sich das rechte Herz ziemlich ebenso, wie von der Rückenseite her, nur sieht man hier den freien Rand der hinteren Abtheilung schärfer, indem dieselbe der Bauchseite näher liegt, als die vordere Abtheilung dieses Herzens. Bedeutender erscheint bei dem ersten Blicke der Unterschied der Ansicht des linken Herzens in Fig. 2, verglichen mit Fig. 1, indem das linke Herz in Fig. 2 weniger frei vorliegt. Oberhalb der dem Kopfe zunächst gelegenen Abtheilung des linken Herzens sieht man nämlich einen dem Herzen anliegenden Lappen, der ohne Zweifel der vorderen Fortsetzung der Seitenplatte angehört. Unterhalb der hinteren Herz-Abtheilung dieser Seite sieht man ferner einen ähnlichen Lappen, der verschiedene Unebenheiten zeigt, zum Theil röthlich gefärbt erscheint, und mit der Substanz des Herzens so innig verschmolzen ist, dass es fast in denselben eingebettet zu sein scheint. Man erkennt endlich von dieser Seite her, dass sich beide Abtheilungen des linken Herzens, nach der Mittellinie hin, dem hinteren Körperende zuwenden, und nach demselben die Hauptgefässe abzugeben scheinen. Den Verlauf der Gefässe im Körper gelang es nicht näher zu verfolgen.

Die wahre Länge des Embryo, vom Scheitel bis zur Schwanzspitze, beträgt 7,8 Mm.; die äusseren Ränder beider Herzen sind 4,3 Mm. von einander entfernt, die inneren (der Mittellinie des Embryo zugewandten) Ränder 1,6 Mm. Die Herzen sind 1,3—1,4 Mm. breit, und überhaupt im Verhältniss zum Embryo sehr gross. Der Embryo ist übrigens durchaus einfach. Das Rückenmark und die Wirbelsäule machen in der Brustgegend eine sehr starke Biegung nach hinten, anstatt nach vorn, ganz derjenigen entsprechend, die bei dem vorhin (Pag. 81) beschriebenen, auf Taf. IV. Fig. 1 und 2 abgebildeten Embryo mit 2 Herzschläuchen wahrgenommen wurde. Die Verkrümmung ist im gegenwärtigen Falle nur noch stärker, was der weiter vorgeschrittenen Entwickelung entspricht. Dieser Umstand, dass eine der normalen entgegengesetzte Krümmung des Rückens hintenüber in beiden Fällen mit der Doppelheit des Herzens zusammentrifft, bestätigt die Erklärung, die ich für den vorigen Fall gegeben habe, indem eine Causalverbindung der Krümmung des Rückens nach vorn und der Verdoppelung des Herzens hiernach nicht wohl abzuweisen ist, um so weniger, als auch die Lage der Herzen in beiden Fällen ganz übereinstimmend ist. Die Bildung des Hirns und des ganzen Kopfes ist sehr abnorm, wie das auch im ersten Falle beobachtet wurde, hier aber noch mehr ausgeprägt ist. Das Hirn bildet eine Menge Ausbuchtungen, welche wohl schwerlich mit einiger Sicherheit auf die normalen Abtheilungen zurückgeführt werden können; vorn läuft es in eine Spitze aus. Am rundlichen Kopfe sind keine Augen zu erkennen. Die Medulla oblongata ist entwickelt und bildet eine kolbige Erweiterung zwischen dem Rückenmark und dem Hirn, gegen welches sich dieselbe ziemlich scharf absetzt. Am hinteren Körperende erkennt man den Steisshöcker und die rudimentäre Anlage der hinteren Extremitäten. Ob die vorderen Extremitäten durch zwei kleine, hinter dem Herzen erkennbare Wülste angedeutet sind, ist zweifelhaft. Die Wirbel sind nur in Fig. 1, an der rechten Seite, zwischen dem hier gelegenen Herzen und dem Rückenmark ganz schwach angedeutet, übrigens aber durch das Amnion und Hautblatt hindurch nicht sichtbar. An der unteren Fläche des Körpers (Fig. 2) erkennt man an der Mitte des Kopfes eine grosse, fast viereckige Oeffnung, welche offenbar die Mundöffnung vorstellt. Oberhalb dieser Mundöffnung sind keine Gesichtstheile, namentlich auch keine Augen zu erkennen. Unterhalb der Mundöffnung sind die Halsplatten für eine kurze Strecke geschlossen, vom Herzen an stellt aber die vordere Körperfläche eine muldenartige Rinne dar, welche durch die hier hervorragende Knickung des Rückens in eine vordere und eine hintere Abtheilung zerfällt. Von einem Darm oder von Eingeweiden ist Nichts zu erkennen, es sei denn, dass die röthlichen Massen, welche hinten, neben dem Rücken liegen, als Urnieren zu deuten wären. Unterhalb der eingeknickten Stelle des Rückens sieht man jederseits, an den nach unten umgebogenen Rändern der Seitenplatten, einen Zipfel; diese beiden Zipfel würden, wenn sie zur Vereinigung gekommen wären, wohl ohne Zweifel die vordere Darmpforte gebildet haben.

Das Verhalten des Amnions und der Allantoïs in diesem Embryo wurde schon oben (Pag. 54 und 64) erörtert. Ich nehme an, dass in Folge der starken Abkühlung, welche 60—72 Stunden nach Anfang der Bebrütung eintrat, eine Ernährungsstörung, namentlich des Hautblattes, gesetzt wurde, und dass in Folge derselben eine Verklebung der Kopf- und Schwanzkappe, sowie des ganzen Umfanges der bereits gebildeten, aber noch nicht über dem Rücken geschlossenen Amnionfalte mit der Dotterhaut stattgehabt hat. Hierdurch würde dann die bei fortschreitendem Längenwachsthume des Embryo nothwendig gewordene Krümmung des Rückens in der normalen Weise nach vorn unmöglich geworden sein, und die in Folge dessen entstandene Krümmung in entgegengesetzter Richtung (hintenüber), würde eine Theilung des ursprünglichen Herzschlauches in zwei seitliche Hälften gerade ebenso bedingt haben, wie bei dem ersten Embryo mit zwei Herzen.

Die vier in vorstehender Gruppe zusammengestellten Embryonen sind nicht nur deshalb besonders interessant, weil sie so ausserordentlich bedeutende Missbildungen zeigen, sondern vorzüglich auch, weil wir ihre wirkliche Entwickelungsdauer besser, bei der Mehrzahl selbst ganz genau, kennen. Die Embryonen der Taf. VI. Fig. 5, 6, 8 und der Taf. V. Fig. 1, 2 zeigten noch lebhafte Pulsationen des Herzens, als sie zur Untersuchung kamen, sie waren also noch lebendig, und sie werden sich also während der ganzen Dauer der Bebrütung fortentwickelt haben. Von dem auf Taf. XI. Fig. 1—3 abgebildeten Embryo können wir allerdings nicht mit einiger Bestimmtheit Dasselbe behaupten; die vorhandene Abnormität der Amnionbildung weist aber doch darauf hin, dass er sich jedenfalls über die Periode hinaus fortentwickelt hat, da das Amnion den Embryo wie eine wallartige Falte rings umgiebt, also wenigstens bis zum Ende des 3ten Tages der Bebrütung. Mit Rücksicht auf diese bestimmten Anhaltspunkte können wir nun zunächst die schon beim Ueberblicke der beiden ersten Gruppen gewonnene Thatsache constatiren, nämlich 1) dass diejenigen Missbildungen der Embryonen, welche in sehr frühen Perioden entstehen, sehr oft, vielleicht selbst constant, durch ihre geringe Grösse ausgezeichnet sind. Wenn der 111stündige Embryo der Taf. VI. Fig. 5—6 nur 4,87 Mm., der 112½stündige Embryo der Taf. VI. Fig. 8 nur 5 Mm. und der fast 7tägige Embryo der Taf. V. Fig. 1—2 nur 7,8 Mm. lang war, so ist ihre Grösse soweit hinter dem normalen Maasse zurückgeblieben, dass man wohl nicht gewagt haben würde, ihre wahre Entwickelungsdauer so hoch anzuschlagen, wenn nicht die Thatsache des Pulsirens der Herzen vorgelegen hätte. Auch der Embryo der Taf. XI. Fig. 1—3, der ohne die Amnionbildung nur 5,67 Mm., mit ihr 6,95 Mm. lang war, ist offenbar sehr viel kleiner, als er es hätte sein sollen, selbst wenn er nur das Ende des 3ten oder den Anfang des 4ten Tages erlebt hätte, um welche Zeit die Amnionbildung den Embryo wallartig umgiebt, ohne indess oben geschlossen zu sein. Auch 2) die Ungleichmässigkeit der Entwickelung tritt bei diesen Embryonen noch viel stärker hervor, als in den beiden ersten Gruppen. Bei dem auf Taf. XI. Fig. 1—3 dargestellten Embryo waren keine Wirbelanlagen zu sehen, bei dem auf Taf. V. Fig. 1—2 abgebildeten war nur eine schwache Spur derselben zu entdecken, bei dem auf Taf. VI. Fig. 5—6 abgebildeten Embryo waren sie freilich zu erkennen, aber ihre Umrisse waren ganz undeutlich, und nur bei dem auf Taf. VI. Fig. 8 dargestellten Embryo waren dieselben deutlich. Dass sie bei jenem dennoch vorhanden gewesen, aber durch darüber liegende Theile verdeckt gewesen sein sollten, ist sehr unwahrscheinlich, da ja doch die Contouren des Rückenmarks wenigstens durch dieselben Theile verdeckt, doch deutlich erkannt wurden. Es lässt sich wohl nicht mit Sicherheit darüber entscheiden, ob die Bildung der Wirbelplättchen bei diesen Embryonen von vorn herein mangelhaft gewesen, oder ob sie nach ihrer Bildung wieder aufgelöst worden seien, es scheint aber doch ihr oben besprochenes Fehlen bei viel jüngeren Embryonen, wo kaum zur Auflösung nach stattgehabter Bildung Zeit genug vorhanden gewesen sein könnte, für die erstere Alternative zu sprechen. Als Ungleichheit der Entwickelung könnte man vielleicht ferner die Nichtvereinigung der Rückenplatten in der Mitte des Rückens bei dem auf Taf. VI. Fig. 5—6 abgebildeten Embryo deuten. Endlich scheint die Schlängelung des Rückenmarks bei dem auf Taf. V. Fig. 1—2, und noch mehr bei dem auf Taf. VI. Fig. 5—6 dargestellten Embryo darauf hinzuweisen, dass das Mark sein Längenwachsthum noch fortgesetzt habe, aber durch die Rigidität des dasselbe umgebenden Rohrs verhindert worden sei sich in gerader und normaler Richtung fortzuentwickeln. Die Bildung des Kopfes ist nur bei dem auf Taf. VI. Fig. 8 dargestellten Embryo einigermassen fortgeschritten, indem hier, eine der normalen entsprechende Abtheilung des Hirns, sowie die Anlage des Auges und Ohrs deutlich ist, bei den drei anderen ist aber von allen diesen Bildungen Nichts zu erkennen. Eine der respectiven Entwickelungsstufe entsprechende Gesichtsbildung fehlt Allen. Als eine eigenthümliche Ungleichheit der Entwickelung macht sich auch das höchst auffallende Prädominiren des Gefässsystems bei den Embryonen der Taf. VI. Fig. 5—6 und 8 bemerkbar; in geringerem Grade wird Dasselbe bei dem auf Taf. V. Fig. 1—2 abgebildeten Embryo bemerkt. Eine deutliche, freilich aber abnorme Allantoïs ist nur beim Embryo der Taf. V. Fig. 1—2 zu sehen; bei den Embryonen der Taf. VI. Fig. 5—6 und der Taf. XI. Fig. 1—3 findet sich nur eine zweifelhafte Andeutung derselben, und bei dem auf Taf. VI. Fig. 8 dargestellten Embryo fehlt sie ganz, indem eine reichlichere Gefässentwickelung an der Bauchseite der Blase, welche den Hinterkörper einnimmt, an ihre Stelle getreten zu sein scheint. Die Tendenz zum Verschluss der Leibeshöhle durch Vereinigung der Bauchplatten ist bei Allen unverkennbar, bei den Embryonen der Taf. VI. Fig. 5—6 und der Taf. V. Fig. 1—2 ist dieselbe aber offenbar in Folge des mechanischen Einflusses der abnormen Amnionbildung, wie bereits oben bemerkt wurde, unvollständig geblieben. Die bei obiger Zusammenstellung unter 3) bezeichneten absoluten, keiner normalen Entwickelungsstufe entsprechenden Abnormitäten, treten endlich auch in dieser Abtheilung sehr bestimmt auf, und dieselben sind zugleich mannigfaltiger als in der vorigen, indem sie überall mit den angeführten Ungleichheiten der Entwickelung combinirt sind. Dieses ist in dem Maasse der Fall, dass alle die so eben als Ungleichheiten der Entwickelung aufgezählten Bildungsfehler, eigentlich ebensowohl als absolute Abnormitäten bezeichnet werden könnten. Denn schon die Form der Wirbel bei dem auf Taf. VI. Fig. 8 und noch mehr bei dem auf Taf. VI. Fig. 5—6 abgebildeten Embryo, sowie die Schlängelung des Rückenmarks bei den Embryonen der Taf. VI. Fig. 5—6, der Taf. V. Fig. 1—2 und der Taf. XI. Fig. 1—3 entspricht keiner normalen Entwickelungsstufe. Noch mehr ist die Form des Hirns bei den Embryonen der Taf. V. Fig. 1—2 und der Taf. VI. Fig. 5—6, die Oberfläche der, der Anlagen von Augen, Ohren und Gesicht ermangelnden, Köpfe derselben Embryonen und die Erweiterung des Medullarrohrs am hinteren Körperende des Embryo der Taf. VI. Fig 8 absolut abnorm zu nennen. Nicht weniger gilt Dieses vom Verhalten der Seitenplatten, von der Weise sowohl des Offenbleibens der Unterleibshöhle bei den Embryonen der Taf. V. Fig. 1, 2 und der Taf. VI. Fig. 5—6, als auch des abnormen Verschlusses derselben Höhle bei den Embryonen der Taf. VI. Fig. 8 und der Taf. XI. Fig. 1, sowie von der Allantoïsbildung bei dem Embryo der Taf. V. Fig. 1—2 und von den am Hinterkörper sichtbaren Bildungen bei den auf Taf. VI. Fig. 5—6 und auf Taf. XI. Fig. 1—3 abgebildeten Exemplaren. Besonders interessant ist aber das Vorhandensein zweier Herzen bei dem auf Taf. V. Fig. 1—2 dargestellten Embryo, in Verbindung mit derselben abnormen Krümmung des Rückens, welche bei dem in der vorhergehenden Gruppe besprochenen Embryo mit zwei Herzen beobachtet wurde, welche aber im gegenwärtigen Falle, wie gesagt, nicht wie dort auf eine abnorme Verbindung des Scheitels mit dem inneren Rande der Keimscheibe, sondern auf eine Verklebung der Dotterhaut mit dem freien Rande der noch nicht vollendeten Anlage des Amnions zurückzuführen ist. Das Vorhandensein einer unvollständigen Scheidewand, wodurch jedes dieser Herzen in zwei alternirend pulsirende, hinter einander liegende Abtheilungen getheilt erschien, entspricht unserer Auffassung, wonach das ursprünglich einfache Herz unter Einwirkung einer mechanischen Gewalt sich in zwei Hälften gespalten hatte, welche für sich fortpulsirten, und deren jede einen Vorhof und einen Ventrikel hatte.

3. Monstruositates totales amorphoïdes.

Die hieher gehörigen Embryonen zeichnen sich namentlich dadurch aus, dass sie, bei verhältnissmässig vorgeschrittener Entwickelung nur so schwache Andeutungen der normalen Organe zeigen, dass man auf die Vermuthung hingewiesen wird, es seien früher vorhanden gewesene Gebilde zu Grunde gegangen und mit dem Uebrigen zu einer formlosen Masse umgestaltet und verschmolzen. Hieher gehört der auf Taf. II. Fig. 8 in natürlicher Grösse, und ebendaselbst Fig. 9 in etwas vergrössertem Maassstabe dargestellte, noch von seinem Amnion umgebene Embryo, dessen schon oben (Pag. 59) als Beispiel vollständiger Amnionbildung bei ganz verkrüppelten und sehr kleinen Embryonen erwähnt wurde. Derselbe stammt, wie dort bereits angeführt wurde, aus einem 8 Tage lang künstlich bebrüteten Hühnereie mit doppeltem Dotter, dessen anderer Dotter den auf Taf. I. Fig. 8 dargestellten abortiven Bluthof trug, und das in toto auf Taf. IX. Fig. 10 abgebildet ist. Das kleine, pralle Amnionbläschen war von einer 18—22 Mm. im Durchmesser haltenden, ziemlich blutreichen Area vasculosa umgeben und schloss einen nur 4 Mm. langen und etwa 1 Mm. breiten Embryo ein, der an einem ganz schmalen Stiele der inneren Wand aufsass. Der Kopf dieses Embryo war kaum vom Schwanzende zu unterscheiden, auch verhältnissmässig sehr klein, und liess keine Andeutung von Augen- oder Mundbildung erkennen. Die Visceralbögen und Visceralspalten waren ebenfalls völlig verschwunden. In der Mitte der unteren Fläche des Körpers, wie es schien in den Nabel hineinragend, lag eine rundliche Hervorragung fast von der Grösse des vermeintlichen Kopfes. Dieselbe rührt offenbar von hier prominirenden Eingeweiden, wahrscheinlich dem Herzen her. Ueberdies waren noch die vorderen Extremitäten, in gleicher Höhe mit dieser Hervorragung, als zwei kleine, höckerartige Knötchen zu erkennen, von denen eins an jeder Seite des Körpers lag. Zwischen dem Nabel und dem eingebogenen Schwanzende sieht man, von der Seite her noch eine rundliche Hervorragung, fast von der Grösse des vermeintlichen Herzens, offenbar entweder eine Andeutung der Allantoïs oder der hinteren Extremitäten, oder ein aus beiden verschmolzenes Gebilde. Der Rücken des Embryo zeigt eine der Nackenbeugung entsprechende Krümmung. — Solche molenartig degenerirte Embryonen, mit oder ohne ein deutliches und entwickeltes Amnion, fanden sich gar nicht selten in Eiern, welche längere Zeit bebrütet waren. Die von v. Baer*) beschriebene Molenbildung aus einem Hühnereie, die er für eine „Lebermole" hielt, indem nur die Leber vom Embryo übrig geblieben sein sollte, glaube ich, in Uebereinstimmung mit meinen Beobachtungen, so deuten zu müssen, dass der rundliche Körper den pathologisch veränderten Rest des ganzen Embryo darstellt.

Der auf Taf. III. Fig. 13 abgebildete Embryo, der auf dem einen Dotter des auf Taf. IV. Fig. 7 abgebildeten Eies nach 146-stündiger Bebrütung gefunden wurde, ist, was die Consistenz betrifft, sehr von dem so eben beschriebenen verschieden, und unterscheidet sich auch durch die unvollkommene Entwickelung des Amnions von demselben. Derselbe war von einem höchst unregelmässigen, weit verbreiteten, bei oberflächlicher Beobachtung nur durch eine feine rothe Linie angezeigten Bluthofe umgeben (vergl. Pag. 39 u. flg.), in welchem das Mikroskop indess Spuren und Reste von Gefässen erkennen liess. Der Embryo war mit blossem Auge als ein 4 Mm. langer und 1 Mm. breiter, röthlich weisser Streifen zu erkennen. Bei der mikroskopischen Untersuchung mittelst schwacher Vergrösserung erkannte man deutlich die Medulla oblongata und ihren Uebergang zum Rückenmark. An dieser Uebergangsstelle war das Medullarrohr verkrümmt und nach vorn verbogen; nach hinten zu verloren sich die Contouren desselben. Oberhalb der Medulla oblongata erkannte man die Anlage des Ohrs und über diesem den Nackenhöcker. Das Mittelhirn war kaum kenntlich, das Vorderhirn aber deutlich. Unter letzterem erkannte man die Stirn-

*) Mém. de l'acad. imp. de St. Petersbourg 1845. VI. Ser. Sc. nat. T. IV.

und Oberkieferlappen, sowie einige nach hinten gelegene Läppchen, welche die Visceralbögen repräsentirten. Neben dem Kopfe lag an der Bauchseite ein Wulst, der seiner Lage nach als Herz gedeutet werden musste, um so mehr, als die Basis desselben stark roth gefärbt war, und als sich eine Partie rothen Blutes, von demselben ausgehend, nach hinten erstreckte. An der Rückenseite und am hinteren Körperende waren verschiedene Hervorragungen sichtbar, die jedoch nicht mit Bestimmtheit gedeutet werden konnten. Um den Körper des Embryo herum erkannte man, besonders vorn, hinten und am Rücken, eine zarte Membran, die als Amnion gedeutet werden muss. Diese Deutung wurde unzweifelhaft, als der Embryo durch ein Deckgläschen leicht comprimirt wurde, indem man alsdann sah, dass die zarte Membran den ganzen Embryo umgab und einschloss. Dabei aber wurde das ganze Aussehen des Embryo wesentlich verändert. Die Flächenausbreitung wurde nämlich, sowohl in der Länge als in der Breite, fast doppelt so gross, als vor Anwendung der Compression, und der Körper schien mir so gekrümmt zu sein, dass das Schwanzende seitlich am Kopfe vorbei neben dem Halse zu liegen schien, indem die so gekrümmte und zusammengebogene Wirbelsäule einen Raum in der Mitte einschloss. Diese starke Ausdehnung und Formveränderung bei ganz leichter Compression zeugte von grosser Weichheit des ganzen Embryo. Die Wirbelanlagen wurden auch bei der Compression nicht deutlich, doch sah man bei ihrer Anwendung am Halstheile einige sehr blasse Contouren, welche auf Wirbelanlagen bezogen werden mussten.

Bei diesem Embryo ist es unverkennbar, dass Theile, welche bereits gebildet waren, wieder zu Grunde gegangen sind, indem sie ihre eigenthümliche Form eingebüsst haben, und indem ihre Masse mit derjenigen anderer Gebilde verschmolzen ist. Dasselbe ist ohne Zweifel bei jenem auf Taf. II. Fig. 8 abgebildeten Embryo anzunehmen, obgleich hier die Andeutung der gebildet gewesenen Organe ungleich schwächer ist. Die bei dem auf Taf. VI. Fig. 5 und 6 abgebildeten Embryo vorgefundenen Verhältnisse sind vielleicht zum Theil auf analoge Vorgänge zurückzuführen. Ich vermuthe, dass ein solcher Embryo, wie der soeben beschriebene (Taf. III.

Fig. 13), sich, bei Erhaltung des Amnions, zu einem dem auf Taf. II. Fig. 8 ganz analogen Gebilde umgestaltet haben würde, wenn bei fortdauernder Entwickelung die vorhandenen Formen noch etwas weiter verstrichen wären, wenn die Masse des Ganzen etwas zugenommen und wenn die Consistenz grösser geworden wäre.

Gleichsam in der Mitte zwischen den auf Taf. II. Fig. 8 und auf Taf. III. Fig. 13 abgebildeten Embryonen steht der auf Taf. II. Fig. 7 dargestellte. Derselbe wurde in einem 4 Tage lang bebrüteten, gewöhnlichen Hühnereie gefunden, das zwischen der 36sten und 44sten Brütstunde einer ziemlich bedeutenden Abkühlung ausgesetzt gewesen war. Er lag in einem erbsengrossen, mit klarer Flüssigkeit prall gefüllten Amnion. Dieses und die 9,1 Mm. lange aber nur 4,5 Mm. breite, rothes Blut führende Area vasculosa sind jedoch entfernt worden, damit man in der Abbildung desto besser die ausgezeichnete skoliotische, fast wurmförmige, Verkrümmung der mit sehr zahlreichen Wirbelanlagen versehenen Wirbelsäule bei mässiger Vergrösserung erkennen kann. Dabei ist die sonst so geringe Entwickelung auffallend, welche nicht einmal das Kopfende deutlich erkennen lässt.

Dass eine solche Umwandlung des Embryo in eine ganz amorphe Masse noch erfolgen kann, nachdem das Volum des Ganzen beträchtlicher geworden und nachdem mithin die Entwickelung wahrscheinlich schon weiter vorgeschritten war, zeigen solche Fälle, wie der auf Taf. VI. Fig. 1—3 abgebildete. Derselbe stammt aus einem gewöhnlichen Hühnereie, das, bei 10tägiger Bebrütungsdauer, nach etwa 30stündiger Bebrütung einer geringen Abkühlung, auf 32° C., nach 60—72stündiger Bebrütung aber noch stärker abgekühlt wurde, indem es $4^1/_4$ Stunden lang aus der Brütmaschine entfernt und bei kühler Stubentemperatur (Mitte März) auf den Arbeitstisch gelegt wurde, worauf dann die künstliche Bebrütung fortgesetzt wurde. Der etwa 30 Mm. im Durchmesser haltende Bluthof zeigte ziemlich spärliche, aber gleichmässig mit Blut gefüllte Gefässverzweigungen. Der Embryo stellte einen unförmlichen Klumpen von der Grösse einer Erbse dar, und lag dem inneren Rande des Bluthofes an einer Seite an, übrigens aber von einem hellen Hofe umgeben. An der oberen Fläche war derselbe nicht nur mit der Dotterhaut, sondern auch durch diese hindurch mit der weissen Schalenhaut innig verbunden. Dieselbe war an dieser Stelle bis auf die Kalkschale hindurch missfarbig, bräunlich und graugrün, und es hatte sich diese Färbung selbst der Innenseite der Kalkschale mitgetheilt. Durch vorsichtiges Zerren wurde die harte Schalenhaut zugleich mit der ihr innig anhaftenden Dotterhaut von der Oberfläche des molenartigen Embryo getrennt, und man erkennt in der Figur die weissliche Stelle, an der diese feste Verklebung statt fand. Um den Embryo herum erkennt man, besonders deutlich am einen Ende, die Contour des Amnions, das über dem Embryo sowohl mit diesem, als auch mit der Dotterhaut und Schalenhaut innig verbunden war. Fig. 2 zeigt diesen amorphen Embryo mit seiner nächsten Umgebung, durch die Loupe vergrössert, von unten her. Kopf und Schwanzende sind kaum mit Sicherheit von einander zu unterscheiden; ein dunklerer Punkt scheint jedoch am einen Körperende das Auge anzudeuten. Zwei kleine Knötchen deuten die Extremitäten an. An der Fläche, welche dem inneren Rande des Bluthofes ansitzt, erkennt man ein grösseres Gefäss, das rothes Blut führt. Im Umfange ist die untere, dem Dotter zugewandte Fläche der peripherischen Keimscheibe zu sehen, und dieselbe zeigt einen hervorragenden Rand und Faltungen, welche zum Theil den Gefässen entsprechen. Von oben her erkennt man in Fig. 3 noch deutlicher als in Fig. 1 die weissliche Stelle, an welcher der Embryo mit Dotter- und Schalenhaut verklebt war, und man sieht überdies röthliche Blutflecken an der übrigens glatten und kein Organ verrathenden Oberfläche des Embryo.

In anderen Fällen war die Entwickelung noch etwas weiter vorgeschritten, bevor eine, wenn auch weniger durchgreifende molenartige Veränderung eintrat. Als Beispiele hierfür mögen Fig. 1 bis 4 der Taf. VII dienen. Fig. 1 zeigt einen ganz verkrüppelten, in eine rundliche, solide Masse verwandelten Embryo, dessen Grösse auf eine 7tägige Entwickelung hinweist. Derselbe stammt aus einem gewöhnlichen Hühnereie, das etwa 22 Tage lang künstlich bebrütet, dabei aber mehrfachen Temperaturschwankungen ausgesetzt gewesen war. Die ganze rechte Seite war mit den Eihäuten so innig verwachsen, dass eine Trennung ohne Zerreissung nicht bewerkstelligt werden konnte. Ein Nabel ist nicht zu erkennen, aber als Spuren des mit der Körperoberfläche ganz verklebten Amnions erkennt man die feinen Falten, die an der Oberfläche sichtbar sind. Das rechte Auge ist zu erkennen; es liegt auffallend weit zurück, der Hervorragung genähert, welche der Vierhügelblase entspricht. Die Hautfalten und Einstülpungen um das Auge herum sind undeutlich und verwischt. Die Beugung des Nackens bildet einen fast rechten, abgerundeten Winkel, und eine ähnliche Beugung in der Lendengegend bewirkt mit jener zusammen, dass Stirn und Schwanz einander berühren. In der Gegend, wo Kopf und Hinterkörper aneinander stossen, sieht man 3 Hervorragungen, von denen ich die obere, dem Auge und dem Nackenhöcker genäherte, als den Flügel, die unten und hinten gelegene als die Anlage der hinteren Extremität, und die dicht unter dem Kopfe gelegene als das Herz auffasse. Inwiefern die kleine Vertiefung, welche zwischen dem Auge und dem Rudiment der oberen Extremität sichtbar ist, als Ohr aufzufassen ist, muss dahingestellt bleiben. Fig. 2 derselben Tafel zeigt einen dem vorigen ganz ähnlichen, kugelig, zusammengerollten Embryo, der aus einem gewöhnlichen Hühnereie stammt, das gleichzeitig mit dem vorhergehenden und unter gleichen äusseren Bedingungen bebrütet wurde. Hier ist am Auge die Linse zu erkennen. Die Anlagen der Extremitäten sind vorhanden, aber an der dem Körper anliegenden Fläche mit demselben verschmolzen oder verklebt. An der unteren Extremität ist die Kniebeugung zu erkennen, indem das Knie unmittelbar dem Kopfe anliegt. Eine Vertiefung unter dem Auge ist vielleicht als Ohröffnung aufzufassen; übrigens hat eine abnorme Verschmelzung der Visceralbögen, des Oberkieferfortsatzes und des seitlichen Stirnfortsatzes stattgefunden. Auch hier ist es die rechte, bei normaler Lagerung im Eie nach oben gerichtete Seite des Embryo, welche mit den Eihäuten verwachsen ist. Diese sind hier zurückgeschlagen, während sie in Fig. 1 flach ausgebreitet sind. Der Nabel ist auch hier nicht zu erkennen, und das Amnion ohne Zweifel, wie im eben genannten Falle, mit der Körperoberfläche verbunden. Fig. 3 und 4 stellen einen unter gleichen Verhältnissen in einem gewöhnlichen Hühnereie gefundenen Embryo dar, bei welchem die Grösse des Kopfes und die Gestalt der Extremitäten darauf schliessen lässt, dass derselbe etwa ein gleiches Alter mit den beiden vorhergehenden erreicht hat, eher aber wohl noch etwas jünger ist, obgleich die gestreckte Lage, durch welche er grösser erscheint, bei oberflächlicher Betrachtung wohl auf eine weitere Entwickelung hinzuweisen scheint. An der rechten Seite (Fig. 3) sind weder Auge, noch Ohr, noch Visceralbögen deutlich und die ganze Oberfläche ist hier uneben, mit Runzeln und kleinen Fetzen besetzt. Erstere dürften, wie bereits oben (Pag. 61) bemerkt wurde, von dem mit dem Embryo verklebten Amnion herrühren, während letztere ohne Zweifel von der durch Zerrung getrennten Verbindung der Dotterhaut mit dem Amnion herrührt. Die vordere Extremität zeigt eine ganz schwache Andeutung des Ellenbogengelenks. Von der Bauchwand gehen diejenigen Eihäute ab, welche die auf dem Dotter ausgebreiteten Gefässe führten. Inwiefern die Anlage der Allantoïs an der Bildung des breiten Ansatzes dieser Eihäute am Hinterkörper Theil hatte oder nicht, muss dahingestellt bleiben. Die linke Seite (Fig. 4) zeigt den vorderen Theil des Körpers nebst der vorderen Extremität und dem Kopfe frei und mit glatter Oberfläche. Am Auge erkennt man eine Linse und einen Einschnitt am unteren Rande des dunkeln Kreises, der dieselbe umgiebt. Stirnfortsätze, Oberkieferfortsatz und erster Wirbelbogen sind sichtbar, aber vorn nicht vereinigt, während doch die Anlage des Meatus auditorius gebildet ist und während die Halsplatten weiter unten geschlossen sind. Am hinteren Ende des Körpers sind hingegen die Eihäute, bei denen ohne Zweifel auch der Rest des mit der Körperoberfläche innig verbundenen Amnions sich befindet, zu erkennen.

Es bedarf wohl keiner weiteren Erörterungen, um zu zeigen, dass auch die in dieser Gruppe zusammengestellten Missbildungen während des Lebens der Embryonen entstanden sind, und dass die Veränderungen, welche die Maceration nach dem Absterben derselben hervorgebracht haben könnte, ihre Form nicht wesentlich bestimmt haben kann. Die so oft vorgefundenen Adhäsionen, namentlich mit den Eihäuten, die totale Abweichung von der normalen Form bei anderen, sowie die Nicht-Uebereinstimmung der Grössenverhältnisse mit der Form und mit der Consistenz der Embryonen sprechen hier deutlich genug. Ueberdies werden die Theile und Organe solcher Embryonen, welche bis zum plötzlichen Absterben gesund und normal geblieben, dann aber durch eine lange fortgesetzte Bebrütung einer Maceration ausgesetzt werden, bei gleicher Grösse und entsprechendem Alter bei Weitem nicht so schnell aufgelöst und zerstört, wie es hier in manchen Fällen geschehen sein müsste, und wenn endlich kenntliche Veränderungen durch Fäulniss eintreten, so bleiben doch die normalen Formen der Organe bis die Auflösung erfolgt kenntlich. Durch eintretende Fäulniss kann z. B. wohl bisweilen der Druck der im Ei entwickelten und der im Luftraume angesammelten Luft bewirken, dass ein etwa 8—9tägiger Embryo bei der Maceration ganz platt gedrückt wird und an einen sogenannten Papierfötus erinnert; aber auch hier erkennt man die normalen Formen, nur durch den Druck verschoben. — Die freilich sehr verschiedene Grösse, welche die in dieser Gruppe zusammengestellten Embryonen erreicht hatten, lässt annehmen, dass ihre Entwickelung wenigstens bis zum 3ten oder 4ten Tage, in manchen Fällen noch länger normal geblieben ist; denn da wir in den vorhergehenden Gruppen regelmässig fanden, dass umfassende Ernährungsstörungen das Wachsthum der Embryonen in so auffallender Weise beeinträchtigten, so ist es durchaus unwahrscheinlich, dass die Embryonen dieser Gruppe, bei denen die Ernährungsstörungen so überaus durchgreifend eingewirkt haben, ihr Wachsthum nach Eintritt der allgemeinen Erkrankung noch wesentlich fortgesetzt haben sollten. Es hat demnach den Anschein, als ob die umfassenden Ernährungsstörungen, welche ältere Embryonen befallen, einen mehr destruktiven Charakter haben, während diejenigen, welche jüngere Individuen, während der allerersten Tage der Entwickelung befallen, sich darauf beschränken, die normale Bildung der um diese Zeit auftretenden Organe zu verhindern, und nur selten die Zerstörung bereits geformter Gebilde bewirken. Wenn Dieses richtig ist, so liegt die Vermuthung nahe, dass der Einfluss der Entwickelung des Kreislaufes im embryonalen Körper auf die Ernährung desselben diese Verschiedenheiten bedingen könnte, indem derselbe bei ganz jungen Embryonen gar nicht, bei den älteren aber gar sehr, wenn gleich nicht principiell, in Betracht kommen kann.

B. Monstruositates partiales.

Die Regel, dass die Missbildungen der Embryonen um so allgemeiner und umfassender zu sein pflegen, je jünger sie sind, wenn sie von der Ernährungsstörung befallen werden, und dass dieselben um so mehr local sind, je später sie auftreten, erleidet, wie es scheint, nur seltene Ausnahmen, indem nur in einem einzigen Falle eine partielle Missbildung bei einem übrigens normal entwickelten Embryo vor Ablauf des 2ten Tages beobachtet wurde.

Dieser Embryo (Taf. VI. Fig. 7) stammt aus einem 42 Stunden lang bebrüteten Eie mit zwei Dottern, von denen der eine keine Entwickelungsspur zeigte. Der mittlere Durchmesser des Bluthofes betrug 12 Mm., die Länge des Embryo 5,7 Mm. Nahe am Schwanzende des Medullarrohrs sieht man eine seitliche Ausbuchtung desselben, an einer kleinen begränzten Stelle. Dass diese Ausbuchtung vom Medullarrohr selbst gebildet ist, erkennt man an den doppelten Contouren, die hier auseinander weichen. Es liegt also eine Spina bifida in ihrer allerersten Entstehung hier vor. Da das Hirn im Verhältniss zum Hinterkörper grösser zu sein scheint, als gewöhnlich, so könnte man hierin zugleich den Anfang eines Hydrocephalus erblicken; dieses Verhältniss ist jedoch nicht so ausgesprochen, dass eine solche Aufstellung zweifellos wäre.

Wenn die Embryonen 7—8 Tage alt geworden sind, ohne durch eingetretene Ernährungsstörungen in ihrer Entwickelung beeinträchtigt worden zu sein, so werden schwerlich andere Missbildungen auftreten, als solche, die sich auf die Bildung des Gesichts, besonders des Schnabels, und der Extremitäten, beziehen. Andere Missbildungen, z. B. des Nabels, werden freilich auch dann noch bei Vogelembryonen beobachtet, die Grundlage dieser Missbildungen ist dann aber wohl meistens früher gelegt worden.

Schon der auf Taf. III. Fig. 10—11 abgebildete Embryo zeigt nur geringe Abweichungen, nämlich Schiefheit des Schädels und Verstrichensein der Visceralbögen und der Visceralspalten an der linken Seite, mit welcher er dem Dotter auflag. Diese Deformitäten würden wahrscheinlich zu Formen geführt haben, wie sie auf Taf. VII.

Fig. 7—9, 12—14, 15—16 dargestellt sind. Das betreffende Ei war ein 8 Tage lang bebrütetes Ei mit doppeltem Dotter, welches auf dem anderen Dotter den auf Taf. III. Fig. 12 dargestellten Embryo trug. Die ganze Entwickelung unseres Embryo weist darauf hin, dass er ein Alter von etwa 6 Tagen erreicht haben, also etwa 2 Tage vor der Untersuchung abgestorben sein wird. Der blutig gefärbte Inhalt des bohnengrossen Amnions zeigt eine Congestion an, welche zu einer Blutung geführt hat, indem sonst der klare Inhalt des Amnions selbst bei längerer Dauer der Maceration und Diffusion nach dem Tode nicht geröthet wird. Die Ursache dieser Congestion, welche wahrscheinlich den Tod des Embryo veranlasst hat, könnte man in der verhältnissmässig geringen Entwickelung des Bluthofes suchen, der nur in der Richtung der Querachse des Eies ansehnlich entwickelt, in der Richtung der Längsachse aber sehr schmal geblieben, und wegen der nahen Grenze des anderen Dotters nach dieser Seite hin gar nicht zur Entwickelung gekommen war.

Der auf Taf. VII. Fig. 5—6 abgebildete Embryo fand sich in einem, 17 Tage lang mit verschiedenen Temperaturschwankungen künstlich bebrüteten, gewöhnlichen Hühnereie, das bei der Untersuchung einen unangenehmen, fauligen Geruch zeigte. Der Embryo lag, wie es durch Fig. 6 veranschaulicht wird, mit flach ausgebreiteten Bauchplatten dem Dotter auf, während Kopf und Hals bis etwa zum 8ten Tage hin ziemlich normal entwickelt waren. Am Rumpfe gingen die Seitenplatten überall unmittelbar in die peripherische Keimscheibe über, und von einem Amnion war Nichts zu erkennen. An der linken Seite waren die beiden Extremitäten frei, an der rechten Seite war aber nur die vordere Extremität frei, die hintere dahingegen mit den Seitenplatten verklebt. Der Kopf war in schiefer Stellung nach links geneigt fixirt, indem die linke Seite des Halses in die peripherische Keimscheibe überging, während die rechte Seite des Halses bis zur Schulter hin ganz frei war. Von der Bauchseite her (Fig. 5) sieht man die Eingeweide frei vorliegen, und unter denselben macht sich besonders das grosse Herz und der zarte, bereits gewundene Darm bemerkbar. Der supponirten, etwa 8tägigen Entwickelungsdauer entsprechend, waren die seitlichen Stirnfortsätze mit dem Oberkieferfortsatze, und die Unterkieferfortsätze mit einander zur Bildung der viereckigen Mundöffnung vereinigt. Hand und Fuss waren schaufelförmig, und an der vorderen Extremität waren kleine Einschnitte für die Finger zu bemerken.

Der Embryo der Taf. VII. Fig. 7—9 wurde in einem gewöhnlichen Hühnereie gefunden, das 22 Tage lang einer nicht sehr sorgfältig regulirten Brütwärme ausgesetzt gewesen war. Die Körpergrösse und Kopfform desselben entspricht einer 7—8tägigen Entwickelung. Die Missbildungen, die an demselben beobachtet werden, beziehen sich besonders auf die Bildung des Kopfes. An der rechten Seite (Fig. 7) ist das Auge vorhanden, das, gleichsam zwischen Stirnlappen und Oberkieferfortsatz hervorgedrängt, mit dem vorn und unten gelegenen Drittel seiner Peripherie ganz frei vorliegt. Die Entwickelung des Schädels von vorn nach hinten, besonders aber die Grösse der Vierhügelblase zeugt von hydrocephalischer Erweiterung. An der linken Seite (Fig. 9) ist nur eine schwache Spur des übrigens zu Grunde gegangenen Auges sichtbar. Die Schädelform ist dieselbe, wie an der linken Seite. Von vorn (Fig. 8) gesehen, erkennt man, dass die Visceralbögen, welche den vorderen Theil des Halses und den Unterkiefer bilden, sich vereinigt haben, während die Entwickelung des Gesichts sehr abnorm geworden ist. Der mittlere Stirnlappen ist rechterseits nur durch eine Incisur vom vorderen Rande des rechten Auges getrennt, indem der seitliche Stirnfortsatz, der zwischen dieser Incisur und dem Auge liegen sollte, ganz verschwunden ist. Linkerseits ist der seitliche Stirnfortsatz vorhanden und durch die Incisur vom mittleren getrennt; derselbe ist aber nicht, wie er es sein sollte, mit dem oberen Rande des Oberkieferfortsatzes verbunden, sondern durch einen abnormen Spalt von demselben getrennt. Auch unten ist die Verbindung des hinteren Theiles des Oberkieferfortsatzes mit dem hinteren Theile des ersten Visceralbogens nicht vorgeschritten, so dass der Oberkieferfortsatz der linken Seite mit seinem ganzen vorderen Ende frei ist. Rechterseits ist der Oberkieferfortsatz gar nicht zu erkennen, indem das Auge ihn verdrängt zu haben scheint.

Der auf Taf. VI. Fig. 9 und auf Taf. VII. Fig. 15 und 16 *) dargestellte Embryo scheint etwas älter geworden zu sein, als der so eben beschriebene. Das betreffende Ei war reichlich 3 Wochen lang der künstlichen Brütwärme ausgesetzt gewesen; es war aber oben schlecht bedeckt und die Temperatur war nicht sehr sorgfältig regulirt worden. Der Embryo war daher schon seit geraumer Zeit abgestanden, und der Inhalt des Eies verbreitete einen fauligen Geruch. Man beobachtet an diesem Embryo mehrere Missbildungen, nämlich 1) eine sehr ausgezeichnete Spina bifida (siehe Taf. VI. Fig. 9) als ein von einer durchsichtigen Membran bedecktes, klare Flüssigkeit enthaltendes Bläschen, das von vorn nach hinten kürzer ist, als von rechts nach links; 2) einen bleibenden Spalt zwischen dem Oberkiefer- und dem seitlichen Stirnfortsatze der rechten Seite, besonders deutlich auf Taf. VII. Fig. 16, aber auch sichtbar in Fig. 9 der Taf. VI, wo man erkennt, dass der Spalt sich unter dem Auge hinzieht, von diesem nur durch einen schmalen Saum getrennt, und oberhalb des Meatus auditorius endigt; 3) einen Nabelbruch, besonders deutlich auf Taf. VII. Fig. 15, wo man ein rundliches Eingeweide im sehr weiten Nabel liegen sieht, und 4) eine auffallende Verdrehung der hinteren Extremitäten nach hinten (Taf. VI. Fig. 9). Der Rumpf ist gewiss im Verhältniss zur Entwickelung des Kopfes und Halses zu klein, doch nicht so sehr, wie es bei dem ersten Blicke auf Taf. VII. Fig. 15 scheinen könnte, weil der Rumpf sich hier in der Verkürzung präsentirt.

Noch ein wenig älter, als der so eben besprochene scheint der auf Taf. VII. Fig. 10 und 11 abgebildete Embryo geworden zu sein, der sich ebenfalls in einem gewöhnlichen Hühnereie unter gleichen äusseren Bedingungen mit dem vorhergehenden entwickelt hatte. Es ist bei demselben zunächst 1) die ganze Kopfbildung höchst abnorm. Das rechte Auge nimmt den ganzen vorderen und oberen Theil des Kopfes ein, so dass vor und über demselben Nichts vom Schädel zu sehen ist. Der Oberkieferfortsatz ist nur ganz hinten am Einschnitte des Unterkiefers zu erkennen. Der Unterkieferfortsatz ver-

*) Anstatt mit 16 ist diese auf Taf. VII. unter 7, zwischen 10 und 15 placirte Figur irrthümlich mit 14 bezeichnet.

läuft unmittelbar unter dem Auge; die Spitze desselben kreuzt sich mit dem gekrümmten Ende des Oberkieferfortsatzes. An der linken Seite (s. Taf. VII. Fig. 11) lässt sich am Kopfe nur eine unebene Narbenmasse mit Vertiefungen und wulstigen Erhabenheiten, aber kein Organ und keine Gesichtsbildung erkennen. Man bemerkt ferner, 2) dass sich der sehr breite Nabel bis dicht unter den Kopf hinauf erstreckt, und man erkennt in demselben ein durch einen Einschnitt in zwei rundliche Abtheilungen getheiltes Eingeweide, wahrscheinlich das Herz. Endlich sind hier auch 3) die hinteren Extremitäten sehr verkümmert; am rechten Flügel ist die Ellenbogenbeugung entwickelt, und der Vorderarm mit der Hand hat eine beträchtliche Länge; der linke Flügel entspricht so ziemlich dem rechten; die hinteren Extremitäten sind sehr verkrümmt und verkümmert; letzteres gilt besonders vom rechten Fusse, während das linke Vorderbein verkrümmt und der linke Fuss so nach hinten gebogen ist, dass die Ferse nach vorn gerichtet ist. Am Ende des linken Fusses sind 3 Zehen angedeutet.

Auch bei dem auf Taf. VII. Fig. 12—14 dargestellten Embryo deuten die Grösse und diejenigen Formverhältnisse, welche der Norm entsprechen, auf den 9ten Tag als den Termin der Entwickelung hin, den dieser Embryo erreicht hat. Die Bebrütung des Eies, das ihn enthielt, dauerte etwa 3 Wochen unter gleichen Verhältnissen mit den vorhergehenden. Hier ist 1) die rechte Seite (Fig. 12) des Kopfes in eine Narbenmasse verwandelt, welche ziemlich glatt ist und nur einige feine Falten zeigt; vom Auge ist an dieser Seite keine Spur zu erkennen. Am Mundwinkel erkennt man eine durch zwei kleine Einschnitte gebildete, nach vorn gerichtete Hervorragung als Andeutung des Oberkieferfortsatzes. Der Unterkiefer ist verhältnissmässig gross und seine Spitze ragt weiter hervor, als die darüberliegende, dem Gesichte entsprechende Partie. An der linken Seite des Kopfes (Fig. 14) erkennt man ein Auge, das durch seine unverhältnissmässige Grösse mit seinem oberen Rande über die Stirn emporragt und andererseits unten mit dem Unterkiefer in Berührung kommt. Vor demselben erkennt man den sehr schwach entwickelten Oberschnabel als einen kleinen Zapfen. Hinter demselben liegt der Oberkieferfortsatz, der an seinem ganzen vorderen

Theile, sowohl oben als unten frei (d. h. nicht angewachsen) ist. Der breite, schaufelförmige Unterkiefer ragt vorn über die Spitze des Oberschnabels hinaus, vorn und hinten, am Ende der Spalte, welche er mit dem Oberkieferfortsatze bildet, ist die Anlage des Meatus auditorius zu erkennen. Im Portrait des Gesichts dieses Embryo en face (Fig. 13) tritt die Schiefheit besonders deutlich hervor. Der seitliche Stirnfortsatz der rechten Seite, wo das Auge fehlt, ist nicht entwickelt, während er an der rechten Seite unten ausnehmend breit geworden ist und sich vom vorderen Rande des Auges her bis unter den schwach entwickelten mittleren Stirnfortsatz hinerstreckt, der die Spitze des Oberschnabels bildet. Auch hier ist 2) die Stellung der Extremitäten abnorm, indem der linke Flügel gehoben ist, während der rechte der Brust anliegt, und indem die hintere Extremität gegen den Steiss hin, die rechte vor den Nabel hin dem Körper anliegt.

Ein etwas älterer Embryo, dessen Kopfform und Extremitäten auf eine etwa 11tägige Entwickelung hinweisen, ist auf Taf. VII. Fig. 17—19 abgebildet. Bei diesem ist besonders die Schnabelform abnorm. Der Oberschnabel ist von der Wurzel an stark gekrümmt, wie ein Raubvogelschnabel, zugleich aber mit der Spitze nach rechts gebogen, ohne dass sich dieselbe jedoch mit der Spitze des Unterschnabels kreuzt. Der Unterschnabel ist an seinem hinteren Theile durch seine Höhe von oben nach unten ausgezeichnet, wodurch eine Art Kinn entsteht, das dem Profil etwas Menschenähnliches giebt. Die Körpergrösse erscheint etwas zu gering im Verhältniss zur Entwickelung des Kopfes und der Extremitäten, besonders der hinteren, welche, obschon abnorm und verkümmert, doch schon gebogene Zehen erkennen lassen. Fig. 17 zeigt die rechte, Fig. 18 die linke Seite dieses Embryo, und Fig. 19 giebt die Ansicht des Kopfes von vorn.

Ein noch weiter entwickelter Embryo, dessen Form- und Grössenverhältnisse im Allgemeinen, so wie die Entwickelung der Federn, der Augenlieder der linken Seite und die Stellung der Ohrspalte im Besonderen, auf eine 13—14tägige Entwickelung hinweisen, ist auf Taf. VII. Fig. 20—22 dargestellt. Wie die nächst vorhergehenden, so war auch dieser Embryo etwa 3 Wochen lang der

Brütwärme ausgesetzt gewesen. Bei demselben ist zunächst die Form des Schnabels auffallend. Dieser ist wie ein Raubvogelschnabel gekrümmt und zugleich dicker und kürzer, als bei einem normalen Hühnerembryo. Die Spitze des Schnabels ist dabei etwas nach links gekrümmt. Demnächst macht sich eine ungleiche Entwickelung der beiden Augen bemerkbar, indem das linke Auge grösser, tiefer gestellt und stärker gewölbt ist, als das rechte. Die Augenlieder des linken Auges sind fast ganz geschlossen, während das rechte Auge wegen der weniger vorgeschrittenen Entwickelung der Augenlieder offen steht, und in den an seiner Bildung betheiligten Falten einen mit der Spitze nach vorn und unten gerichteten Einschnitt zeigt. Die Augen sind im Verhältniss zu der für diese Entwickelungsstufe normalen, enormen Prominenz derselben auffallend flach. Der Schädel ist an der linken Seite, welche dem am weitesten entwickelten Auge entspricht, abgeflacht. Schon die oberen Extremitäten sind kürzer, als sie es im Verhältniss zur übrigen Entwickelung sein sollten, noch mehr sind aber die hinteren Extremitäten verkürzt. Dieselben sind nur etwa halb so lang, als sonst bei einem Hühnerembryo dieses Alters. Ausserdem weicht ihre Gestalt von der Norm ab und ähnelt derjenigen der hinteren Extremitäten der Schwimmvögel. Der ganze Fuss ist ganz kurz, schaufelförmig und nach hinten gebogen, anstatt zum Lauffusse entwickelt zu sein. Die rechte hintere Extremität ist so verbogen, dass die untere Fläche des Fusses der rechten Seite des Steisses anliegt, während die linke dem Bauche vor dem Nabel anliegt.

Fig. 23 endlich zeigt einen abnormen Embryo aus einem 16 Tage lang von der Henne bebrüteten Eie mit doppeltem Dotter, in welchem der andere Dotter ganz unentwickelt geblieben war. Ich verdanke denselben dem Hrn. Dr. Poselger in Berlin, der die Gefälligkeit hatte, mir zu erlauben, das ihm gehörige Ei in seiner Gegenwart zu öffnen. Der Inhalt des Eies war nicht ganz geruchlos, die Fäulniss jedoch nur wenig vorgeschritten. Der Embryo lag ganz am einen Eipol seinem Dotter auf, unmittelbar am Luftraume. Er wurde sehr vorsichtig unter Wasser aus seinem Amnion herausgenommen und in Spiritus gelegt, wodurch es gelang, die Stellung, in welcher er im Eie lag, ganz vollkommen zu conserviren. Der Schnabel ist, wie die Abbildung zeigt, in ganz exquisiter Weise gekreuzt, indem der Oberschnabel nach links, der Unterschnabel nach rechts gerichtet ist. Der Oberschnabel ist dabei von der Wurzel an gekrümmt, ähnlich wie in Fig. 20—22, und seine Spitze ist (ebenso wie in Fig. 22) mit der weissen Kalkplatte versehen, die bekanntlich beim Durchbrechen der Schale Dienste leistet und später abfällt. Sehr bemerkenswerth ist das Anliegen der Spitze des gekrümmten Oberschnabels an das Ende des linken Flügels. Der Unterschnabel ist auffallend lang und stark, dabei aber ganz gerade hervortretend. An der Basis liegt das Ende der Zunge frei vor. Das rechte Auge ist gut entwickelt, gross und mit so entwickelten Augenliedern versehen, dass zwischen dem oberen und unteren Liede nur eine schmale spaltförmige Oeffnung als Augenliedspalte übrig geblieben ist. Das Auge fehlt an der linken Seite und ist nur durch ein ganz kleines Wärzchen oder Knötchen, zwischen der oberen Grenze des Schnabels und der äusseren Ohröffnung, angedeutet. Der Meatus auditorius externus ist auf beiden Seiten vorhanden, und beiderseits ungefähr gleich weit von der über den Nacken hin kenntlichen Mittellinie entfernt. Dahingegen ist ein sehr grosser Unterschied im Abstande des äusseren Ohrs von der Mittellinie des Schnabels und des Scheitels bemerkbar, indem der Ausfall des Auges linkerseits den Abstand etwa um den Durchmesser des Auges vermindert hat. Es bildet ferner der Meatus auditorius linkerseits einen fast horizontal, von vorn nach hinten gerichteten, rechterseits dahingegen einen hinter dem Auge gelegenen senkrechten, von oben nach unten verlaufenden Spalt. Unter der an der linken Seite ganz auffallend breiten Wurzel des Unterschnabels bemerkt man eine stark entwickelte Hautfalte, welche auch bei gerader Stellung des Kopfes nicht verschwindet und über welche die Haut vollkommen undurchbohrt hinwegläuft. Am übrigen Körper ist kaum etwas Abnormes zu erkennen, es sei denn in der Stellung der Zehen des linken Fusses, deren kleine Zehe stark gestreckt ist, während die übrigen gekrümmt sind. Die Entwickelung ist bei diesem Embryo offenbar etwas weiter gediehen, als bei Fig. 20—22, etwa bis zum 14ten — 15ten Tage. —

Zweites Kapitel.

Vergleichender Ueberblick über die einzelnen Formen der von Störung der Entwickelung abhängigen Missbildungen der Vögel, der Säugethiere und des Menschen, mit Rücksicht auf die Entstehung derselben.

Einen sehr auffallenden Gegensatz zu der Häufigkeit des Vorkommens und zu der Mannigfaltigkeit der Formen, die wir durch gestörte Entwickelung bei jungen Embryonen in Vogeleiern entstehen sahen, bildet die Seltenheit und die geringe Zahl der einfachen Missbildungen, welche man bei entwickelten Vögeln gefunden und in den Museen und Beschreibungen bisher allein berücksichtigt hat. Dieses dürfte am deutlichsten aus der folgenden tabellarischen Zusammenstellung hervorgehen.

Es fanden sich nämlich:

	Einfache Missbildungen.			Doppelmissbildungen und Missbildungen mit überzähligen Theilen.		
	Von Vögeln.	Von Säugern.	Von Menschen.	Von Vögeln.	Von Säugern.	Von Menschen.
a) Im Museum der Universität zu Berlin 1824 nach Heusner. *)	3	Nicht angegeben		30	Nicht angegeben	
b) Im Museum der Veterinärschule in Berlin 1837 nach Gurlt. **)	5	161		16	65	
c) In Meckels Museum 1834 nach Bendz. ***)	2	45	212	31	24	11
d) Im Museum zu Breslau nach Otto. †)	12	152	214	45	92	52
e) In den öffentlichen Museen zu Copenhagen im Herbst 1859. ††)	3	133	192	12	63	7

*) C. Chr. Heusner: Descriptio monstrorum avium, amphibiorum piscium, quae exstant in Museo univ. liter. Berolinensi, eorumque cum monstris mammalium comparatio. Diss. inaug. Berol. 1824. 8.

Wenn man sich mit einer solchen Aufzählung begnügen wollte, so würde man leicht zu sehr falchen Resultaten kommen. Die Häufigkeit des Vorkommens der Missbildungen in den Museen giebt nämlich keinen brauchbaren Maassstab für die wirkliche Häufigkeit des Vorkommens derselben ab, wenn man nicht eine Menge von Umständen, die dabei in Betracht kommen, mit berücksichtigt. Je auffallender und wunderbarer eine Monstruosität erscheint, desto mehr Chance hat sie, den Museen zugeschickt zu werden und dort zu Ehren zu kommen. Daher sind ohne Zweifel die Doppelmissbildungen im Verhältniss zu den einfachen Missbildungen in den Museen stärker vertreten, als der Häufigkeit ihres wirklichen Vorkommens entspricht. Je allgemeiner das Interesse für Naturmerkwürdigkeiten ist, desto grösser ist der Bruchtheil sämmtlicher Missbildungen der den Sammlungen zugestellt wird, und je genauer und besser eine Thierspecies bei der Geburt beobachtet wird, desto vollständiger werden auch ihre Missbildungen gesammelt. Daher sind wohl die Missbildungen des Menschen, welche von den Aerzten beobachtet und gesammelt werden, ohne allen Vergleich vollständiger in den Museen vertreten, als diejenigen der Säugethiere, und diese wiederum vollständiger als die der Vögel, geschweige der Amphibien, der Fische und der wirbellosen Thiere. — Ein solches falsches Resultat dürfte der von Heusner aufgestellte und nach ihm vielfach von Anderen wiederholte Satz sein, dass die Doppelmissbildungen um so häufiger vorkämen, je niedriger die Thierklasse sei. Freilich kommen in obiger Zusammenstellung 134 Doppelmissbildungen der Vögel auf 25 einfache Missbildungen derselben, während bei Säugethieren nur 244 auf 491 und beim Menschen nur 70 auf 618

**) Katalog des zootomischen Museums der Königl. Thierarzneischule zu Berlin bis Ende 1837 (Magazin für die gesammte Thierheilkunde IV. Jahrgang 2. Stück).

***) Nach einem von Prof. H. Bendz im Auftrage der Regierung verfassten Kataloge. Die in demselben verzeichneten sehr zahlreichen Varietäten und gewöhnlich nicht als Missbildungen verzeichneten Abnormitäten sind hier nicht berücksichtigt.

†) Nach Otto: Sexcentorum monstrorum descriptio anatomica. Wratislav. 1841. Fol.

††) Nach eigener Aufzählung unter Benutzung der Kataloge des Museums der Veterinärschule, der pathologisch-anatomischen Sammlung und des Museums der Entbindungsanstalt.

kommen, aber dieses Verhältniss gestaltet sich ganz anders, wenn man die Missbildungen der Vögel in den Eiern untersucht, wie ich es gethan habe. Kein Embryologe würde wohl leicht einen auf einfachen Dotter placirten Doppelembryo in einem behufs einer embryologischen Untersuchung geöffneten Eie übersehen haben, und doch sind bisher nur fünf solcher Fälle von Wolff, Baer und Reichert zusammen gefunden worden, denen ich so glücklich bin noch zwei hinzufügen zu können. Es sind jedenfalls viele Tausend Eier durchgemustert worden, um diese wenigen Exemplare zu finden, während meine Beobachtungen darthun, dass einfache Missbildungen fast so oft man will durch Störung der Bebrütung in Vogeleiern hervorgebracht werden können. Diese einfachen Missbildungen kamen aber bisher nicht in die Museen, weil die Eier, die sie enthielten, gewöhnlich als „faul" weggeworfen wurden; denn sie erreichen nur sehr selten das Ende ihrer Entwickelung, und wenn Dieses doch einmal der Fall ist, so sind sie nur selten im Stande, selbst die Schale zu durchbrechen, weil eben ihr Schnabel besonders oft fehlerhaft gebildet ist. Häufiger als die einfachen Missbildungen sind die in den Museen so auffallend stark repräsentirten Vögel mit überzähligen Extremitäten*) im Stande selbst die Schale zu durchbrechen, da ihr Schnabel meist untadelhaft gebildet ist. Oft zeichnen sich überdies die Eier, in welchen Doppelmissbildungen zur vollen Entwickelung kommen, durch ihre Grösse aus, und sie werden deshalb wahrscheinlich häufiger von aufmerksamen Hühnerzüchtern geöffnet, wenn sie nicht rechtzeitig auskriechen.**) — Es ist somit in der That sehr erklärlich, dass die einfachen Missbildungen der Vögel, trotz ihrer Häufigkeit in den Eiern, doch in den Museen bisher so selten sind, und dass auch die Zahl ihrer Formen so gering ist. Ich finde nämlich als einfache Missbildungen der Vögel in der bisherigen Literatur nur folgende verzeichnet:

1) Missbildungen der Extremitäten, besonders der Füsse,

---

*) Vgl. H. Müller: Descriptio anatomica pulli gallinacei extremitatibus superfluis praediti. Kiliae 1859. Diss. inaug. 4.

**) Vgl. W. Kaestner: Monstri anatini bicorporei descriptio anatomica una cum disquisitione de ejus ortu. Diss. inaug. Kiliae 1860. 4.

sind verhältnissmässig häufig, und unsere Tafel VII giebt mehrfache Anhaltspunkte für ihre Erklärung.

2) Missbildungen des Schnabels sind vielleicht noch häufiger. Taf. X. Fig. 1 zeigt z. B. den Kopf einer erwachsenen Henne mit einem Kreuzschnabel. Die Entstehung dieser Deformitäten erklärt sich ziemlich vollständig, wenn man die auf Taf. VII dargestellten Fälle analysirt.

3) Angebornen Mangel der Federn bei einer Taubenfamilie hat Heusner besprochen; es fehlen aber alle Anhaltspunkte zur Entscheidung der Frage, ob eine Hautkrankheit während des embryonalen Lebens diesen Mangel veranlasst haben mag oder nicht.

4) Mangelhafte Bildung des Schädeldaches ist öfter verzeichnet. Bei den sogenannten „Hollenhühnern," die durch ihren Federbusch auf dem Kopfe ausgezeichnet sind, ist, wie Dr. Hagenbach *) darthat, die Schädelbildung mangelhaft, und die Bildung des Hirns von der normalen abweichend, und es ist diese erbliche Varietät ohne Zweifel den Fällen verwandt, wo das Schädeldach ganz fehlt. Diese letzteren findet man, wie es scheint ganz willkürlich, in den Katalogen bald als Hemicephalica, bald als Hydrencephalocelica verzeichnet, und sie waren theils durch Zufall beim Zerbrechen der Schale gefunden, theils hatten sie die Schale durchbrochen, waren aber sogleich von der Mutter getödtet worden. Bei Doppelmissbildungen mit einfachem Kopfe aber theilweise doppelter Hirnbildung fehlt das Schädeldach oft, vielleicht weil der Raum im Schädel für die theilweise verdoppelte Hirnmasse zu klein war.**) Bei einem hydrencephalocelischen Hühnchen fand Geoffroy die Hirnhäute mit den Eihäuten verwachsen. — Unter meinen Fällen dürften die Embryonen der Taf. IV. Fig. 1—2 und der Taf. VII. Fig. 7—9 zu dieser Missbildung in Beziehung stehen.

5) Verkrümmung und Verkümmerung der Wirbelsäule, und

6) Spina bifida wurde von Geoffroy beim Vogelembryo gefunden, und meine Beobachtungen geben ziemlich vollständigen Aufschluss über die Entstehung dieser Missbildungen (Vgl. Taf. II—VI).

---

*) Müller's Archiv für Anat. und Phys. 1839. pag. 311.

**) Kaestner: l. c.

7) Verkümmerung und Schwund des einen Auges ist von Heusner, Otto und Geoffroy aufgeführt. Heusner bezeichnete einen solchen Fall als Cyclopie, jedoch nur, weil das eine Auge gegen die Mitte der Stirn hin verschoben worden war. Der Name Cyclopie ist aber für die Fälle zu reserviren, wo zwei Augen mehr oder weniger vollständig mit einander verschmolzen sind. Geoffroy behauptet von seinem Falle, dass das eine Auge durch Bersten zu Grunde gegangen sei. Die auf meiner Tafel VII verzeichneten Fälle sprechen entschieden gegen eine solche Auffassung, und zeigen in ziemlich vollständiger Reihenfolge die Entwickelung dieser Missbildung.

8) Wahre Cyclopie ist von Otto einmal bei einer jungen Taube beobachtet worden (l. c. pag. 110 Taf. II. Fig. 4), viel öfter wird ein mehr oder weniger vollständiges Verschmelzen zweier Augen zu einem bei den Doppelmissbildungen der Vögel gefunden.

9) Hernia umbilicalis, Fissura abdominalis und sterno-abdominalis sind nur selten verzeichnet. Die Hernia umbilicalis habe ich aber sehr oft bei Hühnchen gefunden, welche kurz vor dem Termin des Auskriechens in der Schale gestorben waren. Die Fissura abdominalis fand ich bei dem Hühnchen mit zwei überzähligen hinteren Extremitäten, das H. Müller (l. c.) in seiner Inauguraldissertation beschrieben hat. Die Fissura sterno-abdominalis hat Geoffroy bei einem Hühnerembryo beschrieben. Auch für den unvollständigen Verschluss der Unterleibshöhle dürften die im vorstehenden Abschnitte beschriebenen und in unseren Abbildungen wiedergegebenen Fälle recht genügenden Aufschluss geben.

10) Missbildungen der Genitalien, ohne befriedigende Untersuchung vielfach als Hermaphroditismus aufgeführt, habe ich aus leicht begreiflichen Gründen bei meinen jungen Embryonen nicht verfolgen können.

Die Analogie der normalen Entwickelung der Embryonen der Vögel, der Säugethiere und des Menschen fordert aber dazu auf, die in Vogeleiern gefundenen einfachen Missbildungen auch zu denjenigen, die von Säugethieren und Menschen durch rechtzeitige oder frühzeitige Geburt oder durch Abort zur Welt gebracht sind, in Beziehung zu bringen.

Die weit günstigeren Bedingungen für die Fortentwickelung erkrankter Embryonen bei Säugethieren und Menschen, als bei Vögeln, und die von der Selbstthätigkeit des Embryo unabhängige Geburt, erklärt es leicht, dass die einfachen Missbildungen bei Säugethieren und Menschen viel häufiger und verschiedenartiger sind, als bei jungen Vögeln, die nur durch einen glücklichen Zufall von ihrer Schale befreit, den Museen anheimfallen. Dennoch steht zu vermuthen, dass auch bei den Säugethierembryonen in den frühesten Entwickelungsperioden so bedeutende Ernährungs- und Bildungsstörungen vorkommen werden, dass die Frucht lange vor vollendeter Entwickelung absterben muss. In solchem Falle wird die Frucht als Abort ausgestossen werden, und die Aborte werden also wahrscheinlich sehr oft in allerhöchstem Grade missgebildete Embryonen enthalten. Im Allgemeinen wird Dieses auch von den Wenigen, die sich mit einer etwas genaueren Untersuchung der Aborte befasst haben, bestätigt, indem sowohl Velpeau als Otto versichern, dass die Aborte in der Regel missgestaltete und verkümmerte Embryonen enthalten, ja sie haben selbst interessante Fälle von Missbildungen bei jungen Embryonen beschrieben und abgebildet. Leider sind aber die Aborte früherer Perioden noch immer von diesem Gesichtspunkte aus viel zu wenig untersucht worden, und ich selbst habe bisher zu wenig Gelegenheit gehabt, frische menschliche Aborte zu untersuchen, um hier für eine Vergleichung ausreichende Anhaltspunkte zu besitzen. — Zweimal habe ich jedoch bei wohlerhaltenen und ganz frischen menschlichen Aborten, welche mit der Decidua die Grösse eines Taubeneies hatten, bei sehr vorsichtiger Untersuchung unter Wasser, ein zartes, mit langen Zotten und mit klarer Flüssigkeit versehenes Chorion gefunden, in dessen glatter Höhle keine Spur eines Embryo aufgefunden werden konnte. Dieses entspricht offenbar den auf Taf. I. abgebildeten Fällen, wo sich in den abgestandenen Hühnereiern kein Embryo fand, obgleich die Entwickelung der Eihäute vorgeschritten war. Dass das Chorion der menschlichen Frucht sich, bei zu Grunde gegangenem Embryo, weiter und zu einem proportional viel grösseren Umfange entwickeln kann, als die Keimscheibe und die Eihäute im Vogeleie, könnte von den günstigeren Ernährungsverhältnissen der Frucht im Uterus, als im Vogeleie abhängen. — Einmal fand ich ferner in einem etwas grösseren Aborte in der Wand der Höhle ein Bläschen, das dem Nabelbläschen entsprach, neben einer kleinen unförmlichen Masse, die man kaum mit voller Sicherheit als Embryo deuten konnte, und einmal endlich fand ich an der glatten Wand der Höhle eines Abortes einen etwa 1 Mm. dicken und 8 Mm. langen Strang befestigt, der am freien Ende ein zur Grösse eines Stecknadelknopfes reducirtes, formloses, rundliches Rudiment eines Embryo trug. Dieser letztgenannte Fall entspricht offenbar der auf Taf. II. Fig. 8 und 9 dargestellten Bildung im Vogeleie. Der erstgenannte Fall aber würde dem auf Taf. VI. Fig. 1—3 dargestellten, amorph gewordenen Vogelembryo zu entsprechen scheinen. Man darf wohl hoffen, dass eine genauere, von diesem Gesichtspunkte aus angestellte Untersuchung der Aborte noch manche Analogie für unsere in Vogeleiern vorgefundenen Missbildungen aus frühen Perioden ergeben wird, ohne sich indess dabei verhehlen zu dürfen, dass die Verhältnisse insofern beim Menschen und bei den Säugethieren wesentlich von denen im Vogeleie abweichen, als der stete Stoffwechsel, der durch das vorbeiströmende mütterliche Blut vermittelt wird, die Resorption und den vollständigen Schwund eines zu Grunde gegangenen menschlichen oder Säugethierembryo, oder einzelner seiner Theile sehr befördern, und überhaupt den Befund sehr wesentlich modificiren könnte. — Noch weniger, als über die Missbildungen in den Aborten des Menschen, ist über die einfachen Missbildungen der Säugethiere aus den frühesten Perioden der Entwickelung bekannt geworden, und in dieser Beziehung steht v. Baer's Mittheilung (über Schädel- und Kopfmangel an Embryonen von Schweinen aus frühester Zeit der Entwickelung. 1828. 4to) noch ziemlich isolirt da.

Wenn die einigermassen entwickelte Frucht eines Säugethieres oder eines Menschen abstirbt, aber besonderer Verhältnisse halber nicht geboren werden kann, z. B. bei der Extrauterinschwangerschaft, so wird sie bekanntlich in ein sogenanntes Lithopädion verwandelt, wobei sie, infolge der Maceration und des Druckes, wesentliche Formveränderungen erfährt, bisweilen ganz platt gedrückt wird u. s. w., während die Zersetzungsprodukte grossentheils vom mütterlichen

Blute fortgeführt werden. Eine einigermassen ähnliche lithopädionartige Veränderung des Embryo kommt auch in abgestandenen Vogeleiern vor. Ich fand nämlich mehrmals in einem Eie, welches 22 bis 23 Tage lang der künstlichen Brütwärme ausgesetzt gewesen, und welches dabei viel Luft enthielt und sehr faul war, einen Embryo, dessen Länge und Form übrigens auf eine etwa 9tägige Entwickelung hinwies, der aber ganz platt und blattartig, von einer schmierigen, gelblichen Masse umhüllt und von den Eihäuten eingeschlossen war. Als ähnliche, nach dem Tode entstandene Deformitäten, sind vielleicht die Abplattung und zum Theil die Schiefheit des Kopfes, sowie die Flachheit der sonst so prominirenden Augen bei mehreren der auf Taf. VII abgebildeten Embryonen (Fig. 13, 19, 21) aufzufassen.

An die Zwergbildung (Nanosomia) der Säugethiere und des Menschen erinnert die auffallend geringe Grösse der meisten Vogelembryonen, deren Missbildung allgemein und nicht auf einzelne Theile beschränkt war. Besonders gilt Dieses aber von den Fällen, wo der Embryo noch lebendig vorgefunden wurde, wie bei den Embryonen der Taf. V. Fig. 1—2, und der Taf. VI. Fig. 5—6 und 8. Als wahre Zwergbildungen können diese Missbildungen jedoch nicht angesprochen werden, weil sie ausser der abnormen Kleinheit so bedeutende krankhafte Veränderungen und Missbildungen darboten.

Wir wollen nun versuchen einige der wichtigsten einzelnen Formen der einfachen Missbildungen des Menschen und der Säugethiere mit den von uns in Vogeleiern durch Störung der Entwickelung hervorgebrachten Missbildungen zusammenzustellen, in der Hoffnung, dass dadurch vielleicht noch einige Aufschlüsse über die Entstehung derselben gewonnen werden könnten.

1. Missbildungen am Kopfe.

Die **Monstra hydrocephalica** und die mit ihnen verwandten M. **hydrencephalocelica** und M. **hemicephalica** gehören zu den allerhäufigsten Missbildungen bei Menschen. Unter 214 einfachen Missbildungen beim Menschen führt Otto 28 M. hydrocephalica, 60 M. hemicephalica und 13 M. hydrencephalocelica auf. Hiernach würde fast die Hälfte aller bedeutenderen angebornen einfachen Missbildungen des Menschen hierher gehören, nämlich

$^{101}/_{214}$. In Meckels Museum fanden sich nach der Aufzählung von Bendz unter 212 bedeutenderen angebornen einfachen Missbildungen des Menschen 46 M. hydrocephalica, 32 M. hemicephalica und 6 M. hydrencephalocelica, im Ganzen also $^{84}/_{212}$. Nach meiner Aufzählung in den Museen Copenhagens fanden sich unter 192 bedeutenderen angebornen einfachen Missbildungen 19 M. hydrocephalica, 27 M. hemicephalica und 7 M. hydrencephalocelica, also nur $^{53}/_{192}$. Dass diese Classe der Missbildungen in Copenhagen verhältnissmässig so schwach repräsentirt ist, dürfte zum Theil davon abhängen, dass die einfach hydrocephalischen Köpfe dort nicht so sorgfältig gesammelt und als Missbildungen einregistrirt wurden, wie es z. B. von Otto und von Meckel geschah. Vergleicht man hiermit das Vorkommen dieser Missbildungen bei den Säugethieren, so stellt sich das Verhältniss schon ganz anders, als beim Menschen. Im Museum der Veterinärschule zu Berlin 1837 gehörten hierher von den einfachen angebornen Missbildungen beim Kalb $^{17}/_{73}$, beim Schaf $^{3}/_{44}$, beim Schwein $^{3}/_{25}$ und beim Pferd $^{6}/_{24}$. In der Sammlung der Veterinärschule zu Copenhagen zählten hierher beim Kalb $^{10}/_{66}$ und beim Pferd $^{3}/_{13}$ der einfachen angebornen Missbildungen; dahingegen war diese Classe nicht repräsentirt unter den 23 dort vorräthigen einfachen Missbildungen beim Schaf und unter 28 solchen beim Schwein. Dem Vorkommen in den Museen zufolge scheinen also die hydrocephalischen Missbildungen überhaupt beim Menschen bei Weitem am häufigsten, beim Schaf und Schwein aber seltener zu sein, als beim Rind und Pferd.

Unter den im obigen Verzeichnisse aufgeführten 25 einfachen angebornen Missbildungen der Vögel waren 6 als M. hemicephalica oder hydrencephalocelica, keine als einfache M. hydrocephalica verzeichnet. Unter den einfachen Missbildungen, die wir in den Hühnereiern fanden, ist der Embryo der Taf. VII. Fig. 7—9 als M. hydrocephalicum und der Embryo der Taf. VII. Fig. 10—11 als M. hemicephalicum zu bezeichnen. Diese Fälle zeigen nun, dass diese Missbildungen schon in sehr früher Zeit, jedenfalls vor dem achten Tage der Entwickelung des Hühnchens entstehen können. Wenn unsere Vermuthung, dass der auf Taf. VI. Fig. 7 abgebildete Embryo ebenfalls an beginnendem Hydrocephalus litt, richtig ist so würde die Entstehung auf eine noch viel frühere Periode, nämlich etwa auf die 40ste Brütstunde zurückgeführt werden können. Mit dieser frühen Entstehung des Hydrocephalus stimmt die Häufigkeit des gleichzeitigen Vorkommens anderer Missbildungen am Kopfe und zum Theil auch an den Extremitäten sehr wohl überein, der allgemeinen Regel zufolge, dass die Missbildungen eine um so grössere Ausbreitung zu haben pflegen, je früher sie entstehen. Bei Säugethieren und Menschen findet man bei hydrocephalischen, hemicephalischen und hydrencephalocelischen Individuen noch nebenher verhältnissmässig häufig Hasenscharte, Wolfsrachen, Aprosopie oder Mikrosopie, angebornen Mangel eines Auges oder Mikrophthalmus. Auch unser Vogelembryo der Taf. VII. Fig. 7—9 zeigt neben dem Hydrocephalus an der einen Seite des Kopfes Mangel des einen Auges und Verstrichensein der Spalten zwischen Stirnlappen, Oberkieferfortsatz und Visceralbögen, an der anderen Seite des Kopfes ist eine hasenschartenartige Spaltung zwischen dem seitlichen Stirnlappen und dem Oberkieferfortsatze vorhanden, und der eine Flügel ist zugleich abnormer Weise nach oben gerichtet. Der Mangel des linken Auges und die ganze Beschaffenheit der linken Seite des Kopfes ist offenbar durch eine Ernährungsstörung entstanden, deren Zusammenhang mit der serösen Ansammelung im Hirn schon durch die Contiguität dieser Theile wahrscheinlich wird. Die abnorme Richtung des Flügels könnte secundär vom Hydrocephalus abhängen, da man Hydrocephalus und Spina bifida gar nicht selten mit Verdrehung der Extremitäten combinirt findet. Das abnorme Offenbleiben der Spalte zwischen dem seitlichen Stirnlappen und dem Oberkieferfortsatze ist aber vielleicht eben durch die abnorme Richtung des Flügels bewirkt worden, wie Dieses in anderen Fällen zur Evidenz nachweisbar war (vergl. unten pag. 28).

Wie der Hydrocephalus ohne Zweifel bei unvollkommener Entwickelung zur Hydrencephalocele, und diese durch Bersten der Blase zur Hemicephalie führen kann, so dürfte auch der hemicephalische Vogelembryo der Taf. VII. Fig. 10—11 aus einer hydrocephalischen Missbildung wie sie auf Taf. VII. Fig. 7—9 abgebildet ist, hervorgegangen sein, indem das Fehlen des linken Auges und die Narbenmasse, welche den grössten Theil der Oberfläche des Kopfes bedeckt, sowie die ganze Kopfform für einen solchen Vorgang spricht, der alsdann vor dem 10ten Tage der Entwickelung abgelaufen sein würde.

Das Fehlen oder die Verkümmerung der Augen, wodurch die M. anommata und M. mikrophthalma charakterisirt sind, gehört beim Menschen und den Säugethieren zu den seltneren Missbildungen. Unter 618 menschlichen Missbildungen in den oben angeführten Sammlungen fand ich 9, unter 181 beim Rind 5, unter 143 beim Schaf 6, unter 91 beim Schwein 2, unter 38 beim Pferd 2 und unter 27 beim Hund 3 hierher gehörige Fälle verzeichnet. Unter jenen 25 einfachen angebornen Missbildungen der Vögel war dieselbe 3mal aufgeführt. Mit Rücksicht hierauf ist diese Missbildung unter den von uns in den Vogeleiern aufgefundenen Monstruositäten stark vertreten. Auf Taf. VII sind 5 Fälle abgebildet in welchen nur das eine Auge gut entwickelt war (Fig. 3—4, 7—9, 10—11, 12—14 und 23). Ueberdies beobachteten wir einen vollständigen Mangel beider Augen neben sehr bedeutenden Ernährungsstörungen und Missbildungen des Haut- und Medullarblattes bei den auf Taf. II. Fig. 3—4, 8—9, Taf. III. Fig. 12, Taf. V. Fig. 1—2 und Taf. VI. Fig. 5—6 abgebildeten Embryonen. Eine ganz rudimentäre Anlage beider Augen neben anderen bedeutenderen Bildungsfehlern zeigte endlich auch der auf Taf. IV. Fig. 1—2 abgebildete Embryo. In allen diesen Fällen ist es offenbar, dass das Auge nicht nachträglich zerstört, sondern dass die Entwickelung desselben durch die Ernährungsstörungen der ursprünglichen Anlage verhindert worden ist. Besonders bemerkenswerth ist die Schiefheit und die Verschiebung der angrenzenden Theile, welche durch den Ausfall des einen Auges bei fortschreitender Entwickelung bemerkt wird. Bei den beiden jüngsten unter diesen Embryonen (Taf. VII. Fig. 3—4 und 7—9) ist die Lage des übrig gebliebenen Auges kaum verändert; bei den etwas älteren (Taf. VII. Fig. 10—11 und 12—14) ragt es über dem Scheitel empor und ist der Mittellinie genähert, während zugleich eine bedeutende Schiefheit des Schädels und des Gesichts durch die geringere Fortentwickelung der blinden Seite bemerkt wird, und bei dem ältesten derselben (Taf. VII. Fig. 23) ist die Verschiebung der Theile am grössten, obgleich hier doch noch das Rudiment des anderen Auges zwischen der verschobenen Medianlinie des Scheitels und der Ohröffnung sichtbar ist. Bei diesem letzteren Exemplare sind auch die Spuren des pathologischen Processes, die bei den jüngeren Individuen noch so deutlich sind, verwischt, indem die Haut der abnormen Kopfseite, ebenso wie die der anderen, mit den Anlagen der Federn bedeckt ist. Diese Verschiebung und Formveränderung erinnert lebhaft an die Deformitäten, welche Fick in Marburg bei jungen wachsenden Thieren, z. B. durch Ausschnitte aus dem Vomer, hervorbrachte.

Der Ausfall des Druckes, der durch die Wachsthumsintensität des Auges normaler Weise auf die anliegenden Theile ausgeübt wird, bedingt hier offenbar die Verschiebung derselben, ebenso wie ein positiver mechanischer Druck allmählig die Form bereits gebildeter oder in Bildung begriffener Theile verändern kann. Besonders interessant erscheint mir diese durch Ausfall eines Theils bei fortschreitendem Wachsthum der Umgebungen bewirkte Missbildung, namentlich bei dem auf Taf. VII. Fig. 23 dargestellten Embryo, dadurch, dass sie eine recht handgreifliche Erklärung einiger der wunderbarsten Monstruositäten des Kopfes giebt, nämlich der Cyclopie und der Agenya oder Mikrogenya.

Unter Cyklopenbildung versteht man bekanntlich ein Verschmelzen beider Augen, dessen Zustandekommen dadurch erklärt werden kann, dass die Stirnlappen nicht zwischen ihnen hinabwachsen. Unter 618 einfachen menschlichen Missbildungen fand ich diese 16mal verzeichnet; beim Schaf und Schwein scheint sie viel häufiger zu sein, indem sie unter 143 einfachen Missbildungen beim Schaf 25mal und unter 91 einfachen Missbildungen beim Schwein 37mal aufgeführt ist. Bei Vögeln habe ich, wie gesagt, nur bei Doppelmissbildungen ein mehr oder weniger vollständiges Verschmelzen und Verwachsen zweier Augen gesehen, Otto hat aber einen unzweifelhaft hierher gehörigen Fall abgebildet. Beim Ausfall der sonst aus den Stirnlappen sich entwickelnden Scheidewand zwischen beiden Augen, nämlich der Nase, berühren diese einander, wachsen gegen einander an und verwachsen mehr oder weniger vollständig miteinander, indem die gegeneinander anstrebenden Wachsthumsintensitäten einander an der Berührungsfläche aufheben.

Die Agenya und Mikrogenya, welche auf Nichtentwickelung oder unvollkommene Entwickelung des Unterkiefers (aus dem ersten Visceralbogenpaare) zurückgeführt werden können, kamen unter 618 einfachen menschlichen Missbildungen nur 2mal, unter 143 einfachen Missbildungen beim Schaf aber 50mal vor. Hier fällt der durch die Wachsthumsintensität des Unterkiefers bedingte Druck an den beiderseitigen Einlenkungsstellen des Unterkiefers hinweg, und dadurch wird der Wachsthumsintensität der anliegenden Theile ein abnorm freier Spielraum gegeben, indem die zwischen den beiden Einlenkungsstellen befindlichen Theile nicht, wie normal, durch den Unterkiefer von einander entfernt werden. Infolge dieses Umstandes begreift man die Verschiebung der Theile, wodurch theils die Augen unten einander näher rücken, theils auch die Ohren beiderseits unten mehr oder weniger vollständig mit einander verwachsen und verschmelzen können. Hiernach würde es auch leicht begreiflich sein, dass diese Missbildung beim Schaf, dessen Schädelbasis so schmal ist, und dessen Unterkieferhälften einen so spitzen Winkel mit einander bilden, so ungleich häufiger ist, als beim Menschen mit seiner breiten Schädelbasis und mit seinem vorn runden und breiten Unterkiefer. Die Analogie der Entstehung dieser Bildungen mit derjenigen, welche bei dem auf Taf. VII. Fig. 23 abgebildeten Embryo angenommen werden musste, liegt auf der Hand.

Die als M. aprosorpa, M. mikrosorpa und als Campyllorhini bezeichneten Missbildungen der Säugethiere sind nicht scharf von einander geschieden. Es sind besonders die Oberkieferknochen, die bei diesen Missbildungen fehlen, verkümmert oder verkrümmt sind, doch nehmen auch die Zwischenkiefer und Nasenknochen, sowie der Vomer, meist auch der Unterkiefer an der Deformität Theil. Unter 618 einfachen menschlichen Missbildungen gehörten nur 3 hierher, und unter diesen war das eine Exemplar zugleich hemicephalisch; unter 181 beim Rind fanden sich 18, unter 143 beim Schaf 20, unter 91 beim Schwein 19, unter 38 beim Pferd 6 und unter 27 beim Hund 9. Insofern man aus einem solchen Zahlenverhältnisse einen Schluss ableiten darf, so scheinen diejenigen Thiere, deren Gesichter und Nasen am meisten hervorragen, dieser Missbildung besonders ausgesetzt zu sein. Dieses würde zu der Vermuthung führen, dass dieselben durch einen während des intrauterinen Lebens einwirkenden Druck bedingt würden. Diese Vermuthung wird auch durch den Umstand bestätigt, dass die Deformitäten des Schnabels, der ja noch mehr hervorragt, zu den allerhäufigsten einfachen Missbildungen der Vögel gehören. Dieselben sind schon von Geoffroy, Sandifort, Otto und Huschke aufgeführt worden. Bisweilen ist der Oberschnabel abnormer Weise gekrümmt, bisweilen ist er zugleich kurz und dick, bisweilen ist seine Spitze kolbig, und der Unterschnabel ist dabei bald löffel- oder schaufelartig hervorgewachsen, bald ist er sehr kurz und hoch geworden, während er sich in anderen Fällen mit dem Oberschnabel kreuzt. Hierdurch können sehr verschiedenartige, und für die betreffende Species sehr fremdartige Schnabelformen entstehen, die z. B. beim Hühnchen bald an den Schnabel der Loxia corvirostris, bald an die Schnabelform der Papageien und Raubvögel erinnern. Ausser einem Falle bei einer erwachsenen Henne (Tafel X. Figur 1) ist diese Missbildung auf unserer Taf. VII in 5 Exemplaren repräsentirt (Fig. 10—11, 12—14, 17—19, 20—22 und 23). In mehreren dieser Fälle konnte der Druck, durch welchen die Verkrümmung veranlasst worden war, mit Bestimmtheit nachgewiesen werden. Bei dem in Fig. 23 abgebildeten Exemplare z. B., dessen Stellung ganz genau ebenso gezeichnet ist, wie sie im Eie war, stiess die Spitze des verkrümmten Oberschnabels gegen den Flügel an. Wir werden im folgenden Kapitel genauer auf den Einfluss des Druckes auf die Entstehung mancher Formen der Missbildungen eingehen und beschränken uns daher hier darauf, denselben angedeutet zu haben.

Die abnormen Spaltbildungen des Antlitzes: Labium leporinum, Palatum fissum, Uvula fissa und Schistocephalia sind einander verwandte Missbildungen, welche beim Menschen häufiger zu sein scheinen, als bei den Säugethieren mit grossen Schnauzen. Unter 618 einfachen menschlichen Missbildungen gehörten 77 hierher, unter 181 beim Rind 11, unter 143 beim Schaf 5, unter 91 beim Schwein 3, unter 27 beim Hund 1 und unter 38 beim Pferd keine. Das Verhältniss des Vorkommens dieser Missbildungen in den Museen ist also dem der Aprosopie, Mikrosopie und des Campyllorhinus gerade entgegengesetzt, und es scheint daher, dass die grössere Wachsthumsintensität der Gesichtsanlage bei den Thieren mit grossen Schnauzen den möglichen Hindernissen für die Vereinigung der zur Bildung des Antlitzes dienenden Lappen mit grösserer Energie entgegenwirkt. Unter den Missbildungen der Vögel fand ich kein einziges hierher gehöriges Exemplar in der Literatur verzeichnet. Dahingegen habe ich dieselben, wie schon aus den Abbildungen hervorgeht, bei den Embryonen der Vögel in den Eiern gar nicht selten vorgefunden. Taf. VI. Fig. 9, Taf. VII. Fig. 8 und 14 bieten Beispiele solcher Hemmungsbildungen dar, wo die Vereinigung der verschiedenen Lappen, welche zur Bildung des Antlitzes beitragen, nicht zustandegekommen ist, und wo dadurch abnorme Spalten im Gesichte entstanden sind. An diese Spaltbildungen reiht sich das Coloboma Iridis, das in mehreren hier nicht abgebildeten Fällen von mir bei Vogelembryonen noch viel schöner als auf Taf. VII. Fig. 20 beobachtet wurde, sich um so natürlicher an, als die Iris bei der relativen Grösse des Auges beim Vogelembryo um die Mitte seiner Entwickelung im Eie den Stirnlappen und dem Oberkieferfortsatze an Grösse kaum nachsteht. Bei sehr sorgfältiger Bewahrung der ursprünglichen Lage fand ich hier die Spitze des abnorm gerichteten Flügels gerade in der Spalte der Iris fest eingeklemmt, so dass ich diesem Umstande die Nichtvereinigung zuschreiben musste. Eine entsprechende Erklärung scheint mir für die Entstehung der bei den Embryonen der Taf. VII. Fig. 8 u. 14 beobachteten Spaltbildung sehr annehmbar zu sein. Die Nichtverwachsung der ursprünglich zwischen den Lappen vorhandenen Spalten scheint jedenfalls entweder in einer Beschränkung des Wachsthums oder in einem Hindernisse der normal stattfindenden Vereinigung gesucht werden zu müssen. Dieses Hinderniss kann, Obigem zufolge, ein Körpertheil sein, welcher durch abnorme Lagerung in die Spalte eingeklemmt wird und dann durch Druck der Wachsthumsintensität der Ränder einen unüberwindlichen Widerstand entgegensetzt. Bei der Lagerung der vorderen Extremitäten ganz in der Nähe des Kopfes ist es gar nicht unwahrscheinlich, dass ab und zu eine etwas abnorme Lage des Endes der vorderen Extremität zur Zeit der Bildung des Antlitzes, Hasenscharte und Wolfsrachen bedingen kann. Es wäre aber wohl möglich, dass unter Umständen, bei vorhandener Gewebserkrankung auch Detritusklümpchen Hindernisse für die Vereinigung abgeben könnten, und es wäre ebenfalls möglich, dass die im Folgenden als embryonale Atrophie bezeichnete Ernährungsstörung primär an den Rändern der zum Verwachsen mit einander bestimmten Lappen Platz greifen und das Offenbleiben der Spalten bedingen könnte. Bei den bedeutendsten Spaltbildungen, wo das ganze Gesicht gespalten erscheint (Schistocephalus), werden wir jedoch durch unsere Beobachtungen an Embryonen in Hühnereiern noch auf eine andere Ursache der Spaltung hingewiesen, nämlich auf die Zerrungen und Spannungen durch Verwachsungen. Dass diese anderweitig Spaltungen oder Verhinderung der Vereinigung bedingen können, geht aus unseren Beobachtungen klar hervor, indem das Offenbleiben des Nabels, des Unterleibes und der ganzen Leibeshöhle sowie die Spaltung des Herzens in zwei Schläuche ohne Widerspruch hierauf zurückzuführen ist. Eine so bedeutende Spaltung des Antlitzes, wie sie bisweilen, wenn gleich selten, bei Kälbern und anderen Säugethieren vorkommt, habe ich zwar bei weiter vorgeschrittener Entwickelung bei Vogelembryonen nicht gesehen. Für die frühesten Stadien aber haben wir einen Repräsentanten einer solchen Spaltung in Fig. 12 der Taf. III, wo der ganze Embryo, mit Einschluss des Kopfendes, flach ausgebreitet, und offenbar durch die peripherischen Adhäsionen verhindert worden ist, die Vereinigung in der Mittellinie vorn zu bewerkstelligen.

Jene Spaltungen der vorderen Hirnblase in 2 seitliche, röhrenartige Enden, wie sie auf Taf. III. Fig. 1 und 2 und Taf. II. Fig. 3 und 4 dargestellt sind, entsprechen keiner mir bekannten Missbildung der Säugethiere und des Menschen. Vielleicht beruht Dieses darauf, dass solche Missbildungen in so früher Zeit zu Grunde gehen, dass sie nur in sehr jungen Aborten zu suchen wären.

Diejenigen Missbildungen, welche ihre Bezeichnung vom Verschlusse oder dem Fehlen natürlicher Oeffnungen am Kopfe erhalten, sind überhaupt in den Museen ziemlich selten, als Atresia Oris, Imperforatio Auris externae u. dgl. In solchen Fällen, wo wir das Auge bei frühen Entwickelungsstufen vermissten, z. B. auf Taf. V. Fig. 1 und 2 und auf Taf. VII. Fig. 3, 9, 11 und 12, fehlten indessen auch die der Entwickelungsperiode entsprechenden Spalten und Oeffnungen, jedoch mit Ausnahme des Mundes, der z. B. auch in Fig. 2 der Taf. V als viereckige Oeffnung vorhanden ist. In allen diesen Fällen zeugte die narbige Beschaffenheit der entsprechenden Partie, der Mangel des Auges, und bisweilen zugleich ausgebreitete Abnormitäten des Hautblattes, hinreichend davon, dass der Verschluss der natürlichen Spalten und Oeffnungen durch eine Ernährungsstörung bewirkt worden war, sei es nun, dass diese Ernährungsstörung als Verklebung oder Verwachsung, oder als Atrophie und narbenartige Contraction zu bezeichnen sein mag (etwa wie der Verschluss des Mundes und der Augenlieder beim Lupus zustandekommt), oder auch, dass normal eintretende Einstülpungen und Perforationen durch die Ernährungsstörung verhindert wurden.

2. Missbildungen am Rumpfe.

Die einfachen Missbildungen des Rumpfes, die sogenannten M. Perocorma, pflegt man in verschiedene Abtheilungen zu bringen, je nachdem sie auf Spaltung und Nichtvereinigung beruhen (Hernia umbilicalis, Fissura abdominalis und sterno-abdominalis, Schistocormus, Spina bifida) oder je nachdem sie von Verkrümmung und Verkümmerung der Wirbelsäule abhängen (Campylorhachis und Oligospondylus), und man pflegt dann noch die Atresia Ani und die Missbildungen der Genitalien als besondere Abtheilungen aufzuführen. Diese Eintheilung kann aber namentlich bei den höchsten Graden der Missbildung des Rumpfes nicht aufrecht erhalten werden, indem bei sehr hochgradigen Spaltungen der Bauch- und Brustwand die Rippen meist nach hinten gebogen sind und eine sehr starke Verkrümmung und Verkümmerung der Wirbelsäule vorhanden ist. Diese höchsten Grade der Missbildung des Rumpfes hat man denn oft, wie es z. B. von Otto und von Gurlt geschehen ist, als eine besondere Abtheilung hingestellt. Wir müssen, indem wir die Entstehung der einfachen Missbildungen vor Augen haben, von diesem Eintheilungsprincipe absehen, und die betreffenden Missbildungen einzeln besprechen, da z. B. die Spina bifida und das Offenbleiben der Bauchwand, welche beide als Monstra Fissione deformia aufgeführt zu werden pflegen, genetisch doch sehr verschieden sind.

Was nun zunächst die Spina bifida betrifft, so scheint diese beim Menschen verhältnissmässig viel häufiger vorzukommen, als bei den Säugethieren. Unter 192 einfachen menschlichen Missgeburten in den Museen Kopenhagens hatten 17 Spina bifida, und unter 212 in Meckels Museum fanden sich deren 21. Dazu kommt noch hinzu, dass Individuen mit Spina bifida ja bisweilen am Leben bleiben und Objecte für chirurgische Operationen abgeben. 5mal unter 17 war bei den in den Museen Kopenhagens vorräthigen Fällen von Spina bifida zugleich Hemicephalie vorhanden, und 3mal waren die Extremitäten dabei verkümmert. Bei den Säugethieren hingegen scheint die Spina bifida ausserordentlich selten vorzukommen, indem ich in der Literatur keine Angabe darüber gefunden habe. Bei Vogelembryonen im Eie dahingegen sah Geoffroy einmal die Wirbelbögen in der Halsgegend, einmal in der Lendengegend und einmal in der ganzen Ausdehnung der Wirbelsäule offen. In unseren Abbildungen finden wir die Spina bifida auf Taf. VI. in Fig. 5, 7, 8 und 9 repräsentirt. Man erkennt hier deutlich, besonders in Fig. 7 und 8, dass das Medullarrohr an der Bildung der Spina bifida theilnimmt, indem dasselbe vom Centralcanal aus blasenartig ausgedehnt ist. Diese locale Ausdehnung des Medullarrohrs erscheint schon darum als primär, weil das Medullarrohr zu innerst liegt, und die Flüssigkeit, welche die Blase prall erfüllt, weist darauf hin, dass die Ansammlung oder Ausscheidung derselben eben die Ausdehnung veranlasst hat. Es muss aber eine locale Erkrankung der die ausgedehnte Stelle des Medullarrohrs umgebenden Theile angenommen werden, um zu erklären, dass die Ausdehnung nur an der einen Stelle, und nicht am ganzen Medullarrohre stattgefunden hat. Diese locale Erkrankung der Umgebung giebt sich namentlich in Fig. 5 und 8 deutlich durch ein Auseinanderweichen der Rückenplatten zu erkennen. Die Verwandtschaft der Hydrencephalocele und der Spina bifida ergiebt sich hierbei von selbst; sie wird noch einleuchtender durch den Umstand, dass die in der hinteren blasenartig ausgedehnten Partie des Medullarrohrs angesammelte Flüssigkeit in Fig. 8 mit der in den Hirnblasen enthaltenen communicirte, so wie auch dadurch, dass die Spina bifida und die offenbar aus der Hydrencephalocele hervorgegangene Hemicephalie beim Menschen gar nicht selten zusammen vorkommen. Auch die Ableitung der Verdrehung der hinteren Extremitäten in Fig. 9 der Taf. VI von der Spina bifida würde durch den Umstand bestätigt werden, dass man nicht selten Verkrümmung und Verkümmerung der hinteren Extremitäten beim Menschen mit Spina bifida zusammen vorfindet. Bemerkenswerth ist bei unseren Fällen noch der Umstand, dass die Spina bifida in denselben überall die Lendengegend einnimmt, wo sie auch beim Menschen besonders häufig ist; vielleicht könnte ein relativ noch häufigeres Vorkommen der Spina bifida in dieser Region bei den Vögeln davon abhängen, dass letztere in der Lendengegend normaler Weise den Sinus rhomboidalis haben, der bekanntlich von einem Auseinanderweichen der hinteren Rückenmarksstränge herrührt. Dass die Spina bifida in den frühesten Entwickelungsperioden entsteht, geht jedenfalls aus den von uns beobachteten Fällen klar hervor.

Die Hernia umbilicalis, die Fissura abdominalis, die Fissura Sterni und sterno-abdominalis und endlich die Eventratio oder Pericormia, wobei die Pleuroperitonealhöhle ganz fehlt, die Eingeweide frei heraushängen und die Bauch- und Brustwand flach ausgebreitet oder selbst nach oben, gegen den Rücken hin, umgebogen ist, bilden offenbar eine Reihe graduell von einander unterschiedener Missbildungen. Die Hernia umbilicalis ist bekanntlich beim Menschen häufig genug, und bei Kindern oft Gegenstand ärztlicher Behandlung. In den Sammlungen ist dieselbe daher verhältnissmässig viel zu schwach vertreten. Das vollkommene Fehlen einer Leibeshöhle, indem zugleich die Rippen nach hinten gebogen sind, scheint unter den Haussäugethieren bei weitem am häufigsten beim Kalbe vorzukommen. Bei fast vollständig entwickelten Hühnchen, welche den Durchbruch der Schale nicht bewerkstelligen konnten, fand ich sehr oft eine Darmschlinge in den Stiel des nach aussen befindlichen Dottersacks hineinragen. In einigen Fällen fand ich auch bei Hühnchen, die eine Zeit lang frei gelebt hatten, eine mehrere Millimeter grosse, ovale Spalte in der Gegend des Nabels, welche eine freie Communication mit der Pleuroperitonealhöhle herstellte und den Tod durch Prolaps der Gedärme bewirkte. Bei jüngeren Vogelembryonen finden wir diese Missbildung in ihren verschiedenen Graden ziemlich zahlreich in unseren Abbildungen repräsentirt. Fig. 15, Fig. 10—11 u. Fig. 5—6 der Taf. VII stellen zunächst drei verschiedene Stufen dieser Missbildung dar. In Fig. 15 könnte die Zerrung der Seitenplatten durch die Spina bifida nach hinten zur Erklärung des unvollkommenen Verschlusses der Bauchwand dienen, aber die Häufigkeit dieser geringeren Grade des Offenbleibens der Bauchwand und des Prolapsus der Gedärme in den Nabel, ohne Gegenwart von Spina bifida, zeigt, dass Dieses wenigstens nur eine seltenere Veranlassung dieser Missbildung ist. Nichts destoweniger glaube ich allgemein annehmen zu dürfen, dass eine mechanische Zerrung und Spannung Ursache des unvollständigen Verschlusses ist. Wo eine Darmschlinge in den Stiel des Dottersacks hineinhing, war dieser Stiel ungewöhnlich lang, als wäre die Verbindung zwischen dem Dotter und dem Hühnchen gezerrt und gedehnt worden. Dass übrigens auch die Spannung und Zerrung von innen heraus hierbei in Betracht kommen kann, zeigt die Häufigkeit der Entwickelung des Nabelbruches bei ganz jungen Kindern nach der Geburt. Noch weit evidenter war aber die Abhängigkeit dieser Spaltbildungen von mechanischer Zerrung in den Fällen, wo die Bildung einer Leibeshöhle durch abnorme Verbindung der Seitenplatten mit der krankhaft veränderten und oft mit der Dotterhaut verklebten peripherischen Keimscheibe ganz verhindert worden war, oder wo abnorme Amnionbildung den normalen Verschluss verhindert hatte. Letzteres ist der Fall mit dem auf Taf. V. dargestellten Embryo, Ersteres bei den Embryonen der Taf. IV. Fig. 1—2, der Taf. III. Fig. 4 und 12 und der Taf. II. Fig. 5 und ohne Zweifel auch bei Fig. 5 und 6 der Taf. VII.

Die Verkrümmung und Verkürzung der Wirbelsäule, welche als ursprüngliche Missbildung beim Menschen und den Säugethieren im Ganzen selten, und dann meist entweder mit unvollkommenem Verschlusse der Bauchwand, oder mit Hydrocephalus, Hydrencephalocele oder Hemicephalie oder mit Spina bifida zusammen vorkommt, haben wir unter den Missbildungen der Embryonen in Hühnereiern verhältnissmässig oft gefunden. In den meisten Fällen, z. B. bei den auf Taf. II. Fig. 5, 6, 7, Taf. III. Fig. 4, 5, 7, 12,

Taf. IV. Fig. 1—2 und Taf. V. Fig. 1—2 dargestellten Embryonen fanden sich mechanische Verhältnisse, welche die freie und normale Entwickelung der Wirbelsäule, und oft zu gleicher Zeit die Bildung einer Leibeshöhle, oder doch den normalen Verschluss derselben verhindert hatten. In anderen Fällen war Spina bifida zugleich vorhanden und alsdann könnte sie als Ursache der Missbildung der Wirbelsäule angesehen werden, z. B. bei den auf Taf. VI. Fig. 5—6 und 8 abgebildeten Embryonen. Alle unsere Beobachtungen weisen aber auf eine sehr frühe Entstehung dieser Missbildungen hin, und zeigen, dass Ernährungsstörungen diese Missbildungen veranlassten, indem sie meist mechanische Hindernisse für die normale Fortentwickelung hervorbrachten.

3. Missbildungen der Extremitäten.

Die Missbildungen und Verkrümmungen der Extremitäten (Peromela) gehören überhaupt zu den häufigsten einfachen Missbildungen. Beim Menschen gehörten 115 unter 618 angebornen einfachen Missbildungen hierher, beim Rind 28 unter 181, beim Schaf 15 unter 143, beim Schwein 10 unter 91 und beim Pferd 5 unter 38. Auch bei den Vögeln ist diese Klasse von Missbildungen häufig genug, ja wie es scheint unter den einfachen Missbildungen, die bei entwickelten Hühnern zur Beobachtung kommen, die häufigste. Besonders oft wurden dieselben in künstlichen Brütanstalten beobachtet. Im Etablissement zu Bourg la Reine, wo die Eier einer zu trockenen Wärme ausgesetzt waren, gingen nach Geoffroys des Aelteren Mittheilung $^8/_{10}$ der Eier zu Grunde, und von den übrigen hatte fast die Hälfte nach aussen verkrümmte Zehen (Dictionaire classique d'hist. nat. t. 11 pag. 149). Nach Isid. Geoffroy St. Hilaire sollen sich auch viele durch künstliche Bebrütung entwickelte Hühner durch ihre langen Beine auszeichnen. Ich selbst sah bei jungen Hühnern, die im Etablissement des Herrn Schmitz durch künstliche Wärme entwickelt waren, folgende einfache Missbildungen der hinteren Extremitäten: 1) eine dicke Haut, ganz wie eine Schwimmhaut, verband zwei oder mehrere Zehen, 2) es war die Zahl der Zehen zu gering, 3) es waren die Zehen verkrümmt, 4) es war die eine hintere Extremität so verdreht, dass die Vermuthung aufstieg, es möchte eine Luxatio congenita vorliegen, während die anatomische Untersuchung ergab, dass die Gelenke normal gebildet waren und dass nur eine Verbiegung der Tibia vorlag. Bei unseren Embryonen in Vogeleiern fand sich ebenfalls verhältnissmässig oft eine Missbildung der Extremitäten, die aber natürlich nur bei den weiter vorgeschrittenen Embryonen zur Evidenz kommen konnte. Unter den weniger entwickelten Embryonen, bei denen jedoch eine Anlage der Extremitäten mit Rücksicht auf die sonstigen Fortschritte der Entwickelung schon erwartet werden konnte, fehlten dieselben bei Fig. 12 der Taf. III, wo die Bildung der Leibeshöhle durch die Verbindungen der Seitenplatten mit der peripherischen Keimscheibe und durch die Verklebungen des Bluthofes mit der Dotterhaut verhindert war. Bei Fig. 1 und 2 der Taf. V waren die hinteren Extremitäten nur angedeutet, die vorderen aber ganz zweifelhaft, was bei dieser ausserordentlichen Monstruosität durchaus nicht befremden kann. Bei Fig. 5 und 6 der Taf. VI musste es zweifelhaft erscheinen, ob die Anlagen der Extremitäten gänzlich fehlten, in welchem Falle die beiden Knötchen am hinteren Ende des Körpers als eine gespaltene Anlage der Allantoïs aufzufassen wären, oder ob die rudimentären Anlagen der hinteren Extremitäten einander abnormer Weise so genähert waren, dass bei mehr localer Beschränkung der Affection und bei weiter fortgeschrittener Entwickelung eine Sympodia daraus entstanden sein könnte. Bei Fig. 8 der Taf. VI fehlt die Anlage der Extremitäten bei Gegenwart einer colossalen Spina bifida, in welchem Falle bei fortschreitender Entwickelung wahrscheinlich ein Apodus und Oligospondylus entstanden wäre. Bereits entwickelte Missbildungen der hinteren Extremitäten zeigen Fig. 9 der Taf. VI und viele der auf Taf. VII abgebildeten Embryonen. Es scheint aus den hier vorliegenden Fällen hervorzugehen: 1) dass Verkrümmungen und abnorme Lagen der Extremitäten von primären Affectionen des Medullarrohrs, Spina bifida und hydrencephalischen Affectionen abhängen können, wofür auch die nicht seltene Combination von Missbildungen der Extremitäten mit den letztgenannten Affectionen bei menschlichen Monstruositäten spricht; 2) dass dieser Causalnexus aber nicht der einzige ist, indem z. B. in Fig. 20 und 21 sehr starke Verkrüppelung der hinteren Extremitäten vorhanden ist, ohne dass eine Affection des Medullarrohrs vorliegt. In solchen Fällen dürfte theils ein äusserer Druck, z. B. veranlasst durch abnorm starke Entwickelung des Luftraumes, durch Gefässstämme der Allantoïs u. s. w. die freie normale Entwickelung verhindert haben, theils, und zwar vorzugsweise, dürfte eine primäre Ernährungsstörung der in Bildung begriffenen Extremität oder ihrer Anlage die Missbildung bedingt haben. Letztere Annahme scheint besonders in den Fällen geboten zu sein, wo sich zu wenig Zehen gebildet haben, oder wo die Zehen durch eine Haut verbunden waren. Ich besitze ein Paar Exemplare menschlicher Aborte, wo Deformitäten der Extremitäten ganz unzweifelhaft von Erkrankung der Haut und der darunter liegenden Theile abhängig waren.

Eine Classe der Missbildungen der Extremitäten ist mir leider noch sehr dunkel geblieben, nämlich die Entstehung multipler Theile an den Enden der Extremitäten. Am häufigsten findet man überzählige Finger, bisweilen ist aber auch die Hand oder der Fuss theilweise verdoppelt, ja in einem Falle, der auf der Veterinärschule zu Kopenhagen aufbewahrt wird, finden sich an einem Unterschenkel eines Schafs 4 rudimentäre Calcanei und 4 zum Theil rudimentäre Füsse mit den entsprechenden Zehen. In diesem Falle war, der Versicherung des Herrn Prof. Bendz zufolge, sonst durchaus keine Verdoppelung irgend eines anderen Theiles vorhanden, welche auf die ursprüngliche Gegenwart eines zweiten später rudimentär gewordenen und bis auf einzelne Theile zu Grunde gegangenen Embryos hindeuten könnte. Da von Einigen diese Classe der Missbildungen so sehr stark betont worden ist, dürfte es zweckmässig sein, darauf hinzuweisen, dass dieselben doch nur einen kleinen Bruchtheil sämmtlicher angeborener Missbildungen ausmachen. Unter 686 menschlichen Missbildungen (einfachen und doppelten) gehörten hierher 19, unter 240 beim Rind 5, unter 240 beim Schaf 4, unter 46 beim Pferd 2, unter 120 beim Schwein 7, unter 127 bei Vögeln 5. Isidore Geoffroy St. Hilaire scheint dieselbe verhältnissmässig oft angetroffen zu haben, indem er die Verdoppelung des Daumens bei Hühnern 6mal auf beiden und 1mal auf einer Seite sah. Unsere Behauptung, dass diese Classe doch nur einen kleinen Bruchtheil sämmtlicher Missbildungen ausmacht, kann auch dadurch nicht alterirt werden, dass manche dieser Fälle beim Menschen den Sammlungen gewiss entgehen. Diesen Missbildungen ist, wie Herr Prof. Bendz mir bemerkte, höchst wahrscheinlich die Verdoppelung der Hörner ganz analog, die bei Hirschen, Ziegen und Schafen vorkommt, und welche bei letzteren, wie auf Island, selbst typisch werden kann. Ob die Verdoppelung der Schwänze, welche namentlich bei Eidechsen beobachtet ist, ebenfalls hierher gehört, oder ob dieselbe zu den wahren Doppelmissbildungen zu zählen ist, erscheint mir schon viel zweifelhafter. Die ganz allmählig zu zweiköpfigen Missbildungen übergehenden Monstra mit theilweiser Verdoppelung des Gesichts, ist man bei dem so complicirten Bau der verdoppelten Gebilde viel eher geneigt, zu den wahren Doppelmissbildungen zu zählen, d. h. zu denen, welche aus zwei ursprünglichen Entwickelungscentren hervorgegangen sind. Obgleich in jenen Fällen ebensowenig eine spaltende Einwirkung als die Ursache der übermässigen Wucherung bisher nachgewiesen ist, so scheint mir doch die Vermehrung der Endglieder der Extremitäten auf eine solche während der Entwickelung eingreifende, allerdings noch unbekannte Ursache zurückgeführt werden zu müssen, etwa analog der Spaltung des ursprünglich einfachen Herzschlauches in zwei Herzschläuche (Taf. IV. Fig. 1—2 und Taf. V. Fig. 1—2) oder der Spaltung des vorderen Theils des Hirns in zwei Hälften (Taf. II. Fig. 3—4), oder der Verdoppelung der Polypen durch künstliche Spaltung, oder einem überzähligen Staubfaden, Pistill oder Petalum einer Blume.

Drittes Kapitel.

Die Ursachen der durch Störung der Entwickelung entstandenen Missbildungen.

Wenn man die oben beschriebenen Einzelfälle überblickt, so kann man dieselben noch ferner benutzen, um aus ihnen die Ursachen der einfachen Missbildungen, d. h. die allgemeinen pathologischen Processe, welche bei ihrer Entstehung in Betracht kommen, nebst ihren äusseren Ursachen und Bedingungen, soweit es schon jetzt möglich ist, festzustellen.

Indem wir nun den vorliegenden Abschnitt dieser Untersuchung widmen wollen, dürfte es zum Eingange derselben passend sein, daran zu erinnern, dass die äusseren und zum Theil auch die inneren Lebensbedingungen der Embryonen, einerseits im Eie, andererseits im Uterus, von denen der frei lebenden, entwickelten Individuen so verschieden sind, dass man a priori auch in den Ernährungsstörungen beider grosse Verschiedenheiten zu erwarten berechtigt ist. Von aussen oder innen her einwirkende schädliche Potenzen, können bei allen lebendigen Geschöpfen Ernährungsstörungen ihrer Gewebe hervorrufen. Diese Störungen und ihre Folgen sind aber bekanntlich je nach der Beschaffenheit der schädlichen Potenz, je nach den übrigen äusseren Verhältnissen und Bedingungen, je nach der Qualität des betroffenen Theils und je nach der Species des Individuums höchst verschiedener Art, ja selbst bei voller Identität der genannten Verhältnisse sind die Ernährungsstörungen und ihre Folgen wesentlich anders bei jungen, im Wachsthum begriffenen, übrigens frei lebenden, und bei alten, voll entwickelten Individuen. Wie viel mehr steht es denn nicht zu erwarten, dass die Ernährungsstörungen der Embryonen sehr wesentliche Eigenthümlichkeiten darbieten werden?

Wenn man aber diese studiren will, so hat man zunächst den Einfluss der äusseren Bedingungen ins Auge zu fassen, und demnächst die **Ernährungsstörungen selbst** und die bei denselben in Betracht kommenden **pathologischen Processe** zu erforschen, mit stetem Hinblicke auf die Verschiedenheiten bei den entwickelten und bei den embryonalen Individuen.

Die äusseren Schädlichkeiten, welche Ernährungsstörungen hervorrufen können, pflegt man in zwei Classen zu theilen, nämlich in solche, die zunächst den Chemismus, und in solche, die zunächst die Form verändern, oder in **chemische** und **mechanische**.

1. In **chemischer** Beziehung könnten bei der Entwickelung des Vogeleies allerdings solche positiv schädlichen Stoffe in Betracht kommen, welche durch die poröse Kalkschale in das Ei eindringen können. Hierbin würden schädliche Gasarten und obigen Angaben (Pag. 6 und 18) zufolge auch die Pilze gehören. Abgesehen von den Angaben Reaumur's und Viborg's, bei denen auf die speciellen Ernährungsstörungen und auf die Entstehung der Missbildungen keine Rücksicht genommen wurde, liegen uns jedoch hierüber keine bestimmten Data vor. Dahingegen kommen zwei andere Verhältnisse, welche jedenfalls zunächst den Chemismus der embryonalen Ernährung und Entwickelung treffen müssen, hier wesentlich in Betracht, nämlich erstens die Temperaturverhältnisse, und zweitens die durch die Porosität der Schale vermittelte Wechselwirkung des Eiinhaltes mit der Luft.

Was nun zunächst die **Temperaturverhältnisse** betrifft, so ist bekanntlich die Brütwärme Bedingung für die Entwickelung des Eies. Der entwickelte Vogel trägt aber, wie das entwickelte Säugethier, in sich selbst eine Wärmequelle, welche, in Verbindung mit verschiedenen Vorrichtungen und Umständen, die eben durch die selbstständige Existenz bedingt sind, das Thier in den Stand setzt, im Ganzen eine bestimmte Eigenwärme zu behaupten, trotz der Schwankungen der äusseren Temperatur. Dieses **Vermögen, die Eigenwärme zu behaupten**, ist bei dem jungen Vogel, der das Ei verlässt, noch ziemlich gering, es nimmt aber bis zum vollendeten Wachsthume immer mehr zu. Schon der Embryo im Eie zeigt freilich, wie bereits Reaumur es nachwies, in der letzten Periode der Entwickelung ein merkliches Vermögen, selbst Wärme zu produciren, indem die Eier wenige Tage vor dem Auskriechen sich länger warm halten; dieses Vermögen ist aber selbst während der letzten Tage nur äusserst schwach, da das Ei bei mittlerer Temperatur binnen wenig Stunden bis auf die Temperatur der Umgebung abgekühlt wird, und in den früheren und frühsten Perioden ist ein Wärmeproduktionsvermögen kaum nachweisbar. In den früheren Perioden ist der Embryo im Eie daher ganz und gar, in den späteren wenigstens wesentlich auf diejenige Wärme angewiesen, die ihm von aussen zugeführt wird. Die Mittel ferner, die der Natur beim entwickelten Individuum zu Gebote stehen, um ein zu hohes Steigen der Temperatur des Körpers zu verhindern, gehen dem Embryo im Eie natürlich gänzlich ab, indem die Abkühlung durch Verdunstung bei der geringen Oberfläche des überdies noch mit der Kalkschale versehenen Eies in dieser Beziehung gar nicht in Betracht kommen kann. Dieses Unvermögen des Embryo im Eie, Eigenwärme zu produciren und bei Schwankungen der äusseren Temperatur in der Weise zu behaupten, wie das entwickelte Thier, würde nur dadurch einigermassen compensirt werden können, wenn der Embryo besser Temperaturschwankungen ertragen könnte, als das entwickelte Thier. Dieses ist aber durchaus nicht der Fall, wie schon eine ganz oberflächliche Naturbeobachtung lehrt. Wasservögel schwimmen z. B. viele Stunden lang in eiskaltem Wasser, wobei wenigstens ihre nackten Füsse sehr stark abgekühlt werden müssen, ohne dass dadurch Ernährungsstörungen eintreten; die Eier der Vögel werden dahingegen theils durch die Bebrütung, theils durch den Nestbau gegen Abkühlung mit solcher Sorgfalt, und durch so vielerlei zu demselben Ziele führende Mittel beschützt, dass man schon daraus auf die Wichtigkeit dieses Schutzes für die Entwickelung schliessen könnte. Die Säugethierembryonen sind in dieser Beziehung im Uterus noch viel günstiger placirt. Wenn nun der Einfluss der Temperatur auf die Gewebsernährung schon bei entwickelten Individuen sehr ausgezeichnet ist, wie unter Anderem die mit so vorzüglichem Erfolge in der neueren Chirurgie benutzte Anwendung der Kälte zur Bekämpfung der Entzündung lehrt, so steht schon a priori zu erwarten, dass derselbe auf Embryonen im Eie noch weit grösser sein und noch ganz andere Resultate hervorbringen wird. In der That haben mich nun meine zahlreichen Beobachtungen bei künstlichen Brütversuchen auf das Vollkommenste davon überzeugt, dass die Temperaturschwankungen unter den äusseren Ursachen der Enstehung von Missbildungen in Vogeleiern den ersten Platz einnehmen. Eine ganz bestimmte Angabe über denjenigen Grad der Abkühlung, der unbedingt tödtet, über denjenigen, der Erkrankung bewirkt, und denjenigen, der ohne merklichen Schaden ertragen wird, kann ich freilich nicht geben. Eine solche ganz bestimmte Angabe scheint aber auch aus folgenden Gründen unmöglich zu sein. Es ist nämlich 1) höchst wahrscheinlich, dass die Embryonen in Eiern von verschiedenen Species gegen Temperaturschwankungen, und namentlich gegen Abkühlung, in sehr verschiedenem Grade empfindlich sind; es müsste also dieses Widerstandsvermögen für jede Species besonders bestimmt werden. Es ist ferner 2) nicht leicht möglich, das durch die Abkühlung bewirkte Sinken der Temperatur im Innern des Eies genau zu bestimmen, indem der Temperaturgrad des äusseren Mediums, die Beschaffenheit desselben, namentlich auch der Feuchtigkeitsgrad der Luft, die Ruhe oder Bewegung derselben, die Grösse des Eies, die Dichtigkeit der Schale u. s. w. in den Einzelfällen, bei ganz gleicher Dauer der Abkühlung, einen ganz verschiedenen Grad der Temperaturabnahme im Innern des Eies bewirken müssen. Bei der Bebrütung durch lebendige Vögel kommt noch ausserdem in Betracht, dass nicht alle Eier gleichzeitig gleich warm sind, und dass sie, wenn der Vogel das Nest verlässt, nicht alle gleich gut bedeckt werden. Endlich kommen 3) individuelle Verschiedenheiten der Embryonen in den Eiern bezüglich des Widerstandsvermögens gegen diese äussere Schädlichkeit in Betracht. Zunächst hat das Stadium der Entwickelung, wie mich meine Versuche vielfach gelehrt haben, einen sehr grossen und wesentlichen Einfluss auf diejenigen Ernährungsstörungen der Embryonen, welche in Folge der Temperaturschwankungen eintreten können. Ich habe aber oft auch gefunden, dass scheinbar ganz gleich bebrütete Eier in denselben Stadien der Entwickelung, gleichzeitig und in ganz gleicher Weise der kälteren Luft gleich lange ausgesetzt, zum Theil starben, zum Theil erkrankten und in Folge der Erkrankung zu Missbildungen wurden, zum Theil aber gesund blieben und ihre normale Entwickelung fortsetzten. Auch in Eiern mit doppeltem Dotter, welche einer Abkühlung ausgesetzt gewesen waren, fand sich oft auf dem einen Dotter ein kranker und verkrüppelter, auf dem anderen ein todter Embryo, oder auf dem einen ein gesunder, und auf dem anderen ein erkrankter, missgestalteter Embryo. Berücksichtigt man diese Umstände, so erkennt man, dass die Zeit, während welcher eine Henne die Eier verlassen hat, gar kein Maass für den Grad der Abkühlung der Eier abgiebt, und dass obiges Resultat, zu dem ich durch zahlreiche und sorgfältige Beobachtungen gelangt bin, in keiner Weise dadurch alterirt wird, dass praktische Hühnerzüchter ab und zu ein Hühnchen aus einem Eie ausschlüpfen sahen, das einmal während der Bebrütung 6—8—12 Stunden von der Henne verlassen worden war. Die ganz exacte und präcise Feststellung des Maasses einer äusseren krankmachenden Ursache lässt sich unter solchen Umständen, wie sie oben angeführt sind, unmöglich feststellen; es lässt sich nur ein ungefähres Maass auf statistischem Wege finden. Man wird daher folgende Angaben weder überschätzen noch zu gering achten:

a) Bei 24—72stündiger Entwickelung trat in meinen Versuchen keine Erkrankung des Embryo ein, wenn ein Hühnerei aus einer gut regulirten Brütmaschine herausgenommen, 1—2½ Stunden lang einer Luft von 11—13° C. exponirt und dann wieder der normalen Brütwärme ausgesetzt wurde. Dahingegen fand ich, dass der Embryo in der Regel erkrankte oder abstarb, wenn das Ei dieser Temperatur 4¼ Stunden lang exponirt, und danach wieder regelrecht bebrütet wurde. In ganz einzelnen Fällen kam es indess vor, dass ein Embryo, der selbst 6 Stunden lang dieser Temperatur ausgesetzt gewesen war, dennoch gesund blieb und seine Entwickelung normal fortsetzte. Schon 1—2½ Stunden nachdem ein Ei, aus der Brütmaschine herausgenommen, obiger Temperatur ausgesetzt wurde, fühlte es sich übrigens schon kalt an, im Innern aber ist alsdann die Temperatur doch noch viel höher, als man dem Gefühle an der Schale zufolge erwarten sollte.

b) Bei derselben Entwickelungsdauer wurde bei mehr allmähliger Abkühlung, z. B. durch Verlöschen der Lampe in der Brütmaschine, nur sehr selten ein Sinken der Temperatur ertragen, das im Laufe von etwa 10 Stunden von der Normaltemperatur bis auf etwa 22° C. hinabging. Es waren die Eier dann auch ganz kalt anzufühlen. Da sonst überall der physiologische Effect bei plötzlichen Veränderungen viel stärker ist, als bei allmählig erfolgenden Schwankungen, so steht zu vermuthen, dass die Temperatur im Innern des Eies durch diese langsame Abkühlung in 10 Stunden noch tiefer gesunken war, als wenn das Ei sogleich einer Temperatur von 11—13° C. 4¼ Stunden lang ausgesetzt wurde.

c) Ein Steigen der Temperatur über die Norm war noch gefährlicher für die normale Entwickelung bei fortgesetzter Bebrütung, als ein Sinken unter die Norm, und konnte nicht ohne Nachtheil so lange ertragen werden, als dieses.

d) Durch ein Sinken der Temperatur starb der Embryo in der Regel nicht sogleich ab; man konnte vielmehr in der oben genannten Entwickelungsperiode bisweilen noch das Herz pulsiren sehen, nachdem das Ei, namentlich an einem warmen Sommertage, 12 Stunden und länger der freien Luft ausgesetzt gewesen war, wie auch v. Baer es bemerkt hat. Setzte man aber die Bebrütung eines solchen Eies fort, so entstand, wenigstens in der überwiegenden Mehrzahl der Fälle, eine Missbildung.

e) Die Missbildungen, welche auf diese Weise entstanden, waren auch bei gleicher äusserer Einwirkung, und bei gleicher Entwickelungsstufe, verschieden; es hatte aber doch die Entwickelungsstufe, bei welcher die Abkühlung eintrat, einen besonderen und leicht nachweisbaren Einfluss auf die Formen, welche daraus hervorgingen.

f) Einzelne Individuen zeichneten sich vor den anderen durch ein grösseres Widerstandsvermögen gegen die Temperaturschwankungen aus, und gelangten zur vollen und normalen Entwickelung unter denselben äusseren Verhältnissen, bei welchen alle die anderen erkrankten, und meist als Missbildungen zu Grunde gingen.

g) Im Uebrigen habe ich die oben angeführten Angaben Reaumurs (Pag. 7—9) im Allgemeinen vollkommen bestätigt gefunden.

Ich beabsichtige diese Beobachtungen über den Einfluss der Temperaturschwankungen auf die normale und pathologische Entwickelung der Embryonen im Eie noch weiter fortzusetzen, und ich bin überzeugt, dass sich durch eine grössere Ausdehnung einer statistischen Untersuchung, welche eigends und ausschliesslich auf diesen Punkt gerichtet wäre, viel genauere und bestimmter fixirte Resultate erlangen lassen. Durch meine bisherigen Untersuchungen, deren Resultate ich in dieser Beziehung nur als vorläufige betrachte, wage ich nur so viel als völlig abgemacht hinzustellen, dass ein zu tiefes Sinken der Temperatur sehr oft, sowohl bei künstlicher Bebrütung, als bei Bebrütung durch die Henne, Ernährungsstörungen bestimmter Art, namentlich abnorme Verklebungen und atrophische Processe im Embryo hervorrufen, welche bei fortschreitender Entwickelung die Entstehung von Missbildungen veranlassen, und dass man durch passende Abkühlung im Stande ist, willkührlich diese Ernährungsstörungen und die aus ihnen resultirenden Missbildungen in sonst normalen Eiern hervorbringen, also über die Genese der Missbildungen zu experimentiren. Dass einzelne Individuen einer bestimmten Temperaturveränderung widerstehen, und sich nachher normal fortentwickeln, während die übrigen durch dieselbe erkranken, und dass die Erkrankungen, sowie die Missbildungen, die aus ihnen resultiren, sehr verschiedener Art sind, selbst unter gleichen äusseren Umständen, kann Niemanden befremden, wenn er bedenkt, dass ja ganz gleiche Verschiedenheiten in der Wirkung äusserer Schädlichkeiten auf erwachsene Individuen jeder Art beobachtet werden. Unter 100 Menschen, welche in ganz gleicher Weise einer starken Kälte ausgesetzt würden, könnten Einige Katharh, Bronchitis, Pneumonie oder Pleuritis davontragen, Andere würden wahrscheinlich von Muskelrheumatismus, wieder Andere von Gelenkrheumatismus, Einige von gastrischen Affectionen, Andere von Frostbeulen an Händen und Füssen befallen werden u. s. w., während Einzelne so glücklich sein könnten mit heiler Haut davonzukommen. Dem würde dann das oben besprochene, von mir beobachtete Verhalten der Embryonen in Eiern, welche einer einigermassen starken und andauernden Abkühlung ausgesetzt werden, vollkommen entsprechen.

Was demnächst den Zutritt der Luft und das Maass desselben betrifft, so hat auch dieser Umstand bekanntlich einen sehr grossen und wichtigen Einfluss auf den Verlauf des Heilungsprocesses bei einer gewöhnlichen Verwundung eines entwickelten Individuums. Die neuere Chirurgie hat einen grossen Theil ihrer Erfolge der vollen Würdigung dieses Einflusses zu verdanken, indem jetzt Jeder weiss, dass eine subcutane Wunde in der Regel viel leichter, schneller und schmerzloser heilt, als eine entsprechende offene, der Luft ausgesetzte Wunde, weil die Luft die besonders Oberfläche zum Theil durch Austrocknen mehr oder weniger nekrotisirt und eine schnelle Gerinnung des Blutes sowohl ausserhalb, als innerhalb der verletzten oder der Verdunstung ausgesetzten Gefässe bewirkt. Im Vogeleie ist nun der Embryo dem Einflusse der atmosphärischen Luft durch die poröse Schale hindurch in bestimmter Weise ausgesetzt. Die Beobachtungen von Reaumur, Viborg, Geoffroy dem Aelteren, Beaudrimont und Dareste lehren, dass eine Verstopfung der Poren der Kalkschale durch Feuchtigkeit, Firniss- oder Wachsüberzüge, sowie Bebrütung der Eier unter Wasser und in irrespirabeln Gasarten, kurz eine Verhinderung und Beschränkung der Respiration, das Abstehen der Eier bewirkt. In mehreren Fällen entstanden dabei Missbildungen, welche vielleicht diesem Eingriffe zuzuschreiben waren. Zugleich schien aus diesen Beobachtungen hervorzugehen, dass die Entwickelung in Eiern, die vom Anfange an firnisirt waren, wohl beginnen kann, aber früh gehemmt wird, und dass partielle Ueberzüge über die Eier je nach der Zeit, da sie angebracht werden, und je nach der Lage desjenigen Theiles des Eies, der überzogen wird, einen verschiedenen Erfolg haben. Andere Beobachtungen haben ferner gezeigt, dass solche Eier, deren Schale zu dünn war, nicht zur Entwickelung gebracht werden konnten (Reaumur), und dass Eier, welche während der Bebrütung nicht gegen eine zu starke Verdunstung geschützt waren, oft mehr oder weniger verkrüppelte Hühnchen lieferten (Geoffroy der Aeltere). Ich selbst habe bisher den Einfluss der Veränderungen, welche die Wechselwirkung der atmosphärischen Luft mit dem Eiinhalte betreffen, nicht so genau verfolgt, wie den Einfluss der Temperaturschwankungen. Doch habe ich obige Angaben im Allgemeinen bestätigt gefunden, ohne indess näher angeben zu können, welchen Antheil die Veränderung der Sauerstoffaufnahme, welchen die veränderte Retention der Kohlensäure, und welchen die Veränderung der Verdunstung des Wassers an der Störung der Entwickelung hatte. Auch auf diesem Wege lassen sich vielleicht Missbildungen hervorbringen, deren Formen mit den durch Abkühlung entstandenen im Wesentlichen übereinstimmen. Ein Bruch der Schale hat gewöhnlich Absterben des Embryo oder Nichtentwickelung zur Folge. Doch habe ich einmal in einem Eie mit doppeltem Dotter, dessen Schale einen etwa 1″ langen Riss hatte, das aber während der Bebrütung so gelagert war, dass der Riss unten lag, sich zwei normale Embryonen bis zum 3ten Tage entwickeln sehen. Dass übrigens selbst bedeutendere, aber mit grosser Vorsicht bewerkstelligte Verletzungen der Eischale nicht nothwendig die Entwickelung sofort unterbrechen, geht aus Valentins und Leuckarts oben angeführten Versuchen hervor.

2. Wenden wir uns nun an die zweite Klasse der äusseren Schädlichkeiten, welche Ernährungsstörungen hervorrufen können, nämlich die mechanischen, so zeigen die Versuche Valentins und Leuckarts allerdings, dass Verletzungen auch den Embryo im Eie treffen können, ohne ein sofortiges Absterben zur Folge zu haben. Dabei ist der scheinbare Mangel einer Reaction, wie wir sie bei den Wunden entwickelter Individuen wahrzunehmen pflegen, sehr bemerkenswerth. Unter gewöhnlichen Verhältnissen ist jedoch der Embryo durch die harte Kalkschale gegen einen jeden nicht unmittelbar lethalen Druck von aussen her so geschützt, dass man beim ersten Blicke vielleicht vermuthen möchte, es könnten nur noch etwa Erschütterungen des Eies mechanisch schädlich auf die Entwickelung einwirken. In dieser Beziehung haben aber Geoffroys, sowie Valentins oben angeführte Versuche nur das Resultat geliefert, dass die Entwickelung nach zu starker Erschütterung ausbleibt. Bei einiger Ueberlegung sieht man aber leicht ein, dass der Embryo im Vogeleie dennoch auf mannigfache Weise den Wirkungen des Druckes und der Zerrung ausgesetzt ist. Wenn ich mich auf die Fälle beschränke, deren Vorkommen ich, meinen Beobachtungen zufolge, wirklich constatiren kann, so können Veränderungen der Druckverhältnisse des Embryo und seiner Häute im Eie auf folgende Weise zustandekommen: *a*) Durch Adhäsionen der

Embryonalanlage mit der Dotterhaut, bisweilen auch durch diese hindurch mit der Schalenhaut, des Embryo mit der peripherischen Keimscheibe, des Amnions mit der Dotterhaut u. s. w. Durch solche Adhäsionen können Theile des Embryo unmittelbar gedrückt oder gezerrt werden, oder sie können an ihrer Ausbreitung gehindert und dadurch gedrückt werden, oder endlich es können dadurch abnorme Lagen herbeigeführt werden. *b*) Durch abnorme Lage einzelner Theile, besonders der Extremitäten, die durch verschiedene Umstände herbeigeführt wird, können andere Theile gegen dieselben angepresst und einem localen Drucke ausgesetzt werden, durch den locale Formveränderungen herbeigeführt werden können. *c*) Durch krankhafte Beschränkung des Wachsthums der den Embryo umgebenden Keimscheibe, welche oft, aber nicht immer mit Verklebung an die Dotterhaut zusammen vorkommt, können Verkrümmungen des ganzen Körpers entstehen. *d*) Durch krankhafte Beschränkung des Wachsthums der einen Theil umgebenden Haut können wahrscheinlich die eingeschlossenen Theile am freien Wachsthum gehindert werden; bei Ungleichheit des Druckes können sie dann in der Richtung fortwachsen, wo der Druck nicht wirkt. *e*) Durch Ansammlung von Flüssigkeiten in natürlichen Höhlen, namentlich im Medullarrohre, kann Druck von innen heraus und dadurch Ausdehnung und Verunstaltung der natürlichen Form entstehen. *f*) Bei Gegenwart zweier Dotter in einem Eie verhindert der Druck, den dieselben in der Regel gegen einander ausüben, eine jede Entwickelung der Berührungsfläche. *g*) Strangartige Verdickungen der Dotterhaut können, besonders bei der Ausdehnung des Dotters durch die im Verlaufe der Entwickelung normal erfolgende Eiweissaufnahme, einen Druck auf den Embryo ausüben. *h*) Durch zu starke Verdunstung kann der Luftraum so sehr zunehmen, dass der Raum für die Entwickelung des Embryo sehr beschränkt wird. *i*) Durch die Gefässstämme der Allantoïs können am Schlusse der Entwickelung namentlich der Kopf und die Füsse so fixirt werden, dass das Hühnchen die zum Durchbrechen der Schale nöthigen Bewegungen nicht ausführen kann.

Es ist sehr möglich, dass ausser den genannten auch noch andere Umstände eine Abänderung der normalen Druckverhältnisse bedingen können, bezüglich der angeführten liegen mir aber bestimmte Beobachtungen vor, deren Zusammenstellung hier angemessen sein dürfte.

Um jedoch die verschiedenartigen Wirkungen des Druckes und ihren Einfluss auf die Entstehung der Missbildungen richtig zu verstehen, muss man erinnern, dass die Theile, welche durch den Druck verändert werden, sich nicht einfach passiv verhalten, sondern dass sie belebte, einem regen Stoffwechsel unterworfene Gebilde sind, deren Verhalten einem Drucke gegenüber je nach der Weise, wie derselbe einwirkt, wesentlich verschieden sein muss. Man weiss, dass auch die Organe eines entwickelten Individuums je nach der Art des Druckes wesentlich verschiedene Veränderungen durch denselben erfahren. Ein nicht zu starker Druck, der stetig eine beschränkte Stelle trifft, wirkt anders als ein stetiger mässiger Druck, der eine Ausdehnung oder Zerrung bewirkt; dieser wirkt wiederum anders, als ein stetiger mässiger Druck, der eine allseitige Compression hervorbringt; wiederum anders wirkt ein Druck, der nicht allzustark, aber oft unterbrochen wird, und immer wiederkehrt, und endlich wird die Druckwirkung noch ganz anders, wenn ein stetig wirkender Druck stark genug ist, um ein locales Absterben zu bewirken, oder wenn ein starker, abwechselnder Druck Entzündung hervorruft. Es lässt sich demnach gewiss voraussetzen, dass die Verschiedenheit des Druckes auch bei der embryonalen Entwickelung verschieden wirken wird. Man muss aber zugleich bedenken, dass die Verhältnisse bei der embryonalen Entwickelung in mancher Beziehung von den bei den entwickelten Individuen zur Beobachtung kommenden abweichen. Die ganze Anlage des Embryo besteht bekanntlich zumeist aus einer verhältnissmässig geringen Zahl, in bestimmter Lagerung an und über einander geordneter, scheinbar ganz gleicher Zellen. Diese Gleichheit ist aber nur scheinbar, ebenso wie diejenige specifisch differenter Keime und Eier, bei denen nur unsere Hülfsmittel nicht zur Erkenntniss der Verschiedenheiten ausreichen. Wir müssen vielmehr einer jeden ursprünglichen Zelle der Embryonalanlage unter normalen Verhältnissen gewisse Qualitäten zuschreiben, die den Zellen der entwickelten höheren Thiere nicht zukom men. Als solche den Urzellen der Embryonalanlage zuzuschreibende Eigenthümlichkeiten dürften zu nennen sein: 1) ein specifisches Wachsthum, d. h. ein ihrer Oertlichkeit und ihrer Dignität entsprechendes Maass des Wachsthumes; 2) ein specifisches Organisationsvermögen, d. h. es müssen die Zellen, die aus den Urzellen hervorgehen, der Norm entsprechend geformte Zellencomplexe oder Organcomplexe bilden, und 3) ein specifisches Differenzirungsvermögen, d. h. es müssen unter normalen Verhältnissen die aus bestimmten, mit einem gleichartigen Inhalte versehenen Urzellen entstehenden Zellen und Zellencomplexe sich zu verschiedenen Geweben differenziren.

Fassen wir nun die Einzelfälle ins Auge und gehen von den angeführten verschiedenen Weisen der Druckwirkung aus, so glaube ich Folgendes feststellen zu dürfen:

1. Die Wirkung des ganz lokalen äusseren Druckes erkennt man zunächst an mehreren der auf Taf. VII dargestellten Missbildungen. Besonders ins Auge fallend sind in dieser Beziehung die Verkrümmungen und Missbildungen des Schnabels in Figur 12—14, 17—19, 20—22 und 23. In mehreren Fällen, wo ich ganz sicher war, dass die Lage des Embryo ganz unverändert zur Beobachtung kam, stiess der verkrümmte Oberschnabel, wie in Fig. 23, mit seiner Spitze an den abnorm gelagerten, nach oben gerichteten Flügel in einer solchen Weise an, dass der Widerstand, den der Oberschnabel in seinem Wachsthume gerade nach vorn durch den vorliegenden Flügel fand, als Ursache der Verkrümmung aufgefasst werden musste. Je nachdem der eine oder der andere Flügel den Widerstand darbietet, und je nachdem der Widerstand gerade die Spitze trifft oder derselben etwas seitlich begegnet, erklären sich die verschiedenen Richtungen dieser Verkrümmung. Dabei ist noch der Umstand auffallend, dass die Masse des Schnabels keineswegs immer geringer war, als sie es der Entwickelungsstufe zufolge sein sollte, z. B. in Fig. 22, wo der krumme Schnabel auffallend dick und stark erscheint. Es erklärt sich Dieses bei der Annahme, dass das specifische Wachsthum derjenigen Urzellen, welche die Anlage des Schnabels repräsentirten, durch den Druck nicht geschwächt worden, sondern dass nur das specifische Organisations-

vermögen oder die Richtung des Wachsthumes derselben verschoben worden ist. Es ist Dieses offenbar nur ein anderer Ausdruck für das von Geoffroy aufgestellte Gleichgewichtsgesetz. — Berücksichtigt man den Unterschnabel, so wurde auch bezüglich seiner der Einfluss des localen Widerstandes auf die Form durch unsere Beobachtungen ausser Zweifel gestellt. In einigen Fällen, wo die Spitze des Unterschnabels sich ganz frei nach vorn fortentwickeln konnte, wie in Fig. 23, hatte sich derselbe in gerader Richtung, dabei aber zugleich sehr lang und dünn vorgeschoben. In anderen Fällen hatte derselbe seine Bahn am Oberschnabel entlang bewahrt, und je nachdem die Krümmung des letzteren allmählig und gleichmässig oder schroff und winkelig geworden war, hatte der Unterschnabel entweder eine Gestalt angenommen wie in Fig. 20 und 21, d. h. flach und schmal von oben nach unten, und mit nach oben gerichteter Convexität, oder wie in Fig. 17 und 18, d. h. hoch und dick von oben nach unten und zugleich sehr kurz.

Ausserdem habe ich eine Beobachtung gemacht, welche zeigt, dass ein ganz localer Druck an einer Stelle, wo zwei seitliche Theile bei normaler Entwickelung mit einander verwachsen sollten, diese Vereinigung verhindern kann. Ich fand nämlich ein Coloboma Iridis am einen Auge, während sich die Iris und die Augenlieder am anderen Auge normal gebildet hatten, und bei sehr sorgfältiger Bewahrung der ursprünglichen Lage fand ich dann die Spitze des abnormer Weise nach oben gerichteten Flügels gerade im Spalte der Iris fest eingeklemmt. Während der locale Druck in den vorhingenannten Fällen eine Verkrümmung und Formveränderung hervorgebracht hatte, hatte er hier also eine Hemmungsspaltung zur Folge gehabt.

Wahrscheinlich gehören auch noch zum Theil hierher verschiedene Verkrümmungen und Verkrüppelungen der hinteren Extremitäten. In Fig. 11, 12 und 14 der Taf. VII sieht man die eine hintere Extremität in verkrümmter Lage und in verkrüppelter Gestalt mit dem Fusse an den Steiss fest angedrückt. Eine ganz ähnliche Lage zeigen die beiden sehr verkrüppelten hinteren Extremitäten des in Fig. 20 und 22 der Taf. VII dargestellten Embryo. Diese abnorme Lagerung, in Verbindung mit Verkrümmung der Tibia und mit Fehlern an den Zehen, habe ich wiederholt auch bei Hühnchen gefunden, welche bis kurz vor dem Auskriechen entwickelt waren, und die Verkrümmung der Tibia nebst Missbildung der Zehen sah ich öfter auch bei jungen Hühnchen, welche bereits die Schale verlassen hatten. In einigen Fällen fand ich bei dieser Lagerung den Luftraum ungewöhnlich gross, in anderen Fällen schienen die Füsse durch ein eng anliegendes Amnion, und bei einigen weiter entwickelten Exemplaren durch grössere Gefässstämme der Allantoïs in ihrer Lage fixirt zu sein. Ich glaube um so mehr annehmen zu dürfen, dass der durch die Raumbeschränkung veranlasste Druck wesentlichen Antheil an der Verkrümmung und Missbildung der hinteren Extremitäten haben kann, als auch der eine von zweien in einem Eie mit zwei Dottern bis zur vollen Reife entwickelten Embryonen nicht selten, vielleicht gar in der Regel, einen verkümmerten Fuss und einen rudimentär entwickelten Schwanz hatte. Auch die oben angeführte Erfahrung Geoffroys, der zufolge eine so ausserordentlich grosse Zahl der in der zu trockenen Brütanstalt zu Ratier entwickelten Hühnchen Fehler an einer der hinteren Extremitäten hatte, spricht für diese Erklärung, da hier die abnorme Vergrösserung des Luftraumes eine Beschränkung des Raumes für die Entwickelung des Embryo zur Folge haben musste.

Auch an der Gestalt des Bluthofes erkennt man bisweilen in sehr auffallender Weise die Wirkung eines localen Druckes bei der Entwickelung. Ein hierher gehöriges Beispiel bietet schon Fig. 1 der Taf. IV dar, insofern hier offenbar der Druck, den der Scheitel des Embryo beim Fortwachsen in seiner fixirten gekrümmten Lage ausüben musste, eine Ausbuchtung des inneren Randes des Bluthofes veranlasst hat. Noch instructiver ist aber dieses Verhältniss in Eiern mit doppeltem Dotter, wenn sich der Embryo ziemlich nahe an der Berührungsfläche mit dem anderen Dotter entwickelt hat. In diesem Falle wird nämlich der Bluthof immer schief, indem er an der Berührungsfläche beider Dotter wie abgeschnitten aufhört und sich dafür um so stärker nach den anderen Seiten hin entwickelt (vergl. Taf. IV. Fig. 5, Taf. IX. Fig. 4).

2. In anderen Fällen hatte der Druck nicht so local, auf einzelne Theile gewirkt, sondern es hatte ein krankhaft beschränktes

Wachsthum der den Embryo umgebenden Eihäute in mehr umfassender Weise einen Widerstand gegen die normale Entwickelung des ganzen Körpers gesetzt. Dieses erkennt man auf Taf. II. Fig. 5—7, auf Taf. III. Fig. 4, 5, 7, 9, 12 und 13, auf Taf. IV. Fig. 1 und 2 und auf Taf. V. Fig. 1 und 2. In allen diesen Fällen ist eine Verkrümmung oder Verkürzung der Wirbelsäule, meist mit Verkürzung und Verbreiterung der Wirbel, vorhanden, und zugleich ist in allen diesen Fällen eine Beschränkung des Flächenwachsthums der Area vasculosa und der Area pellucida, oft zugleich mit Adhäsionen der Area vasculosa an die Dotterhaut (Taf. III. Fig. 4, 5, 7, 8, 12, Taf. IV. Fig. 1 und 2, Taf. V. Fig. 1 und 2) und bisweilen (z. B. Taf. II. Fig. 7) zugleich abnorme Kleinheit des Amnions verhanden. Das constante Vorhandensein eines durch die pathologische Beschaffenheit der umgebenden Eihäute hervorgebrachten Widerstandes gegen die freie Entwickelung des Embryo, in allen Fällen wo bedeutendere Verkrümmung der Wirbelsäule beobachtet wurde, weist mit grosser Bestimmtheit auf den angegebenen Causalnexus hin.

3. Ein allseitig comprimirender Druck könnte vielleicht durch die Ernährungsstörungen der Haut entstehen, indem ihr Flächenwachsthum dadurch beeinträchtigt werden könnte. Es ist nämlich wohl denkbar, dass eine allgemeine Erkrankung der mit den darunter liegenden Theilen noch aufs Innigste verbundenen Haut in einigen Fällen die abnorme Kleinheit der Embryonen durch allgemeine Compression bewirkt haben könnte. Hierfür könnte man anführen, dass bei den durch ihre Kleinheit besonders ausgezeichneten Embryonen oft (z. B. auf Taf. V. Fig. 1—2 und Taf. VI. Fig. 5—6) auch offenbar eine Krankheit des Hautblattes vorhanden war, was schon aus dem Mangel der normalen Faltenbildung für Auge und Ohr hervorgeht. Jene geschlängelte Contour in Fig. 5 der Taf. VI, die ich oben als dem Medullarrohre angehörig gedeutet habe, würde ebenfalls ihre Erklärung finden durch die Annahme eines fortgeschrittenen Längenwachsthumes des durch den Widerstand des Hautblattes am geraden Fortwachsen gehinderten Medullarrohrs. Die abnorme Gestaltung des Hirns in Fig. 1 und 2 der Taf. V, in Fig. 12 der Taf. III. und in Fig. 1 und 2 der Taf. IV kann in entsprechender Weise durch eine abnorme Veränderung der durch die umgebenden Schichten

bestimmten Druckverhältnisse erklärt werden, unter welchen sich das Hirn entwickelt. Wenn man ferner (wie in Fig. 8 der Taf. II, in Fig. 1—3 der Taf. VI und in Fig. 13 der Taf. III) den Embryo aus einer soliden, scheinbar formlosen Masse gebildet findet, so könnte auch Dieses durch eine Verschmelzung derjenigen Organe erklärt werden, die sich frei in der Körperhöhle hätten entwickeln sollen, indem sie von dem nicht entsprechend fortwachsenden Hautblatte eingeschlossen, durch ihr Fortwachsen so aneinander gedrängt sein könnten, dass sie miteinander zu einer soliden Masse verklebt und verbunden wurden.

4. In wesentlich anderer Weise müsste ein von innen her wirkender Druck, durch pathologische Ansammlung von Flüssigkeit in geschlossenen Körperhöhlen, während der Entwickelung Missbildungen bedingen. Dieses ist der Fall bei der Entwickelung der Spina bifida auf Taf. VI. Fig. 7, 8 und 9. Bei Fig. 9 erkennt man zugleich eine abnorme Richtung der hinteren Extremitäten, und es war bei diesem Exemplare, wie Taf. VII. Fig. 15 zeigt, zugleich ein unvollkommener Verschluss des Nabels vorhanden, welche beiden Bildungsfehler mit einiger Wahrscheinlichkeit von der Spina bifida abgeleitet werden können. Besonders merkwürdig erscheint die Spina bifida der Taf. VI. Fig. 8 durch ihre enorme Grösse. Es ist hier der ganze Hinterkörper durch dieselbe in eine Blase verwandelt, deren Platzen bei fortschreitender Entwickelung höchst wahrscheinlich eine Verkümmerung und Nichtentwickelung des ganzen Hinterkörpers zur Folge gehabt haben würde. Ferner gehört hierher die Entwickelung des Hydrocephalus, der auf Taf. VII. Fig. 7—9 dargestellt ist. In diesem Falle waren übrigens auch noch andere Bildungsfehler vorhanden, welche von der Ausdehnung der entsprechenden Stelle des Medullarrohrs offenbar unabhängig waren.

5. Sehr mannigfache Formveränderungen finden endlich ihre Erklärung durch abnorme Zerrung einzelner Körpertheile während der Entwickelung, welche in den allermeisten Fällen wesentlich durch abnorme Verklebungen bedingt wird. Schon in dem so eben besprochenen Falle, wo (bei Fig. 9 der Taf. VI und bei Fig. 15 der Taf. VII) die Verdrehung der hinteren Extremitäten und das Offenbleiben des Nabels von der Spina bifida abhängig

zu sein schien, würde eine durch die Ansammlung der Flüssigkeit gesetzte Zerrung und Ausdehnung der Haut diese secundären Missbildungen erklären können. Auch bei der Rückwärtskrümmung der Wirbelsäule, welche auf Taf. IV. Fig. 1 und 2 und auf Taf. V durch abnorme Adhäsionen bedingt war, musste an derjenigen Seite der Krümmung, welche convex, anstatt concav geworden war, nothwendig eine Dehnung, Spannung und Zerrung stattgehabt haben, welche, der von mir gegebenen Erklärung gemäss, namentlich eine Theilung oder Spaltung des Herzens bedingte. Das Offenbleiben oder die Nichtbildung der Unterleibshöhle, wie auf Taf. VII. Fig. 5 und 6, 10 und 11, Taf. III. Fig. 12, Taf. II. Fig. 5, 6, Taf. V. Fig. 1 und 2, erklärt sich ebenfalls am einfachsten durch die abnorme Verbindung der Seitenplatten mit der peripherischen Keimscheibe, und durch die gestörte Entwickelung des Amnions, welche dem normalen Verschlusse entgegenwirkten. — In einem in den Abbildungen nicht wiedergegebenen Falle war das Herz durch eine Adhäsion mit der peripherischen Keimscheibe, in ähnlicher Weise wie in Fig. 12 der Taf. III, vom Körper ab, nach der Peripherie hin gezerrt worden. Den Einfluss der Zerrung durch Adhäsionen erkennt man aber auch noch sehr schön an der Begränzung des Bluthofes auf Taf. III. Fig. 9 und auf Taf. IV. Fig. 7.

Wenden wir uns nun, nachdem wir die äusseren Schädlichkeiten, welche chemisch oder mechanisch die Entwickelung im Vogeleie stören können, durchgenommen haben, zu den Ernährungsstörungen selbst, und zu den pathologischen Processen, durch welche dieselben zustandekommen, so bieten dieselben mehrfache, sehr bemerkenswerthe Verschiedenheiten von denjenigen Ernährungsstörungen entwickelter Individuen dar, welche durch dieselben Schädlichkeiten hervorgerufen werden. In den oben ausführlich erörterten Fällen traten uns die embryonalen Ernährungsstörungen unter drei verschiedenen Grundformen entgegen, welche jedoch, wie ihr häufiges Nebeneinandervorkommen andeutet, höchst wahrscheinlich mit einander in genauer Weise zusammenhängen. Es sind 1) die Verklebungen und Verwachsungen, 2) seröse Ergüsse im Medullarrohr und 3) die embryonale Atrophie und die embryonale narbenartige Verschrumpfung. Wir wollen hier zunächst jede derselben in ihren Beziehungen zur Entstehung der Missbildungen besprechen.

ad 1. Die Verklebungen und Verwachsungen, die man vielleicht nicht ganz unpassend als adhäsive embryonale Entzündung bezeichnen könnte, wurden zwischen sehr verschiedenen Theilen beobachtet: *a*) zwischen der peripherischen Keimscheibe und der Dotterhaut (Taf. I. Fig. 1, 4 und 5, Taf. III. Fig. 5 und 6, 7—9, 12, Taf. IV. Fig. 1 und 2, Taf. V. Fig. 1 und 2, Taf. XI. Fig. 1—3), *b*) zwischen dem Amnion und der Dotterhaut (Taf. IV. Fig. 1 und 2, Taf. V. Fig. 1 und 2, Taf. XI. Fig. 1—3), *c*) zwischen dem Embryo und der Schalenhaut, durch die Dotterhaut hindurch (Taf. I. Fig. 6, Taf. VI. Fig. 1—3), *d*) zwischen Amnion und Bluthof (Taf. XI. Fig. 1—3), *e*) zwischen der Oberfläche des Embryo und dem Bluthofe, z. B. zwischen Kopf und Bluthof (Taf. IV. Fig. 1), oder zwischen Herz und Bluthof (Taf. III. Fig. 12), oder zwischen den Seitenplatten und dem Bluthofe (Taf. II. Fig. 5, Taf. III. Fig. 4, Taf. IV. Fig. 1, Taf. VII. Fig. 5 und 6), *f*) zwischen dem Schleimblatte und dem gelben Dotter (Taf. II. Fig. 5, Taf. III. Fig. 12), *g*) zwischen den verschiedenen Blättern der Keimscheibe untereinander (Taf. III. Fig. 12, Taf. IV. Fig. 1 und 2, Taf. V. Fig. 1 und 2, Taf. VI. Fig. 5 und 6, Fig. 8, Taf. XI. Fig. 1—3), *h*) zwischen natürlichen Spalten und Oeffnungen, wodurch diese abnormer Weise verschlossen wurden (Taf. IV und V am Kopfe und Halse, Taf. VI am Kopfe, Halse und Rumpfe, Taf. VII. Fig. 3, 9, 10, 11, 12 u. 23 am Kopfe und Halse), *i*) zwischen den Extremitäten und dem Körper, oder zwischen ihren Gliedern unter einander (Taf. VII. Fig. 1—4 und öfter bei weiter entwickelten, nach Art der Lithopädien veränderten Embryonen).

Diese abnormen Verbindungen verdienen bisweilen nur Verklebungen genannt zu werden, indem sie leicht durch Zerrung getrennt werden können, bisweilen sind sie dahingegen so fest, dass sie als Verwachsungen bezeichnet werden müssen, indem ihre Trennung ohne Zerreissung nicht möglich ist. Je fester die abnormen Verbindungen sind, desto bedeutender pflegen die betreffenden Theile in ihrer ganzen Form verändert zu sein, je lockerer sie sind, desto weniger. Hieraus kann man schliessen, dass die anfänglichen Verklebungen zu Verwachsungen werden können. Für die Beurtheilung des Wesens dieser adhäsiven Processe im Eie ist es einerseits bemerkenswerth, dass die Verklebungen nicht nur durch die Dotterhaut, sondern selbst durch die weisse Schalenhaut hindurch stattfinden können, andererseits sind aber auch die auf Taf. VI. Fig. 4 dargestellten Elemente für dieselbe von besonderem Interesse. Dieselben wurden von der Innenseite der weissen Schalenhaut abgeschabt, nachdem diese durch leises und wiederholtes Zerren von der Oberfläche des in Fig. 1—3 derselben Tafel dargestellten formlosen Embryo entfernt war. Man erkennt unter diesen, bei reichlich 200facher Vergrösserung dargestellten Elementen, ausser punktförmigen Moleculen und Fettkügelchen von verschiedener Grösse auch Körnchenzellen, kern- und zellenartige Gebilde, Spindelzellen, einzelne rothgefärbte Krystalle, röthliche Schollen, und in grosser Menge kleine, unregelmässig eckige Plättchen, welche an die Dotterplättchen erinnern. In anderen Fällen, z. B. an den weiter entwickelten Embryonen der Taf. VII. Fig. 1—4, fanden sich in der solche abnorme Verbindungen vermittelnden Masse, neben spindelförmigen Zellen, Fettmoleculen und Aggregatkügelchen, auch rundliche Gebilde, die mit den Eiterkörperchen übereinstimmten, vielfach aber auch mit Fettkügelchen und Körnchen gefüllt waren.

Diese Verklebungen und Verwachsungen kommen, wie wir oben gesehen haben, häufig vor, bevor Blut und Blutgefässe in der Embryonalanlage vorhanden sind. Die klebrige Substanz, durch welche die Adhäsion zunächst zustandekommt, kann hier also nicht als ein aus dem Blute stammendes Transsudat aufgefasst werden, sondern es handelt sich hier entweder um ein unmittelbares Produkt der Zellen (sei es nun, dass sie aus den Zellen durch die Zellenwandung hindurch transsudirt, oder dass sie durch Auflösung oder Veränderung der Zellen und ihrer Wandungen selbst entsteht), oder aber es handelt sich um eine klebrig gewordene, unmittelbar aus dem zur Ernährung der Embryonalanlage dienenden Eiweiss des Eies entstandene Substanz. Der Umstand, dass nicht nur die Dotterhaut, sondern auch die Schalenhaut mit der Oberfläche des Embryo verklebt werden kann, zeigt, dass die durch ihre Festigkeit, homogene Beschaffenheit und Mangel an Klebrigkeit so ausgezeichnete Dotterhaut durch die Produkte der embryonalen Ernährungsstörung so verändert werden kann, dass sie mit den anliegenden Gebilden (Embryonalanlage und harter Schalenhaut) verkleben und überdies für geformte Elemente permeabel werden kann. Der Umstand ferner, dass man bei solchen Störungen bisweilen auch die Kalkschale an der entsprechenden Stelle mit der weissen Schalenhaut verklebt und schmutzig gefärbt sieht, zeigt, dass auch die Poren der harten Schalenhaut von dem klebrigen Produkte durchsetzt werden können. Die nachfolgende Verwachsung würde durch die Durchkreuzung und Verschlingung der sich entwickelnden geschwänzten und faserigen Elemente vermittelt werden können.

Vergleicht man diesen embryonalen Verklebungs- und Verwachsungsprocess mit demjenigen der gewöhnlichen adhäsiven Entzündung, so findet man einerseits allerdings eine gewisse Uebereinstimmung mit derjenigen Form, wobei der Faserstoff zunächst in grösserer Masse eine provisorische Verklebung vermittelt, welche erst später durch Neubildung zelliger Elemente zur wahren Verwachsung wird, andererseits aber auch mit der Verklebung und nachfolgenden Verwachsung der Papillulae carneae, und überhaupt mit denjenigen Fällen, wobei nur eine minime Schicht der Intercellularsubstanz zwischen den verklebenden und verwachsenden Elementen vorhanden ist. Wenn man jedoch einerseits die Verklebungen als Entzündungsphänomene zu bezeichnen beliebt, und andererseits das Dogma aufrecht halten will, dass aus dem Blute transsudirter Faserstoff das erste Bindemittel abgiebt, so sind die vorliegenden Thatsachen allerdings geeignet eine solche Doctrin zu erschüttern. Nun hat aber bekanntlich Virchow hervorgehoben, dass die Vorgänge im Paremchym in vielen Fällen derjenigen Ernährungsstörungen, welche bei entwickelten Individuen zur Beobachtung kommen, offenbar den ersten Platz einnehmen, und dass die Störung der Kreislaufsverhältnisse in solchen Fällen nur secundär in Betracht kommt. Der hierauf basirte Begriff der parenchymatösen Entzündung findet offenbar eine ganz vorzügliche Anwendung auf die in Rede stehenden embryonalen Ernährungsstörungen, indem dieselben, wie gesagt, oft genug beobachtet werden, bevor Blut und Gefässe gebildet sind.

Die Folgen dieser embryonalen Verklebungen und Verwachsungen haben wir schon mehrfach besprochen, als vom Einflusse localer Druckveränderung bei der embryonalen Entwickelung die Rede war. Wir haben oben gesehen, wie oft sie zu Druckveränderungen und zu dadurch bedingten Missbildungen Veranlassung geben. Die Verklebungen der peripherischen Keimscheibe mit der Dotterhaut können z. B. einerseits das Wachsthum des Bluthofes beeinträchtigen, andererseits den Raum für die freie Entwickelung des Embryo beschränken, und dadurch Verkrümmungen und Verkrüppelungen desselben bedingen (Taf. III. Fig. 7—9, Taf. IV. Fig. 1—2, Taf. V.); sie können ferner veranlassen, dass die Oberfläche des Amnions oder des Embryos bei fortschreitendem Wachsthume mit dem inneren Rande des Bluthofes in Berührung kommen, und mit ihm verkleben oder verwachsen kann (Taf. III. Fig. 12, Taf. IV. Fig. 1—2, Taf. V.); es können die Verklebungen des Embryo oder des Amnions mit der Dotterhaut oder mit dem Bluthofe späterhin und secundär die Lagerungsverhältnisse der Theile und Organe des Embryos bei fortschreitendem Wachsthume desselben wesentlich und in sehr verschiedener Weise verändern (vgl. Taf. III. Fig. 12, Taf. IV. Fig. 1—2, Taf. V.); es kann durch Verklebungen der verschiedenen Blätter der Keimscheibe unter einander und mit dem Dotter die freie Entwickelung und Differenzirung der Theile, z. B. die Bildung des Darmes und der Pleuroperitonealhöhle beeinträchtigt und verhindert werden; es können endlich die natürlichen Spalten und Oeffnungen durch Verklebungen ihrer Ränder abnormer Weise geschlossen werden, so dass Narbenmasse an ihre Stelle tritt (vgl. Taf. IV. V. VI. und VII.).

ad 2. Die serösen Ansammlungen in abgeschlossenen Körperhöhlen haben freilich nur ein sehr beschränktes Terrain, indem wir sie nur im Medullarrohre, bei Spina bifida und Hydrocephalus beobachtet haben. Die Analogie dieser während der Entwickelungsperiode entstandenen Ansammlung seröser Flüssigkeit mit der serösen Exsudation beim Hydrocephalus der Kinder erscheint so einleuchtend, dass sie schon seit langer Zeit und allgemein acceptirt ist. Auch Diejenigen, welche meinen, dass nur eine geringe Zahl der Missbildungen auf Krankheiten der Embryonen zurückgeführt werden kann, erkennen den Hydrocephalus congenitus und die Spina bifida als Resultate embryonaler Erkrankung an. Unter der Annahme, dass die seröse Ansammlung das Primäre ist, haben wir oben die Ansicht entwickelt, dass durch dieselbe von innen her eine Steigerung des Druckes gesetzt wird, wodurch die Ausdehnung erfolgt und wodurch die oben bezeichneten Missbildungen bedingt werden (Pag. 153). Es fragt sich aber doch, ob diese serösen Ansammlungen im Medullarrohre der Embryonen als Exsudate im gewöhnlichen Sinne aufzufassen sind? In diesem Falle würden sie ja nämlich Blut und Gefässe voraussetzen. Diese sind nun freilich auch bereits seit einiger Zeit vorhanden gewesen, wenn sich die ersten kenntlichen normalen Flüssigkeiten des Embryo, der Liquor Amnii und die Allantoïsflüssigkeit zeigen, und diejenigen Embryonen, bei denen wir eine wirkliche Spina bifida (vergl. Taf. VI. Fig. 7—9) oder einen Hydrocephalus (vergl. Taf. VII. Fig. 7 und 9) fanden, waren auch schon mit Blut und Gefässen versehen. Andererseits lässt sich aber nicht in Abrede stellen, dass seröse Produkte der Ernährung und des Stoffwechsels in früheren Perioden nicht leicht zur Beobachtung kommen könnten. Denn das Medullarrohr ist in der ersten Zeit ja noch so zart, dass es keine nennenswerthe Ausdehnung vertragen würde ohne in der Naht zu platzen, und man findet es in der That oft genug (z. B. Taf. II. Fig. 1—4) während dieser Periode in der Rückennaht getrennt und als Medullarplatte ausgebreitet. Dies könnte ja möglicher Weise durch seröse Flüssigkeit von innen her bewirkt sein; mit Nothwendigkeit ist diese Annahme jedoch nicht geboten. Anderswo, als gerade in das Medullarrohr hinein, ausgeschiedene seröse Ernährungsprodukte würden aber von der Oberfläche des Embryo her sich frei mit der denselben umgebenden, dünnen, eiweissartigen Flüssigkeit vermischen können, ohne zur Beobachtung zu kommen. Eine bestimmte Antwort auf die Frage, ob die seröse Flüssigkeit der embryonalen Spina bifida und des Hydrocephalus der frühesten Periode zunächst aus dem Blute stammt, und aus den Gefässen exsudirt ist, lässt sich somit nicht geben. Ebenso wenig reichen meine bisherigen Beobachtungen aus, um die Frage zu entscheiden, inwiefern etwa eine zu hohe Temperatur zu diesen serösen Ansammlungen disponirt, obgleich sich mir diese Vermuthung bei den vorliegenden Fällen aufgedrängt hat. Es fragt sich dann aber ferner, ob nicht eine anderweitige Erkrankung des Markes selbst oder der Vereinigungsstelle der Rückenplatten über demselben vorhanden gewesen sein müsste, damit die ganz locale Spina bifida zustandekommen könnte? Diese Frage muss ganz gewiss bejaht werden, denn sonst wäre es nicht wohl zu begreifen, dass nur die eine Stelle, und nicht die ganze Höhle des Medullarrohrs durch die seröse Ansammlung ausgedehnt worden wäre. Der Sack der Spina bifida communicirt nämlich frei mit der ganzen Höhle, wie schon die Beobachtung des auf Taf. VI. Fig. 8 abgebildeten Embryo zeigt. Während des nach dem Oeffnen des Eies durch das Mikroskop beobachteten Absterbens desselben ergoss sich nämlich in diesem Falle Blut in die Höhle der Spina bifida, und die röthliche Färbung, welche dieselbe dadurch erhielt, theilte sich auch den Hirnblasen mit. Eine Druckvermehrung im Inneren der Höhle des Medullarrohrs müsste also alle Punkte desselben gleichmässig treffen, und wenn eine Stelle nachgiebt, während die anderen Stellen demselben Drucke widerstehen, so muss das Widerstandsvermögen dieser Stelle geringer gewesen sein. Dazu kommt noch hinzu, dass man in Fig. 5 der Taf. VI eine Spaltung der Rückenplatten sieht, ohne dass das Medullarrohr eine Ausdehnung durch Flüssigkeit zeigte, wodurch dieselbe erklärt würde. Da nun bekanntlich zu Anfang der Entwickelung das anfängliche Medullarblatt zum Rohr wird, indem die Ränder desselben sich nach oben biegen und sich mit einander vereinigen, und da die Rückenplatten um das so gebildete Medullarrohr in die Höhe wachsen, um es einzuschliessen, so liegt die Annahme nahe, dass die Schwächung der sich ausdehnenden Stelle von einer unvollkommenen Vereinigung der Ränder der Medullarplatte und der Rückenplatten hergerührt habe. Hierfür spricht auch noch der Umstand, dass die vorliegenden Fälle einigermassen der Stelle des Sinus rhomboidalis entsprechen, wo die Hinterstränge beim Vogel bekanntlich auseinander weichen. Wenn man jedoch berücksichtigt, dass namentlich in Fig. 7 und 8 der Taf. VI nicht nur die Rückenseite, sondern auch die seitlichen und vorderen Partien in der Gegend der Spina bifida ausgedehnt sind, so scheint neben dem unvollkommenen Verschlusse noch eine locale Erkrankung angenommen werden zu müssen, wodurch das Widerstandsvermögen gegen den von innen her wirkenden Druck geschwächt worden wäre. Bei dieser Annahme würde dann noch die Vermuthung nahe liegen, dass dieselbe locale Ernährungsstörung, welche das Widerstandsvermögen des Medullarrohrs und seiner Umgebung gegen Druck geschwächt hat, auch die pathologische Ansammlung der serösen Flüssigkeit bedingt haben könnte.

ad 3. Für eine weit grössere Zahl von Missbildungen kommt dahingegen die embryonale Atrophie und die embryonale, narbenartige Verschrumpfung in Betracht. Dieser Process hängt, wie oben entwickelt wurde, oft von einer localen oder allgemeinen Steigerung des Druckes ab, unter dem ein sich entwickelnder Theil ausgebildet wird; er kann aber bei weitem nicht immer auf diese äussere Ursache zurückgeführt werden. Dass in Fig. 9 und 10 der Taf. I. die Anlage des Hinterkörpers atrophisch geworden ist, dass die auf Taf. II. Fig. 5—9, Taf. III. Fig. 1—9 und Fig. 12—13, Taf. V. Fig. 1—2, Taf. VI. Fig. 5—6 und 8, Taf. XI. Fig. 1—3 abgebildeten Embryonen so klein geblieben sind, könnte, wie wir oben gezeigt haben, vielleicht durch die Annahme erklärt werden, dass das Wachsthum des Hautblattes pathologisch beschränkt worden sei, und dass dadurch die von demselben umgebenen Theile durch Druck atrophisch geworden wären. Es blieb dabei eine ganz offene Frage, wie und wodurch das Wachsthum des Hautblattes beschränkt wurde? Zugleich mit embryonaler Atrophie des Körpers finden wir in vielen, wenn auch nicht in allen den genannten Fällen, eine embryonale Atrophie des denselben umgebenden Bluthofes, welche sehr oft, aber nicht immer, zugleich mit Adhäsionen an die Dotterhaut zusammen vorkommt. Bei der Atrophie der Extremitäten z. B. in Fig. 20 und 22 der Taf. VIII könnte wohl auch noch die Vermuthung gerechtfertigt werden, dass ihr Wachsthum wesentlich durch Druck beeinträchtigt worden sei, aber das Fehlen ihrer Anlage in Fig. 5, 6 und 8 der Taf. VI, ihre Verkümmerung und ihr theilweises Fehlen in Fig. 1—3 der Taf. VI, und in Fig. 1, 2 und 3 der Taf. VII, kann ebenso wenig, als die Verkümmerung oder das Fehlen des Auges in Fig. 1—3, 5—6 der Taf. VI, in Fig. 3, 9, 11, 12 und 23 der Taf. VII auf einfache Druckverhältnisse zurückgeführt werden. In den letztgenannten Fällen ist beim Ausfalle des Auges eine beim weiteren Fortschreiten der Entwickelung (vgl. Fig. 23) immer mehr hervortretende Schiefheit des Schädels zum Vorschein gekommen, was bei der narbenartigen Beschaffenheit der Kopfseite, der das Auge fehlt (vgl. Fig. 11 und 12), auf eine wahre narbenartige Contraction hinweist, während in den meisten der vorhin genannten Fälle ein relativ geschwächtes Wachsthum angenommen werden könnte. Auch das Verschwinden der Area pellucida und des Embryo in Fig. 4—7 der Taf. I könnte durch narbenartige Contraction erklärt werden, obgleich nicht in Abrede gestellt werden kann, dass ebensowohl eine Wucherung der dem inneren Rande des Bluthofes angehörigen Zellenmasse dieses Resultat hervorgebracht haben könnte.

Da die grosse Classe der Missbildungen per defectum offenbar wesentlich auf embryonale Atrophie und embryonale narbenartige Verschrumpfung zurückzuführen ist, so erscheint die Frage über die Ursachen und das Wesen dieses Processes besonders wichtig. Die von Serres gegebene Erklärung, dass sich die atrophisch gewordenen Theile bei Missbildungen per defectum nicht entwickelt haben, weil ihre Gefässe nicht zur Entwickelung gekommen sind, ist den vorliegenden Thatsachen gegenüber ganz unhaltbar, da in vielen Fällen atrophische Processe vor dem Vorhandensein von Gefässen zur Beobachtung kommen. Dass die Gefässe, welche den nichtentwickelten Theilen das Blut hätten zuführen sollen, fehlen, ist sehr begreiflich, da die Gefässe in einem Organe sich ja nicht entwickeln können, wenn das Organ selbst nicht zur Entwickelung kommt. Der atrophische Process, der die Theile befällt, ist also wenigstens in vielen Fällen, vielleicht immer, primär vorhanden, und die Nichtentwickelung der Gefässe ist dann nicht Ursache, sondern eben Folge des atrophischen Processes selbst. Serres hat beim Aufstellen seiner Theorie den Unterschied der Ernährungsverhältnisse des entwickelten Individuums und des Embryo in den frühesten Perioden offenbar nicht gehörig gewürdigt, und scheint eben hierdurch auf seine Theorie verfallen zu sein. Beim entwickelten Individuum wird ja ein Theil atrophisch, wenn ihm zu wenig Blut zugeführt wird, er stirbt ab, wenn die Blutzufuhr fehlt, er wird hypertrophisch bei zu reichlicher Blutzufuhr, und die Weite der Gefässe ist wesentlich bestimmend für die Grösse der Blutzufuhr. Dieses Verhalten hat Serres nun ohne Weiteres auf die embryonale Ernährung übertragen. Der Umstand, dass der Embryo und die Keimscheibe nach Auftreten des Kreislaufes so ausserordentlich schnell wächst, zeigt freilich an, dass die Nahrungszufuhr zum Parenchym durch die Blutgefässe auch in sehr frühen Perioden des embryonalen Lebens wesentlich ist, und es wird durch denselben a priori sehr wahrscheinlich, dass die Verstopfung eines Gefässstammes beim Embryo Atrophie des betreffenden Organs zur Folge haben würde. Aber Serres hat übersehen, dass die Ernährung der Organe des Embryo bis gegen die 40ste Brütstunde hin durch direkte Aufnahme des Ernährungsmaterials aus der eiweissartigen Flüssigkeit des Dotters erfolgt, und dass gar kein Grund vorhanden ist, anzunehmen, dass diese Art der Nahrungsaufnahme mit einem Male ganz aufhören sollte, wenn Blut und Gefässe entstanden sind. Die allermeisten Missbildungen per defectum entstehen in so frühen Perioden, dass die atrophischen Processe, die sie veranlassen, zum Theil gar nicht, zum Theil nicht mit Wahrscheinlichkeit auf locale Kreislaufsstörungen zurückgeführt werden können. Ueberdies sind die beiden Hauptmomente, welche bei entwickelten Individuen Gefässverstopfung und Veränderung der Weite der Gefässlumina bedingen, nämlich die Embolie und die glatten Muskelfasern der Gefässwandungen, während der früheren Entwickelungsperioden wenigstens nicht nachgewiesen.

Es liegen uns noch einige interessante Thatsachen vor, welche auf die Bedeutung der direkten Aufnahme des Ernährungsmaterials aus dem eiweissartigen Dotterinhalte hinweisen. In den Eiern mit doppeltem Dotter kommt es nämlich bisweilen vor, dass die Cicatricula des einen Dotters wie gewöhnlich die oberste Stelle einnimmt, während die Cicatricula des anderen Dotters eine tiefere Lage hat und der Seite oder der unteren Fläche seines Dotters aufsitzt (z. B. auf Taf. IX. Fig. 5 und 6). In diesen Fällen habe ich gefunden, dass diejenige Cicatricula, welche die tiefere Stelle einnahm, in der Entwickelung sehr zurückblieb und früh zu Grunde ging, während sich aus der nach oben gekehrten Cicatricula ein normaler Embryo entwickelte. Diese Thatsache, welche zeigt, dass die verschiedene, hier durch das specifische Gewicht sich zu erkennen gebende Qualität des Dotterinhaltes, wodurch normaler Weise die Cicatricula immer nach oben gebracht wird, auch eine nothwendige Bedingung für die Entwickelung ist, insofern nur der specifisch leichtere, nicht der specifisch schwerere Theil des Dotterinhaltes unmittelbar zur Ernährung des Embryo geeignet zu sein scheint. Auch wenn die Cicatricula an der Berührungsfläche beider Dotter lag, kam nie eine Entwickelung vor, wobei indess der locale Druck noch mit in Anschlag gebracht werden könnte.

Es fragt sich aber ferner noch, ob die atrophischen Processe (hier des embryonalen Lebens) immer und ausschliesslich von einer quantitativen oder qualitativen Veränderung des Ernährungsmaterials ausgehen müssen, und ob nicht die vitalen Qualitäten der Zellen dabei primär und direkt afficirt sein können? Diese Frage kann wohl nicht mit voller Bestimmtheit beantwortet werden. Dass nämlich Temperaturdifferenzen (wie in den meisten meiner Fälle) und vielleicht auch mangelhafte Luftzufuhr u. dgl. atrophische Processe des Embryo bedingen, kann man eben so gut durch die Annahme erklären, dass die Zellen selbst dadurch in ihren Lebensqualitäten alterirt und dadurch in ihrem Wachsthume beschränkt würden, als durch die Annahme, dass dieser Erfolg von einer primären Einwirkung auf das Ernährungsmaterial abhinge. Der Umstand aber, dass der Druck in so mächtiger Weise die embryonale Entwickelung alteriren und Atrophie bedingen kann, auch vor dem Auftreten des Kreislaufes, scheint doch darauf hinzudeuten, dass eine direkte (nicht durch das Bildungsmaterial bedingte) Einwirkung auf die Zellen atrophische Processe bedingen kann.

Besonders wichtig erscheint mir für das Verständniss der embryonalen Atrophie und der embryonalen Narbenschrumpfung noch der Umstand, dass diese Processe so oft mit den Verklebungen und Verwachsungen zusammen vorkommen, dass sich die Vermuthung aufdrängt, diese Processe möchten mit einander in Verbindung stehen. Dieses würde in der That der Fall sein, wenn die klebrige Substanz, durch welche die embryonalen Adhäsionen zunächst entstehen, entweder aus den Zellen selbst stammt, indem sie durch die Zellenwandung hindurch transsudirt ist, oder indem sie durch eine Auflösung und Veränderung der Zellen und ihrer Wandungen selbst entstanden ist. Im ersteren Falle würde die Verklebung und die nachfolgende Verwachsung von einem gehemmten Wachsthume, im letzteren von einem wirklichen Schwunde oder Zugrundegehen zelliger Elemente abhängig sein. Diese Combination atrophischer Processe mit Verklebungen erinnert wieder daran, dass man nicht erwarten kann, während des embryonalen Lebens gerade dieselben Complexe von Erscheinungen der Ernährungsstörungen vorzufinden, die wir bei entwickelten Individuen zu sehen gewohnt sind, wenn nicht die Grundfactoren wesentlich dieselben sind. Denn, wenn auch das Zusammenvorkommen von Verklebungen durch sogenannte exsudative Processe und von Verfall oder Atrophie zelliger Elemente bei entwickelten Individuen oft genug vorkommen, so sind hier doch gleichzeitig meist pathologische Wucherungsprocesse und Kreislaufsveränderungen mit im Spiele, welche bei den embryonalen Ernährungsstörungen ganz in den Hintergrund treten. Ich habe es deshalb absichtlich vermieden, die besprochenen embryonalen Ernährungsstörungen als Entzündungen zu bezeichnen, obgleich eine solche Bezeichnung bei der Breite, die man diesem Begriffe gegeben hat, wohl zu rechtfertigen gewesen wäre.

Schliesslich mag noch bemerkt werden, dass es dahingestellt bleiben muss, ob die embryonale Atrophie immer nur eine relative oder bisweilen auch eine absolute ist, d. h. ob der betreffende Theil nur durch das fortschreitende Wachsthum der anderen Theile relativ kleiner wird, oder ob seine Grösse absolut, durch wirkliches Ueberwiegen der regressiven Metamorphose abnimmt. Auch bezüglich der embryonalen narbenartigen Verschrumpfung muss es dahingestellt bleiben, ob hier wirklich ein der wahren Narbencontraction entsprechender Schwund durch Abnahme der Intercellularsubstanz in Betracht kommt, oder ob es nicht vielmehr wahrscheinlich ist, dass dieselbe nur auf relativer Atrophie eines blattartig ausgebreiteten Zellencomplexes, wie das Hautblatt ihn darstellt, beruht; denn es ist offenbar, dass in beiden Fällen Deformitäten durch ein Missverhältniss der Ausbreitung benachbarter Theile entstehen würde. Während der frühesten Bildung wird freilich eine wahre Narbencontraction, insofern dieselbe auf Schwund der Intercellularsubstanz beruht, eben wegen der höchst geringen Menge der Intercellularsubstanz nicht in Betracht kommen können, wohl aber späterhin, wenn pathologisch neugebildetes Bindegewebe vorkommt.

Mit Rücksicht auf die noch mehr oder weniger verbreiteten theoretischen Ansichten über die Ursachen der einfachen Missbildungen dürfte es am Schlusse dieses Abschnittes angemessen sein, dieselben mit den Resultaten zusammenzustellen, zu welchen ich durch meine Untersuchung gelangt bin.

Die Annahme, dass nicht nur Entwickelungsstörung, sondern auch ursprüngliche Missbildung des Keimes alle möglichen Arten der Missbildungen, auch Defecte, Hemmungsbildungen u. s. w. hervorbringen könnte, die Bischoff noch 1842 *) vertrat, scheint kaum irgend eine andere Thatsache für sich zu haben, als die nicht abzuläugnende Verschiedenheit des Widerstandsvermögens gegen die krankmachenden Potenzen, oder mit anderen Worten, die verschiedene Prädisposition zu embryonalen Erkrankungen. Diese Prädisposition zu Erkrankungen ist aber auch bei verschiedenen gesunden und vollständig entwickelten Individuen vorhanden, und wir dürfen dieselben als innerhalb der normalen Grenzen individueller Verschiedenheiten liegend betrachten und daher hier wohl unberücksichtigt lassen. So lange also nicht anderweitige Thatsachen vorliegen, welche zu der Annahme nöthigen, dass ursprüngliche Fehler des Keimes zu einfachen Missbildungen führen können, glaube ich die Meinung festhalten zu dürfen, dass diese Classe der Missbildungen immer und ausschliesslich von Störungen der Entwickelung abhängt.

Die Ansicht, dass die Grundursache der Missbildungen überhaupt nicht in den materiellen Verhältnissen, sondern in etwas Immateriellen zu suchen sei, bedarf hier wohl keiner ernstlichen Widerlegung, da sie unter den Aerzten und Naturforschern der Ge-

*) Rudolph Wagners Handwörterbuch I. pag. 894.

genwart wohl kaum einen anderen namhaften Vertreter finden dürfte, als den ultramontanen Herrn Ringseis. Wenn dieser sich noch vor wenig Jahren dahin aussprach, dass die Krankheit ihren eigentlichsten und innersten Sitz in der durch Lust und Begierde zunächst entzündeten und wild gewordenen Seele habe, und dass der Arzt, der das Wesen und die Kräfte des Exorcismus nicht kenne, des kräftigsten Heilmittels entbehre, so würde er freilich consequenter Weise wohl auch die Missbildungen von entzündeten und wild gewordenen embryonalen Seelen zunächst ableiten. Die Discussion hierüber müssten wir aber Anderen überlassen, da sie sich auf einem jenseits der naturwissenschaftlichen Forschung gelegenen Gebiete bewegen würde.

Die Theorie der Hemmungsbildungen, welche man wohl unter den Erklärungen der Ursachen der Missbildungen aufzuführen pflegt, lässt die Frage über die Ursachen der Hemmung ganz unerörtert, wie schon Bischoff und Rockitansky *) nachdrücklich bemerkt haben. Diese Theorie machte in der Geschichte der Lehre von den Missbildungen Epoche, weil ihr der richtige Gedanke zu Grunde lag, dass der Schlüssel zum Verständniss der Missbildungen nothwendig in der Entwickelungsgeschichte gesucht werden müsse, indem die Entstehung der Missbildungen der Organe hauptsächlich, wenn nicht ausschliesslich, in die Periode ihrer ersten Bildung falle. Auf eine Erörterung der Fragen: wie und wodurch die normale Entwickelung zur Zeit der ersten Bildung eines Organs so gestört wird, dass die Entwickelung ausbleibt oder abnorm wird? darauf liess man sich, so lange man bei der Theorie der Hemmungsbildungen stehen blieb, gar nicht ein, und statt die pathologischen Processe zu verfolgen, erfreute man sich lange an den Thierähnlichkeiten. Die Ursachen der Missbildungen würde diese Theorie nur dann berühren, wenn man von der Fiction ausginge, dass das supponirte Princip (der sogenannte Nisus formativus) oder die Idee der Entwickelung in sich primär erkrankt sei, und, gleichsam erschöpft, auf halbem Wege in ihrer Entwickelung stehen bliebe, eine Fiction, die zu bekämpfen, wir uns von unserem Standpunkte

*) Pathologische Anatomie 3te Aufl. 1855.

aus, wie gesagt, nicht berufen fühlen, da sie ihrem Wesen nach mit der Ringseisschen Auffassung der Krankheit zusammenfällt.

Das sogenannte Versehen, das man herkömmlicher Weise bei Gelegenheit der Discussion über die Ursachen der Missbildungen zu besprechen pflegt, kann selbstverständlich bei der Entstehung der Missbildungen in den Vogeleiern während der Bebrütung gar nicht in Betracht kommen. Der Umstand, dass gerade Hemmungsbildungen und Missbildungen per defectum, welche man ja bei dem sogenannten Versehen ganz vorzugsweise vor Augen gehabt hat, so ungemein oft in den Vogeleiern durch Entwickelungsstörungen während der Bebrütung entstehen, enthält ein neues, gewichtiges Argument gegen den vermeintlichen Einfluss des Versehens. Bei dem Menschen und den Säugethieren wäre es, wie Bischoff bemerkt, a priori nicht ganz undenkbar, dass Gemüthsbewegungen der Mutter, welche von einer Aufregung der Phantasie ausgingen, solche chemische Veränderungen des mütterlichen Blutes hervorrufen könnten, welche Erkrankung des Embryo, und dadurch Missbildungen desselben bedingen könnten. Dass aber diese Möglichkeit bei der Entstehung der Missbildungen irgend wesentlich in Betracht kommen sollte, wird schon dadurch sehr unwahrscheinlich, dass eine solche Einwirkung nur während der frühesten Schwangerschaftsperioden, zu der Zeit, in welcher die erste Bildung und Anlage der missgebildeten Theile erfolgt, überhaupt denkbar sein würde. Es wird aber im allerhöchsten Grade unwahrscheinlich, dass dieselbe überhaupt in Betracht kommen kann, wenn wir gesehen haben, dass dieselben Missbildungen, wenigstens ebenso häufig, wie es scheint aber noch viel häufiger, als bei Menschen und Säugern, in den Vogeleiern durch gestörte Entwickelung entstehen.

Die Ansicht, dass die mechanischen Einflüsse das wesentlichste Moment für die Entstehung der einfachen Missbildungen abgäben, wurde bekanntlich von Lemery begründet und unter Anderen von Geoffroy Vater und Sohn ebenso eifrig vertheidigt, als sie von Meckel und Anderen bekämpft wurde. Bischoff suchte die mechanischen Einflüsse auf ein ziemlich geringes Maass zurückzuführen, indem er (l. c. pag. 890) sie zu den selteneren veranlassenden Ursachen der Missbildungen zählte. Es dürfte aus den oben (Pag. 95

bis 104) gegebenen Erörterungen wohl mit Sicherheit hervorgehen, dass Bischoff die Bedeutung des mechanischen Momentes allzusehr geschmälert hat, und aus seiner Darstellung geht hervor, dass er besonders die absolut äusseren mechanischen Einwirkungen vor Augen gehabt, aber diejenigen mechanischen Wirkungen nicht hinreichend gewürdigt hat, welche durch Adhäsionen der Embryonalanlage, durch abnorme Lage einzelner Theile des Embryo, durch krankhafte Beschränkung des Wachsthums der den Embryo umgebenden Keimscheibe, und der einen Theil umgebenden Haut, durch Ansammlung von Flüssigkeiten in geschlossenen Körperhöhlen u. s. w. den Embryo während seiner Entwickelung auch dann treffen können, wenn er, wie im Vogeleie, gegen mechanische Insulte der Aussenwelt möglichst gesichert ist. Wenn wir demnach nicht anstehen, die mechanischen Einflüsse zu den allerwichtigsten und allerhäufigsten veranlassenden Ursachen der Missbildungen zu zählen, so können wir doch auch denen durchaus nicht beitreten, welche diesem Momente eine exclusive Geltung zu geben versucht haben. Hierbei hatte man den Umstand übersehen, dass die zweite Klasse derjenigen Potenzen, welche überhaupt Ernährungsstörungen hervorrufen können, nämlich die chemischen Veränderungen, auch die embryonalen Gebilde afficiren können. Im Vogeleie haben wir namentlich den Einfluss der Temperaturschwankungen kennen gelernt, durch welchen offenbar zunächst der Chemismus im Eie verändert werden muss; auch diejenigen Veränderungen, welche die Wechselwirkung der äusseren Luft mit dem Eiinhalte durch abnorme Veränderungen der Dichtigkeit der Schale erfahren können, kommen hier vielleicht in Betracht, obgleich Dieses an und für sich noch nicht genügend festgestellt ist. Anderentheils ist es jedoch noch ganz unbekannt, ob die Veränderung der Sauerstoffzufuhr oder die veränderte Ausscheidung der im Eie producirten Kohlensäure, oder die Verdunstung hier besonders in Betracht zu ziehen ist. Beim Menschen und den Säugethieren werden die Temperaturschwankungen freilich wohl nur in untergeordneter Weise als Ursache derjenigen Ernährungsstörungen der embryonalen Gebilde, durch welche Missbildungen entstehen, in Betracht kommen können, da die Temperatur der Mutter unter gewöhnlichen Verhältnissen so gleichmässig ist.

Dennoch scheint mir immerhin die Möglichkeit vorhanden zu sein, dass die in gewissen Krankheiten vorkommenden Temperaturschwankungen des mütterlichen Blutes, z. B. das tiefe Sinken der Blutwärme in der Cholera und das Steigen derselben in gewissen Fiebern, dem Embryo des Menschen und der Säuger in ähnlicher Weise gefährlich werden könnten, wie dem Embryo im Vogeleie. Ferner lässt es sich nicht a priori entscheiden, in wiefern locale Erkältung des Unterleibes und der Genitalien der Mutter eine Abkühlung des Embryo herbeiführen kann, welche Ernährungsstörungen und demnächst Missbildungen hervorrufen könnte. Dafür aber sind die Embryonen des Menschen und der Säuger bei Krankheiten der Mutter vielen anderen chemischen Schädlichkeiten durch den endosmotischen Stoffwechsel mit dem mütterlichen Blute viel mehr ausgesetzt, da dieser jedenfalls sehr viel complicirter ist, als der Stoffwechsel des Inhaltes eines Vogeleies mit der atmosphärischen Luft. Specielleres wird sich freilich hierüber erst dann sagen lassen, wenn genauere Beobachtungen über die Missbildungen der Embryonen in Aborten und über den Gesundheitszustand der Mütter, welche einfache Missbildungen zur Welt gebracht haben, vom ersten Anfange der Schwangerschaft an vorliegen werden. Ausserdem haben aber diejenigen, welche dem mechanischen Momente bei der Entstehung der Missbildungen eine exclusive Geltung zu geben versucht haben, nicht mit der nöthigen Bestimmtheit daran gedacht, dass die mechanische Wirkung nicht eine todte Masse trifft, sondern in lebhaftester Entwickelung begriffene Zellencomplexe, deren vitale Kräfte, gleichzeitig durch das mechanische Moment afficirt, ein vom normalen abweichendes Produkt liefern müssen. Für die Entstehung der Missbildungen, welche durch Störung der Entwickelung hervorgerufen werden, kann aber das mechanische sowohl als das chemische Moment jedenfalls doch nur als eine relativ äussere Ursache in Betracht kommen, denn die nächste materielle Ursache muss nothwendig in der Art und dem Verlaufe der Ernährungsstörung selbst gesucht werden, welche aus der Wechselwirkung des relativ äusseren mechanischen oder chemischen Momentes mit den vitalen Kräften der embryonalen Zellencomplexe resultirt. Bei entwickelten Individuen sehen wir aber, dass diejenigen Ernährungsstörungen, welche in einem Organe durch eine relativ äussere mechanische Ursache hervorgerufen werden, und diejenigen, welche durch eine relativ äussere chemische Schädlichkeit entstehen, eine grosse Uebereinstimmung in ihren Erscheinungen zeigen. Es kann daher nicht im Mindesten befremden, wenn die durch verschiedene, relativ äussere Ursachen hervorgerufenen embryonalen Ernährungsstörungen, welche zu Missbildungen führen, eine gleiche Uebereinstimmung zeigen, dass z. B. eine Temperaturschwankung ebensowohl eine Verklebung und nachfolgende Verwachsung, oder Atrophie eines embryonalen Gebildes zur Folge haben kann, wie ein Druck desselben embryonalen Gebildes durch andere im Eie enthaltene Körper.

Unserer Aufstellung, dass die embryonalen Ernährungsstörungen selbst die nächste Ursache der einfachen Missbildungen sind, steht unter den bisherigen Theorien diejenige am nächsten, welche die Missbildungen von den Krankheiten des Embryo ableitete, und welche unter den Neueren besonders von Otto *) entwickelt wurde. Sie würde mit derselben ganz zusammenfallen, wenn meine Vorgänger nicht zu sehr in den ontologischen Krankheitsbegriffen befangen gewesen wären, und wenn sie nicht die Verschiedenheiten der Krankheitsprocesse bei entwickelten und bei embryonalen Individuen allzusehr ausser Acht gelassen hätten. Hiergegen sprach Bischoff sich (l. c. pag. 891 u. flgd.) in folgender Weise aus: „Man „beruft sich zur Unterstützung dieser Ansicht auf die Krankheiten, „mit welchen behaftet man den Fötus öfters hat geboren werden „sehen: Entzündungen, Tuberkeln, Scrophulosis, Rhachitis, Syphi„lis etc., welche auch in früher Zeit vorhanden gewesen sein könn„ten, und Organe zerstört und entstellt haben. Vorzüglich aber „sind es die Missbildungen von Acephalie, Anencephalie, Hemice„phalie, Spina bifida etc., in welchen mit grosser Wahrscheinlich„keit, ja durch mehrere Fälle geradezu bewiesen, frühe Gehirn„und Rückenmarkswassersucht die Ursache dieser und vieler damit „in Verbindung stehender Missbildungen war. Bleibt man aber „bei diesen allein durch Thatsachen der Erfahrung bewiesenen Fäl-

*) Sexcentorum monstrorum descriptio anatomica.

„len stehen, so muss man eingestehen, dass sie doch immer nur „einen kleinen und ganz bestimmten Kreis von Missbildungen um-„fassen. So gewiss man zugeben und behaupten muss, dass beson-„ders die letzten Zustände Missbildungen hervorbringen, so wenig „wird ein unbefangenes Urtheil diese Ursache allgemein ausdehnen „wollen und können. Ansammlungen von Wasser, oder besser se-„röser Flüssigkeit in geschlossenen und noch nicht geschlossenen „hohlen Röhren, Kanälen und Höhlen, ist ein so einfacher, keine „grossen pathologischen Ursachen voraussetzender Vorgang, dass „wir ihn ohne Bedenken als sehr wahrscheinlich auch beim Fötus „annehmen dürfen. Hierdurch kann leicht Nichtvereinigung oder „abermalige Spaltung der durch Rücken- und Bauchplatten gebil-„deten Röhren des Schädels, des Rückgrades, der Bauch- und Brust-„höhle, der Medullarröhre, des Kanales der Allantoïs u. s. w. her-„vorgebracht und dadurch eine Menge Missbildungen verursacht „werden. Schon die Entzündung scheint mir indessen ein kaum „in grösserer Ausdehnung zuzugebender pathologischer Zustand, „so wie denn auch eine solenne Entzündung irgend eines Theiles „in früherer Zeit, soweit mir bekannt, durch keine Beobachtung er-„wiesen ist. Noch weniger sind unzweifelhafte Fälle von Indura-„tion, Eiterung und Brand, ebenfalls in früherer Zeit, wo allgemein „zugegebenermassen die meisten Missbildungen entstehen, beobach-„tet worden. Dass Dyskrasien, wie Tuberkeln, Skropheln, Rhachitis, „Syphilis etc., von der Mutter auf den Fötus übergehen, ist leicht „begreiflich bei dem Austausch der Säfte zwischen beiden. Aber „dass durch dieselben einzelne Organe des Fötus gänzlich zerstört, „und die übrigen dabei in vollem Wohlsein erhalten werden soll-„ten, wie dieses doch meist bei den Missbildungen der Fall ist, „halte ich für sehr unwahrscheinlich. So wie eine solche Betrach-„tung der krankhaften Processe, welche Missbildungen veranlasst „haben könnten, so zeigen nicht minder auch die Missbildungen „selbst, wie jene im Allgemeinen nur selten Ursachen ihrer „Entstehung sein können. Besonders sind es die Doppelmissbil-„dungen, die, so sehr man gerade über sie in dieser Hinsicht ge-„stritten hat, gewiss nur mit der grössten Unwahrscheinlichkeit von

„pathologischen Ursachen abgeleitet werden können. . . . .
„Ausserdem sind aber auch alle die Missbildungen, die man als „Situs perversus oder Fabrica aliena bezeichnet, gar nicht geeig- „net, aus krankhaften Veränderungen abgeleitet zu werden; ich „meine nicht sowohl Versetzungen der Eingeweide der Brust- und „Bauchhöhle, als besonders die Fehler in der Herzbildung, die „Varietäten in der Gefässvertheilung und manche Bildungsabwei- „chung der Genitalien. Es ist unmöglich, bei solchen Ueberlegun- „gen pathologische Processe als allgemein bewirkende Ursache für „alle Missbildungen zu betrachten, sie wird gleich den übrigen „auf einzelne und gewisse Fälle beschränkt werden müssen."

Man sieht sogleich, dass diese Einwürfe Bischoffs gegen die von Otto u. A. aufgestellte Abhängigkeit der Missbildungen von den Krankheiten des Embryo, unsere Auffassung in keiner Weise treffen. Wenn man nur die ontologischen Krankheitsbegriffe vor Augen hat, welche für entwickelte Individuen gültig, in den bisherigen nosologischen Systemen aufgeführt sind, so ist Bischoffs Beschränkung der ursächlichen Abhängigkeit der einfachen Missbildungen von solchen pathologischen Zuständen des Embryo nicht nur gerechtfertigt, sondern wahrscheinlich noch weiter auszudehnen. Tuberkeln, Skrophulose, Rhachitis, Syphilis etc., welche bei neugeborenen Kindern diagnosticirt wurden, zeigen sich meist selbst bei der Geburt und am Schlusse der Entwickelungsperiode in wesentlich anderer Gestalt, als bei entwickelten Individuen; in den frühesten Entwickelungsperioden, um die Zeit, da die Organe und die Missbildungen derselben entstehen, wird sie gewiss Niemand mit Hülfe der für entwickelte Individuen gültigen Kennzeichen diagnosticiren können. Die ganze Nomenclatur der auf so höchst verschiedenartigen Grundlagen construirten Krankheitsbegriffe muss bei der Erforschung der pathologischen Zustände des Embryo in den frühesten Stadien einstweilen aufgegeben werden, besonders insofern einzelne prädominirende Symptome oder gewisse Symptomencomplexe, die Prognose, pathologische Anatomie u. s. w. ihnen zu Grunde liegen. Nur die auf ätiologischen Momenten begründeten gangbaren Krankheitsbegriffe, deren Symptomatologie auch bei entwickelten Individuen eine sehr grosse Mannigfaltigkeit darzubieten pflegt, könnten möglicherweise auch bei den jungen Embryonen zur Geltung kommen. Wenn z. B. ein gewisser Krankheitsstoff, ein specifisches Virus, einer gewissen Krankheit zu Grunde liegt und den Krankheitsbegriff unabhängig von den Erscheinungen und von den pathologisch-anatomischen Veränderungen bestimmt, so würde man allerdings auch beim jungen Fötus von dieser Krankheit sprechen können, wenn nachgewiesen wäre, dass dasselbe Virus diesen Fötus krank gemacht habe, obgleich die Erscheinungen und pathologischen Veränderungen, die es in demselben hervorruft, wesentlich andere sind, und eine ganz andere diagnostische Grundlage haben. Diese Bedingungen werden aber jedenfalls noch sehr lange unerfüllt bleiben; es ist ja z. B. für die Syphilis, für die verschiedenen exanthematischen Krankheiten u. s. w. die Annahme specifischer Krankheitsstoffe durchaus hypothetisch und eine chemische Charakteristik oder gar ein analytischer Nachweis solcher specifischen Krankheitsstoffe ist vorläufig ganz unmöglich.

Aber es steht, auch abgesehen von den ontologischen Krankheitsbegriffen, schon a priori zu erwarten, dass die constituirenden Elemente der Krankheiten, die pathologischen Processe, sich während der frühesten Perioden des embryonalen Lebens so wesentlich anders gestalten werden, als bei entwickelten Individuen, dass man die geläufigen Bezeichnungen nicht ohne Bedenken wird festhalten können. Bischoff hatte somit gewiss Recht, wenn er sagte, dass die Entzündung in dem 1842 geläufigen Sinne ein kaum in grösserer Ausdehnung für die Entstehung der Missbildungen in Betracht kommender pathologischer Zustand sei, sowie auch dass eine solenne Entzündung irgend eines Theiles in früherer Zeit, wo die meisten Missbildungen entstehen, ebenso wenig beobachtet sei, wie die Ausgänge der Entzündung, Induration, Eiterung und Brand. Daraus folgt aber natürlich durchaus nicht, dass einfache Missbildungen überhaupt anders als durch pathologische Processe entstehen können. Wir haben im Vorstehenden drei Formen der Ernährungsstörungen der embryonalen Gewebe kennen gelernt: 1) Verklebungen und Verwachsungen, 2) seröse Ergüsse, zunächst im Medullarrohre und 3) die embryonale Atrophie nebst der embryonalen narbenartigen Verschrumpfung. Indem ich diese drei Formen aufstellte und unterschied, wollte ich damit keineswegs die Meinung aussprechen, als ob hier drei verschiedene pathologische Processe vorlägen. Die sehr häufige Gleichzeitigkeit des Auftretens der embryonalen Verklebungen oder Verwachsungen mit der embryonalen Atrophie und der embryonalen narbenartigen Verschrumpfung deuten darauf hin, dass sie von einem gemeinschaftlichen pathologischen Processe ausgehen. Die pathologische Erweichung, welche Obigem zufolge die serösen Ergüsse im Medullarrohre an den Stellen begleiten muss, wo sich z. B. eine Spina bifida bilden soll, und welche man füglich als eine vierte Form der Ernährungsstörungen embryonaler Gewebe bezeichnen könnte, wenn nicht die Zahl der betreffenden Fälle hierfür noch etwas zu gering wäre, könnte ebenfalls mit nicht geringer Wahrscheinlichkeit zu den serösen Ergüssen in eine solche Beziehung gebracht werden, dass beide von einem gemeinschaftlichen Processe ausgingen, der vielleicht mit jenem (bei welchem Verklebung und Atrophie zusammen vorkommen) ebenso innig verwandt sein mag, wie die Entzündung mit plastischem und die Entzündung mit serösem Exsudate. Da wenigstens die Verklebungen und Verwachsungen, sowie die embryonale Atrophie und die narbenartige Verschrumpfung schon vor dem Auftreten des Blutes und des Kreislaufes vorkommen, so ist es klar, dass sie zunächst als Erscheinungen einer pathologischen Zellenthätigkeit aufzufassen sind, und dass Kreislaufsstörungen für dieselben nicht wesentlich sind, obgleich sie, wie die pathologischen Verhältnisse des Bluthofes es zeigen, secundär auftreten können, und dann den weiteren Verlauf wahrscheinlich modificiren werden. — Insofern man nun das vor wenig Jahren allgemein verbreitete Dogma, dass die Entzündung von Veränderungen der Kreislaufserscheinungen ausgehen müsse, noch festhalten wollte, so könnten die erstgenannten embryonalen Ernährungsstörungen, welche an der Entstehung der Missbildungen den wesentlichsten Antheil haben, selbstverständlich nicht Entzündungen genannt werden. Wenn man aber auch von der nicht primären und nicht wesentlichen Betheiligung des Blutes und der Gefässe an den in Rede stehenden embryonalen Gewebsveränderungen absieht, so scheinen denselben sowohl die nekrotisirenden Processe, als auch die Wucherungen, welche die Entzündungen entwickelter Individuen zu begleiten pflegen, zu fehlen, und man könnte auch wegen dieser Abweichungen die besprochenen Störungen der embryonalen Gewebsernährung nicht als Entzündung, in dem früher gangbaren Sinne des Wortes, bezeichnen. Der Unterschied der in Rede stehenden embryonalen Ernährungsstörungen vom Entzündungsprocesse entwickelter Individuen, erscheint indess weniger wesentlich, wenn man denjenigen Factor der Entzündung besonders ins Auge fasst, den Virchow zuerst vollkommen gewürdigt hat, nämlich die Betheiligung der vitalen Zelleneinheiten an den parenchymatösen Ernährungsvorgängen. Denkt man sich dabei die vom Blute, den Gefässen und dem Kreislaufe unmittelbar abhängigen Erscheinungen hinweg, so bleibt den Geweben immer noch ein vitaler Hauptfactor, der auch pathologischen Veränderungen ausgesetzt ist, nämlich das in gewisser Hinsicht selbstständige Leben der zelligen Elemente. Dieses giebt sich aber, Virchow zufolge, nach zwei Richtungen hin kund, einerseits in functioneller Beziehung, welche besonders von Zelleninhalt und Zellenwand abzuhängen scheint, und andererseits in der Erhaltung, Erneuerung und Vermehrung, wobei besonders die Kerne betheiligt zu sein scheinen. — Im entwickelten Zustande, bei Erwachsenen, behauptet sich die einmal gegebene Zahl der zelligen Elemente normaler Weise ungefähr in statu quo, oder es wird mit anderen Worten die (wahrscheinlich von den Kernen ausgehende) Reproduction der Zellen auf ein Minimum herabgesetzt. Pathologische Veränderungen können bezüglich der Reproduction dann nur entweder eine Vermehrung der reproductiven Thätigkeit (Wucherung) oder eine Zerstörung zelliger Elemente bedingen. Im embryonalen Zustande ist die Zahl der zelligen Elemente normaler Weise in ungeheuer rascher, möglichst starker Zunahme begriffen, so dass bei eintretenden Veränderungen eine Steigerung der Reproduction unmöglich ist, wohl aber eine Beeinträchtigung derselben, wodurch sie selbst auf ein Minimum, das ist auf Erhaltung des Status quo, herabgesetzt wird. — Die embryonalen Verklebungen sind aber in ihrer Erscheinung den Verklebungen durch sogenannte faserstoffige Exsudate bei entwickelten Individuen im Ganzen entsprechend, obgleich die verklebende Substanz, beim Fehlen der Gefässe in den frühesten Entwickelungsperioden, bei den embryonalen Verklebungen offenbar nicht als ein Exsudat oder Transsudat im banalen Sinne aufgefasst werden kann. Ich habe indess schon früher (1851) hervorgehoben, dass es keineswegs bewiesen ist, dass der Faserstoff der sogenannten Exsudate zunächst und direkt aus dem Blute stammt und in die Gewebe transsudirt, sondern dass gewisse Thatsachen dafür sprechen, dass derselbe vielmehr ein Produkt der Gewebe ist und vom Blute aufgenommen wird. Unter der Voraussetzung, dass diejenige klebrige Substanz, welche die embryonalen Adhäsionen zunächst zustandebringt, Faserstoff wäre, würde das Vorkommen derselben vor dem Auftreten von Blut und Gefässen letztere Auffassung fast geradezu beweisen. Wenn auch diese Voraussetzung zur Zeit noch etwas zu gewagt sein dürfte, so wird doch aus Vorstehendem hervorgehen, dass die Verwandtschaft der in Rede stehenden embryonalen Ernährungsstörungen mit den bei entwickelten Individuen gewöhnlichen Formen keineswegs ausgeschlossen ist. In etwas späteren Perioden, wo Blut und Gefässe bereits vorhanden waren, jedenfalls aber noch innerhalb des Zeitraums der Formentwickelung der Organe, während dessen die Missbildungen entstehen, haben wir überdies (Taf. VI. Fig. 4) unter den Produkten der Ernährungsstörung mikroskopische Elemente gefunden, welche mit den gewöhnlichen Entzündungsproducten eine grosse Uebereinstimmung zeigen. Immerhin würde es sich somit, mit Bezugnahme auf Virchow's Aufstellung der „parenchymatösen Entzündung," rechtfertigen lassen, die in Rede stehenden embryonalen Ernährungsstörungen als eigenthümlich modificirte Entzündung zu bezeichnen; ich habe indess absichtlich diese Bezeichnung vermieden, um Missverständnissen vorzubeugen, und die ganz allgemeine, Nichts präjudicirende Bezeichnung „Störungen der embryonalen Gewebsernährung" vorgezogen. Genauere histologische Untersuchungen werden vielleicht noch manche Aufklärungen über diese Vorgänge ergeben; wie diese aber auch ausfallen mögen, so werden sie unsere Aufstellung, dass alle einfachen Missbildungen und manche Formen der allerdings zugleich eine präformirte Abnormität der Eier voraussetzenden Doppelmissbildungen zunächst durch pathologische Veränderungen der embryonalen Gewebsernährung hervorgebracht sind, nicht alteriren. Die einfachen Missbildungen können mit anderen Worten von Krankheiten des Embryo abgeleitet werden; diese Krankheiten des Embryo können aber nicht ohne Weiteres zu den Krankheiten der gewöhnlichen nosologischen Systeme in Beziehung gebracht werden.

Zweiter Abschnitt.

Die Beziehungen der Abnormitäten der Eier zur Entstehung der Missbildungen.

Erstes Kapitel.

Die Abnormitäten der Vogeleier vor der Bebrütung.

Die Eier der Vögel zeigen bei derselben Species sehr verschiedene und bedeutende Abnormitäten, deren wichtigste Formen folgende sind:

1. Eier, deren Kalkschale sehr dünn ist oder ganz fehlt. Die Dicke der Kalkschale ist bei Hühnereiern bekanntlich sehr verschieden, und man findet alle möglichen Uebergänge von der grössten Dicke bis zum gänzlichen Fehlen. Wenn die Kalkablagerung so gering ist, dass die Form der Schale ohne merklichen Bruch verändert werden kann, so pflegt man die Eier als Eier ohne Kalkschale oder als weiche Eier zu bezeichnen. Gewöhnlich findet man aber auch in der Hülle dieser letzteren eingestreute Kalkpartikelchen, die beim Durchschneiden mit dem Messer wie Sand empfunden werden. Bisweilen bilden sie selbst ein vollständiges, aber höchst zartes und äusserlich mit blossem Auge nicht sichtbares Netzwerk, das bei leichtem Drucke mit leisem knisterndem Geräusche zerbricht, das aber einer oberflächlichen Beobachtung ganz entgeht. In einigen Fällen fehlten indess grössere Kalkpartikelchen gänzlich, so dass das Messer wie durch gehärtetes Eiweiss durch die Schale ging. Solche Eier ohne Kalkschale zeigen in der Regel, wenn nicht immer zugleich

2. Abnormitäten der Form. Diese kommen jedoch auch in solchen Fällen vor, wo eine zusammenhängende harte Kalkschale vorhanden war. Solche Abnormitäten der Form sind auf Taf. VIII. Fig. 1, 3 und 4 abgebildet. Fig. 1 zeigt ein Hühnerei in natürlicher Grösse, das länglich und gekrümmt war, und das nur eine ganz kleine Spur eines gelben Dotters, etwa von der Grösse eines Stecknadelknopfes enthielt. Die Kalkschale war ziemlich dünn und oben,

an der concaven Seite der eingeschnürten Stelle sah man jedoch faltige Erhabenheiten, die von Kalk incrustirt waren. — Ein anderes, ebenfalls mit ziemlich dünner Kalkschale versehenes Hühnerei zeigte am spitzen Ende eine ähnliche Produktion wie das in Fig. 4 der Taf. VIII abgebildete, nur dass dieselbe mit einer festen Kalkschale versehen war. Das in Fig. 4 in halber lineärer Grösse abgebildete Hühnerei enthielt in der Schale Kalkpartikelchen, die beim Einschneiden gefühlt wurden. Das spitze Ende lief bei diesem sehr grossen Eie in einen sich umbiegenden und mit einer Spitze endigenden Zipfel aus, und es enthielt nur einen Dotter. Das in Fig. 3 abgebildete Ei unterscheidet sich besonders dadurch vom vorhergehenden, dass der Appendix, der vom einen Eiende abgeht, zunächst am Eie eine Einschnürung zeigt, hinter welcher derselbe sich wieder erweitert, um darnach wieder in eine Spitze auszulaufen. Auch dieses Ei war durch seine Grösse auffallend, enthielt aber doch nur einen Dotter; in der Schale desselben wurden auch beim Einschneiden keine Kalktheile bemerkt. In einem anderen Falle war der Appendix, der hier deutlich vom spitzen Eiende ausging und der nahe am Eie eine Einschnürung zeigte, wie bei dem vorhergehenden am freien Ende vollkommen abgerundet, anstatt in eine Spitze auszulaufen, wodurch derselbe ganz das Aussehen eines kleineren Eies gewann, das mit dem grossen durch ein verhältnissmässig sehr dickes, mit Querfalten versehenes Zwischenstück zusammenhing. In wiederum anderen Fällen war der Grössenunterschied des Appendix und des eigentlichen Eies nur gering, so dass zwei Hühnereier durch ein gefaltetes Zwischenstück zusammenzuhängen schienen. Der Appendix oder das kleinere Ei schien in den Fällen, die ich untersuchen konnte, nur Eiweiss zu enthalten, während das grössere oder eigentliche Ei einen, immer aber auch nur einen Dotter enthielt. Da ich jedoch solche Eier nur geöffnet habe, nachdem sie in Spiritus gelegen hatten, so ist es sehr wohl möglich, dass ein ganz kleiner, etwa stecknadelknopfgrosser Dotter im Appendix oder im kleineren Eie vorhanden gewesen sein kann. Im letzteren Falle würden wirklich zwei Eier mit einander verbunden sein, ein reifes und ein unreifes, und es würden die letztgenannten Bildungen dann leicht verständlich sein. Falls aber wirklich gar kein Dotter im Appendix vorhanden war, was besonders bei den erstgenannten Formen, wo ein schmälerer und spitz zulaufender Appendix gefunden wurde, wahrscheinlich ist, so muss die bei der Bildung der weissen Eischale stattfindende Ablösung der Schleimhaut des Oviducts sich bei übermässiger Eiweissbildung über die normale Grenze hinaus erstreckt und dabei einen Eiweissklumpen eingeschlossen haben. Die Hauptursache der genannten Bildungen liegt jedenfalls in pathologischen Vorgängen im Oviduct, sei es nun, dass diese rein localer Art sind oder dass constitutionelle Verhältnisse, die namentlich von ungenügender Kalkzufuhr abhängen könnten, daran Antheil haben mögen. Die Abnormitäten der Form, welche die Eier ohne feste Kalkschale in der Regel oder immer darbieten, und das Vorkommen solcher Abnormitäten der Form bei entwickelter, harter Kalkschale sprechen aber offenbar gegen die Annahme, dass eine zu geringe Kalkzufuhr die alleinige Ursache derselben sein sollte.

Sehr räthselhaft ist ein von v. Baer (Memoires de l'acad. imp. des sciences de St. Petersbourg 1845) erwähnter Fall, wo ein Ei, dem die harte Kalkschale fehlte, an der Brust einer Henne, zwischen der Haut und den Muskeln, gefunden wurde.

3. Eine viel zu geringe Grösse ist ein nicht seltener Fehler der Vogeleier, besonders der Hühnereier. Wenn die Hühner zu Anfang des Winters bald aufhören Eier zu legen, so fallen die Eier durchschnittlich kleiner als im Sommer, und einzelne Eier zeichnen sich dann, wie v. Baer auch bemerkt hat, gerade um diese Zeit durch ausserordentliche Kleinheit aus, so dass selbige zur Grösse eines Taubeneies und noch darunter hinabsinken kann. Ich habe solche Zwergeier übrigens auch zu der Zeit erhalten, da die Hühner wieder anfingen Eier zu legen. Ob die ziemlich verbreitete Meinung, dass sie besonders von sehr jungen Hühnern herrühren sollen, begründet ist oder nicht, darüber habe ich keine Erfahrungen; ich möchte aber auf ein solches Gerücht gar kein Gewicht legen, da man gewöhnlich nicht die Henne angeben kann, die das betreffende Ei gelegt hat, und da die lächerliche Volkssage, es seien solche kleine Eier von Hähnen gelegt, vielleicht ebenso verbreitet ist. Man findet zwischen kleinen Eiern und Eiern

von gewöhnlicher Grösse übrigens alle möglichen Zwischenstufen. Ihre Form ist sehr verschieden, bald länglich, bald breit und kuglicht (Fig. 2); oft sind sie deform, besonders am spitzen Eiende, bisweilen mit einer kleinen Kuppel versehen, bisweilen mit einer Spirallinie, die in einer Spitze endigt, bisweilen durch Kalkkörner ganz rauh. In den allerkleinsten, unter der Grösse eines Taubeneies, fand v. Baer keinen gelben Dotter, wohl aber wurde in den etwas grösseren ein kleiner gelber Dotter gefunden. Ich habe auch in solchen Hühnereiern, welche bedeutend kleiner waren als Taubeneier, einen ganz kleinen Dotter in allen den Fällen gefunden, wo ich das Ei frisch geöffnet habe. Derselbe war aber dann nicht grösser als ein Stecknadelknopf, so dass er gewiss übersehen worden wäre, wenn das Ei einfach ausgeblasen, oder wenn es in Spiritus oder durch Kochen gehärtet worden wäre. — Ich glaube hieraus schliessen zu dürfen, dass diese Zwergeier in der That sehr unreife Eier sind, die den Inhalt eines viel zu früh geplatzten Eierstocksfollikels bergen, und nicht etwa abnorme Produkte des Eileiters allein. — Es wurde schon oben erwähnt, dass der Appendix, dessen oben gedacht wurde, und der bisweilen ganz die Form eines kleinen Eies hat, ebenfalls vielleicht ein solches unreifes Ei ist.

4. Das sogenannte Ovum ovo praegnans oder Ei im Ei, wobei man ein kleineres, mit harter Kalkschale versehenes Ei in einem grösseren, ebenfalls mit harter Kalkschale versehenen Eie findet, habe ich nur einmal gesehen. Dieses Ei, das von einer Truthenne herrührt, findet sich in der Sammlung der Königl. Veterinärschule zu Copenhagen. Es waren nur die ausgeblasenen Schalen vorhanden, es soll aber das grössere Ei einen gelben Dotter enthalten haben, welcher der Kalkschale des inneren Eies unmittelbar anlag und mit demselben gemeinschaftlich vom Eiweiss umhüllt war. Die Grösse des kleineren Eies entsprach einigermassen derjenigen eines gewöhnlichen Eies der Truthenne, das grössere war verhältnissmässig colossal. Mehrere solche Fälle sind in Recueils des Curieux de la nature und in Isid. Geoffroy's Teratologie verzeichnet. Neulich (im Mai 1858) wurde auch in verschiedenen Zeitungen von einem Eie einer Cochinchinahenne berichtet, das in Holland gelegt, 17 Loth wog, und das ausser 2 Dottern ein gewöhnliches Hühnerei mit har-

ter Schale enthielt. Offenbar einen Uebergang zu dieser Abnormität des Eies im Ei habe ich einmal bei einem Taubenei gesehen, indem am einen Ende eines grösseren Eies ein kleineres kuppelförmig hervorragte während eine vollständige Kalkschale auch im Inneren das kleine Ei vom grösseren trennte.

Die Entstehung des Ovum ovo praegnans erklärt sich durch die Annahme, dass ein im Oviduct herabgestiegener Dotter im sogenannten Uterus der Henne ein fertiges Ei vorfindet, das mit ihr in die neue Schale eingeschlossen wird.

5. An die soeben besprochene Missbildung schliessen sich die bei weitem häufigeren Fälle an, wo zwei oder mehr Dotter von einer gemeinschaftlichen Schale umgeben sind. Schon Fabricius ab Aquapendente*) und Harvey**) erwähnten der Eier mit doppeltem Dotter, und Wolff***) lieferte eine genauere Beschreibung dieser Eier, deren er mehrere gesehen hatte, und die er nicht für sehr selten hielt. Er entwickelte sehr entschieden die Ansicht, dass diese Abnormität dadurch zustandekomme, dass 2 aus verschiedenen Eierstockfollikeln kurz nach einander gelöste Dotter im Eileiter zuerst von gemeinschaftlichem Eiweiss und demnächst von einer gemeinschaftlichen Schale umgeben würden. Fremy nnd Valenciennes†) haben über das Vorkommen dieser Eier ausführliche Untersuchungen angestellt. Nach ihnen sollen unter 140 Millionen Eiern, die jährlich in Paris auf den Markt kommen, 200—300 mit doppeltem und 5—6 mit dreifachem Dotter vorkommen. Die Normandie (Depart. de l'Ouest) soll verhältnissmässig das grösste Contingent liefern. Ich habe hier in Kiel vom 2ten Nov. 1857 bis zum 9ten Juni 1859 82 Eier mit doppeltem Dotter sammeln können, darunter 79 Hühnereier und 3 Gänseeier. Da ich nicht solche Verbindungen gehabt habe, wie die französischen Forscher, denen die öffentlich angestellten Compteurs, welche alle Eier zählen müssen, die in Paris auf den Markt kommen, höherem Befehle zufolge Bericht abstatten mussten, sondern meine Eier nur durch persönliche

*) Opera omnia anat. et physiol. Lipsiae 1687. Fol.

**) Exercitationes de generatione animalium. Exerc. 24.

***) Novi Comment. Acad. imp. Petropol. T. XIV. pag. 456.

†) Comptes rendus 1856. I. No. 1.

Nachfrage in einem verhältnissmässig kleinen Kreise bezog, so könnte es scheinen, dass diese Abnormität hier in Holstein besonders häufig wäre. Da ich indess auch aus Corsoer auf Seeland solche Eier bezogen habe, und da nicht nur hier in Holstein, sondern auch in Jütland und auf den dänischen Inseln, das Vorkommen dieser Abnormität, so viel ich habe in Erfahrung bringen können, fast einem Jeden, der sich praktisch mit der Hühnerzucht befasst, grossentheils aus eigener Anschauung bekannt zu sein scheint, so muss ich annehmen, dass dieselbe hier zu Lande überall viel häufiger ist, als man nach den französischen Angaben vermuthen sollte. Leute, welche hier viel Gelegenheit gehabt haben, auf diese Missbildung Acht zu geben, nehmen an, dass ein solches Ei durchschnittlich unter 1000—2000 Hühnereiern vorkommt. Ich habe Grund, zu vermuthen, dass sich ein ähnliches Verhältniss auch in Frankreich herausstellen würde, wenn man sämmtliche, von einer gewissen Zahl Hennen gelegten Eier, und nicht nur die auf den Markt gebrachten berücksichtigt; denn ich habe hier die Erfahrung gemacht, dass gerade diese grossen Eier in der Regel nicht auf den Markt kommen, sondern von den Besitzern der Hühner für den eigenen Gebrauch reservirt werden. Da die Eier nicht nach dem Gewichte, sondern nach der Zahl verkauft werden, so wollen ökonomische Leute ein Ei, das doppelt so gross und schwer ist, als ein gewöhnliches, nicht um denselben Preis verkaufen. Wenn man, wie ich es gethan habe, den 8 bis 10fachen Preis für ein solches Ei zahlen will, so kommen deren ungleich mehr zum Vorschein, als wenn man sie auf dem Markte sucht. Nach den Monaten des Jahres waren die 79 Hühnereier, die ich gesammelt habe, folgendermassen vertheilt: Im Januar 1858 erhielt ich 1, 1859 keins, im Februar 1858 und 1859 keins, im März 1858 2, 1859 8, im April 1858 3, 1859 14, im Mai 1858 10, 1859 5, im Juni 1858 10, im Juni 1859 3, im Juli 1858 9, im August 1858 3, im September 1858 5, im October 1858 keins, im November 1857 3, 1858 3, im December 1857 und 1858 keins. Es geht hieraus nur hervor, dass diese Eier in den Winter- und Herbstmonaten absolut seltener sind, als in den Frühlings- und Sommermonaten; daraus folgt aber noch nicht, dass sie in jenen Jahreszeiten auch relativ seltener sind, da die Hühner bekanntlich im Herbst und Winter überhaupt weniger Eier legen. Unter mehreren Hennen, deren Eier ich sämmtlich bekam, legten einige die meisten dieser Eier im Mai, andere im September und wieder bei anderen waren sie ziemlich gleichmässig auf die Sommermonate vertheilt. Bisweilen legten dieselben Hennen 2—3 Eier mit doppeltem Dotter nach einander, ja eine legte einmal 7 derselben, eins nach dem anderen. Alle Hühner, von denen mir sichere Kunde zugekommen ist und welche Eier mit doppeltem Dotter legten, haben indessen zugleich Eier mit einfachem Dotter gelegt, und zwar viel häufiger, als Eier mit doppeltem Dotter. Es ist mir wiederholt von Hennen berichtet worden, welche immer und nur Eier mit doppeltem Dotter legten. Wo ich indess Gelegenheit hatte, die Verhältnisse näher zu untersuchen, wussten die Leute nicht ganz bestimmt, ob die eine oder die andere Henne dieses oder jenes Ei gelegt hatte, sie setzten nur voraus, dass diejenige, die ein Ei der Art gelegt hatte, auch die anderen gelegt haben müsse, und mehrmals wies die genauere Beobachtung dann auch mehrere Mütter derselben in demselben Hühnerhofe nach. Ich vermuthe demnach, dass jene Angabe eine der gewöhnlichen Uebertreibungen oberflächlicher Beobachter ist. Dass jedoch gewisse Hennen ganz besonders disponirt sind, Eier mit doppeltem Dotter zu legen, und dass andere es niemals thun, kann ich vollkommen constatiren. Ich habe von einer alten Henne im Laufe eines Jahres 10 Eier mit doppeltem Dotter erhalten, und 4 verschiedene Töchter dieser Henne haben mir die grösste Zahl meiner Eier mit doppeltem Dotter geliefert, zusammen nämlich 42 Stück. Dieses deutet offenbar auf Erblichkeit dieser Prädisposition hin. — Ob die mehrfach aufgestellte Behauptung, dass junge Hennen besonders zu dieser Abnormität disponirt sind, der Wahrheit entspricht, weiss ich nicht; ausschliesslich wird sie aber jedenfalls nicht bei jungen Vögeln beobachtet. Eben so unsicher ist die Angabe, dass gewisse Hühnerracen, namentlich die Cochinchinahühner, durch diese Prädisposition ausgezeichnet seien. Jene Henne und ihre Töchter, welche mir die grösste Zahl meiner Eier mit doppeltem Dotter lieferten, gehörten der gewöhnlichen, hier einheimischen Race an, und unter 79 solchen Eiern konnten nur höchstens 21, dem Ausschen der Schale zufolge, von Cochinchinahühnern gelegt sein, die übrigen waren vollkommen weiss. — Die von verschiedenen Seiten her geäusserte Meinung, dass eine besonders reichliche Fütterung wesentlich zu der in Rede stehenden Prädisposition beitragen soll, ist mir auch insofern wahrscheinlich, als die Fütterung in den Hühnerhöfen, aus denen ich meine Eier erhielt, besonders reichlich gewesen sein soll, soweit ich über diesen Punkt Nachricht erhalten habe.

Die Eier mit doppeltem Dotter sind meist schon auf den ersten Blick durch ihre auffallende Grösse erkennbar. Doch ist diese Regel, wie schon Wolff bemerkt hat, nicht ohne Ausnahmen, indem die grössten Eier mit einfachem Dotter den kleinsten Eiern mit doppeltem Dotter gleichkommen oder sie selbst übertreffen können. Der Längendurchmesser der Hühnereier mit doppeltem Dotter variirte zwischen 65 und 76 Mm. bei den Eiern der gewöhnlichen, hier einheimischen Race, bei den Eiern der Cochinchinahühner zwischen 68 und 72 Mm.; der Querdurchmesser derselben variirte bei der gewöhnlichen Race zwischen 43 und 51 Mm., bei der Cochinchinarace zwischen 45—51 Mm. Die gewöhnlichen Maasse der Hühnereier mit einfachem Dotter sind 53—55 Mm. für den Längendurchmesser und 40—43 Mm. für den Querdurchmesser, ich fand sie aber auch bis zu 65 Mm. lang und 47 Mm. breit. — Auch die Gänseeier mit doppeltem Dotter zeichneten sich durch ihre enorme Grösse aus. Ihr Längendurchmesser variirte von 103 bis 111 Mm., ihr grösster Querdurchmesser von 68 bis 71 Mm. — Das auf Taf. XII. Fig. 4 abgebildete Entenei mit einfachem Dotter, der aber zwei Embryonen trug, würde seinen Grössenverhältnissen nach ganz entschieden für ein Ei mit doppeltem Dotter gehalten worden sein. — Die Form der Eier mit doppeltem Dotter ist sehr verschieden. Bisweilen sind sie ganz auffallend lang und schmal. Das in dieser Hinsicht am meisten ausgezeichnete Ei war 76 Mm. lang, mass aber nur 45 Mm. im grössten Querdurchmesser. Ein anderes Ei dieser Art war 73 Mm. lang und mass im grössten Querdurchmesser nur 43 Mm. Dabei ist bisweilen das eine Ende deutlich stumpfer, als das andere, bisweilen aber ist kein Unterschied in der Wölbung beider Eienden zu erkennen. Besonders bei den langen und schmalen Eiern bemerkt man nicht selten ringförmige Eindrücke oder Erhabenheiten an der Schale in der Peripherie des Querdurchmessers. In anderen Fällen ist der Querdurchmesser viel beträchtlicher im Verhältniss zum Längendurchmesser. So fand ich folgende Verhältnisse des grössten Längendurchmessers zum grössten Querdurchmesser: 73:51; 66:49; 65:48. Bei diesen breiteren oder dickeren Eiern ist gewöhnlich, aber nicht immer, der Unterschied zwischen dem spitzen und stumpfen Ende deutlich; die ringförmigen Absätze um den Aequator des Eies fehlen denselben gewöhnlich. Obgleich auch die von derselben Henne gelegten Eier nicht unerhebliche Formverschiedenheiten zeigen, so macht sich dabei doch der Einfluss der Individualität stark geltend. Eine alte Henne, deren oben erwähnt wurde, lieferte z. B. immer auffallend lange und schmale Eier, die eine Tochter derselben aber regelmässig sehr dicke und verhältnissmässig kurze Eier mit doppeltem Dotter. — In Eiern mit einem Dotter entwickelt sich bekanntlich, sowohl bei längerem Liegen, als auch bei der Bebrütung ein luftgefüllter Raum am stumpfen Ende. Bei den Eiern mit doppeltem Dotter ist dies auch der gewöhnliche Fall; nur einmal war nach 5—6tägiger Bebrütung eines sehr länglichen Eies dieser Art an jedem Ende ein Luftraum gebildet (Taf. IX. Fig. 4). — Die beiden gelben Dotter waren in allen 79 Hühnereiern, sowohl als in den 3 Gänseeiern mit doppeltem Dotter ganz vollständig von einander getrennt, indem jeder Dotter vollständig von seiner Dotterhaut umgeben war. Sie lagen immer nach der Längenachse des Eies neben einander, und zwar gewöhnlich so nahe, dass sie einander unmittelbar berührten und an der Berührungsfläche durch gegenseitigen Druck abgeplattet waren. Die Grösse dieser Berührungsfläche war sehr verschieden und wurde besonders durch die Form der Eier und durch die relative Grösse der Dotter bestimmt. Bei verhältnissmässig kurzen Eiern mit grossen Dottern war mehr als $1/3$ der Oberfläche des einen Dotters in unmittelbarer Berührung mit einem gleich grossen Theile der Oberfläche des anderen. Bei verhältnissmässig langen Eiern war dahingegen die Berührungsfläche meist klein, und bei einer Länge der Eier von 73—76 Mm. fand ich 3 mal die Dotter ganz frei, durch eine Eiweissschicht von einander getrennt und vollkommen rund. Ausser der besprochenen Abplattung an der grösseren oder kleineren Berührungsfläche beider Dotter, wo die Gränze durch eine der Querachse des Eies parallele Fläche bezeichnet wurde, und der durch jene Abplattung bedingten Veränderung der Krümmung der übrigen Oberfläche, habe ich gewöhnlich keine Unregelmässigkeit in der Form des gelben Dotters wahrgenommen. Wenn daher Fremy und Valenciennes (l. c.) die Form der Dotter in diesen Eiern unregelmässig fanden, so ist darunter entweder nur jene durch Abplattung bedingte Formveränderung zu verstehen, oder aber es sind andere Unregelmässigkeiten durch das von ihnen angewandte Verfahren, die Eier vor der Untersuchung durch Kochen zu härten, entstanden, was auch bei ganz normalen Eiern erfolgen kann. Bei meiner Untersuchung habe ich dieses Verfahren daher nie angewandt, sondern die Eier immer unter Wasser geöffnet. — Die Chalazzen der Eier mit doppeltem Dotter zeigen, soweit ich es bei gleichzeitiger Berücksichtigung der anderen Verhältnisse habe beobachten können, folgendes Verhalten: An den den Eienden zugewandten Polen der Dotter lagen die Chalazzen in gewöhnlicher Weise, nur inserirten sie sich oft nicht gerade in der Mitte der dem jedesmaligen Eiende zugewandten Dotterhälfte, sondern oft etwas seitlich von diesem Punkte. Die einander anliegenden Flächen der beiden Dotter waren auch dann, wenn sie einander gegenseitig abgeplattet hatten, durch eine Schicht von eingedicktem Eiweiss getrennt, welche sich aber beim Liegen in Wasser so auflöste, dass die beiden Dotter auseinander fielen und entweder ganz rund wurden oder sich doch der Kugelform näherten (Taf. VIII. Fig. 6 u. 7). In mehreren Fällen, wo ich speciell darauf Acht gab, verlief bei dieser Untersuchungsweise ein aus einer weisslichen, zähen, schleimigen Substanz bestehender Strang, der ganz einer Chalazze glich, und der bisweilen auch wie diese spiralig gewunden war, von einem Dotter zum andern. Diese intermediäre Chalazze inserirte sich aber, wie in Fig. 7 der Taf. VIII, in den Fällen, die ich näher beobachtete und wo die Dotter gegeneinander angedrückt waren, nicht in der Mitte der einander berührenden Oberflächen der Dotter, sondern wenigstens am einen Dotter excentrisch. Sie verlief dann nicht auf dem kürzesten Wege von einem Dotter zum andern hinüber, sondern hatte eine merkliche Länge. Dieses Vorhandensein einer, beide Dotter verbindenden Chalazze scheint mir ein guter Beleg für die von Wolff gegebene Erklärung der Entstehung der Eier mit doppeltem Dotter zu sein, der zufolge die beiden Dotter im Eierstocke von einander getrennt gewesen, und erst im Eileiter mit einander verbunden sein sollten, indem sie hier von gemeinschaftlichem Eiweiss und der Schale umgeben würden. Dahingegen scheint diese Beobachtung kaum mit der von Serres *) gegebenen Erklärung vereinbar zu sein, wonach die beiden Dotter bereits im Eierstocke, bei ihrer Entstehung in einem gemeinschaftlichen Follikel neben einander entstanden und mit einander in Berührung gewesen sein sollten. — Das Verhalten der **Cicatricula** auf den Dottern der in Rede stehenden Eier bot sehr bemerkenswerthe Verschiedenheiten dar. Während die Cicatricula auf dem Dotter eines normalen, mit einem Dotter versehenen Eie bekanntlich in der Mitte zwischen beiden Eipolen liegend, bei jeder Seitenlage des Eies die oberste Stelle einnimmt, in Folge des geringeren specifischen Gewichtes des sogenannten weissen Dotters, ist die Lage der Cicatricula der Eier mit doppeltem Dotter sehr grossen Verschiedenheiten unterworfen. Um dieses Verhalten, das mir für die Entwickelung der Embryonen in diesen Eiern bedeutsam zu sein schien, genau zu beobachten, machte ich mir es zur Regel, die Eier bei der Bebrütung ganz ruhig liegen zu lassen, beim Herausnehmen aus der Brütmaschine die nach oben gewandte Seite zu bezeichnen, und sie in dieser Stellung unter Wasser zu bringen und zu öffnen. Bisweilen hatten dann die Cicatriculae beider Dotter die normale Lage, indem sie die oberste Stelle, etwa in der Mitte zwischen dem Mittelpunkte der Berührungsfläche beider Dotter und dem dem Eiende gegenüberliegenden Pole des Dotters einnahmen. Gewöhnlich nahm aber wenigstens die Cicatricula des einen Dotters eine abweichende Stellung ein, indem sie bald der Berührungsfläche beider Dotter, bald dem Eipole mehr genähert war, bald selbst an der Berührungsfläche beider Dotter verborgen war. Im letzteren Falle war auf der Ober-

*) Comptes rendus 1856. pag. 1024—1029.

fläche des Dotters gar keine Cicatricula zu sehen, dieselbe kam aber an der Berührungsfläche zum Vorschein, wenn man die Dotter unter Wasser aus der Schale herausbrachte und von einander trennte. Diese versteckte Lage der Cicatricula des einen Dotters kommt ungemein oft vor; seltener haben die Cicatriculae beider Dotter diese Lage. In ein Paar Fällen konnte ich auch an der Berührungsfläche gar keine Cicatricula auffinden, wobei ich es dahingestellt sein lassen muss, ob dieser Mangel ein ursprünglicher war, oder ob die Cicatricula bei der Bebrütung zu Grunde gegangen oder unsichtbar geworden ist. In einigen Fällen lag die Cicatricula des einen oder anderen Dotters nicht auf der oberen Fläche desselben, sondern seitlich oder selbst unten. Im letzteren Falle war die Lage der Cicatriculae beider Dotter einander bisweilen gerade entgegengesetzt, indem die eine Cicatricula die oberste Stelle auf der Mitte des einen Dotters einnahm, während die andere den untersten Platz auf der Mitte des anderen inne hatte. — Die sehr mannigfaltige Lage der Cicatriculae, welche, wie sich im Folgenden herausstellen wird, für das Bebrütungsresultat von grosser Wichtigkeit ist, scheint von der Lage der Chalazzen und von der durch sie bedingten Stellung des Dotters im Eie abhängig zu sein.

6. Zwei Cicatriculae auf einem Dotter sind eine Abnormität deren Vorkommen in den Eiern der Vögel nicht bezweifelt werden kann, obgleich Fabricius ab Aquapendente*) noch der Einzige gewesen sein dürfte, der sie vor Anfang der Bebrütung beobachtet zu haben scheint, indem er sagt: eam (sc. cicatriculam) in magno vitello duplicem aliquando observavimus, alteram alteri satis propinquam et alteram altera minorem. Freilich ist mir auch von verschiedenen Hausfrauen gesagt worden, sie hätten zwei Cicatriculae auf einem Dotter gesehen, ich kann aber darauf kein Gewicht legen, weil ich mich überzeugt habe, dass in solchen Fällen wenigstens in der Regel Etwas für eine Cicatricula gehalten worden ist, das diese Bedeutung entschieden nicht hat. Es kommen nämlich bisweilen auf dem Dotter runde, weisse Flecke vor, welche bei etwas oberflächlicher Beobachtung sehr leicht für überzählige Cica-

*) Opera omnia anat. et physiol. Lipsiae 1687. Fol. pag. 13 (Tractatus de formatione pulli).

triculae angesehen werden können, und welche von jenen Hausfrauen wirklich in meiner Gegenwart damit verwechselt worden sind. Diese runden, weissen Flecke sind aber nur Abnormitäten der Dotterhaut. Auf Taf. X. Fig. 4 ist eine solche Cicatricula spuria bei ziemlich starker Vergrösserung dargestellt, und man erkennt deutlich, dass sie nur aus Faltungen und Verdickung der Dotterhaut besteht. Da jedoch im Vogeleie die Cicatricula nothwendig der Ausgangspunkt der Entwickelung ist, und da die Lage des Embryo immer derjenigen der Cicatricula entspricht, so kann man aus der Gegenwart zweier getrennter Embryonen auf einem Dotter mit Sicherheit schliessen, dass zwei Cicatriculae auf demselben vor der Bebrütung vorhanden gewesen sein müssen. Solche Fälle sind aber, wenn auch immerhin in geringer Zahl, in der Literatur verzeichnet. Wir werden diese Fälle im folgenden Abschnitte ausführlich besprechen, und machen hier nur darauf aufmerksam, dass, vielleicht zufälligerweise, in den bisher bekannt gewordenen Fällen die Embryonen auf den Dottern einander sehr nahe lagen, so dass man Zweifel hegen konnte, ob die beiden Cicatriculae, aus denen sie hervorgegangen sein mussten, getrennt gewesen wären, oder einander berührt hätten und theilweise vielleicht gar mit einander confluirt gewesen wären?

7. Als eine besondere Art der Abnormitäten der Vogeleier ist eine Bildung des Dotters anzuführen, welche Serres*) zu den Eiern mit doppeltem Dotter und zu den Eiern mit doppelter Citricula auf einem Dotter in Beziehung gebracht hat. Er fand nämlich bei einem Huhn, welches Eier mit doppeltem Dotter gelegt haben soll, in

*) Comptes rendus 1855. I. pag. 629. — Vielleicht hat schon Harvey diese Abnormität der Eier gekannt. Er spricht nämlich von unvollständig getrennten Dottern, welche an der Berührungsstelle eine gemeinschaftliche Cicatricula tragen. Während er die Entstehung von Doppelmissbildungen in Eiern mit zwei vollständig getrennten Dottern gänzlich in Abrede stellt, giebt er für diese Abnormität der Eier die Möglichkeit zu, dass Doppelmonstra aus ihnen hervorgehen könnten, obgleich er, wie er ausdrücklich bemerkt, dieses niemals beobachtet hat. Man bleibt bei seiner Angabe jedoch darüber in Zweifel, ob er die nachstehende, von Serres besprochene Abnormität der Eier vor Augen gehabt hat, oder Eier mit vollständig doppelten, aber so gegen einander angedrückten Dottern, dass man ohne genauere Untersuchung wohl annehmen könnte, dass beide nur unvollständig von einander getrennt gewesen wären.

einem Calyx zwei zum Theil vereinigte Dotter mit zwei getrennten, aber einander genäherten Cicatriculis. In einem Taubeneie fand er ferner zwei einander penetrirende Cicatriculae, während unten zwei von einander getrennte Dotter unterschieden werden konnten. Aus diesen beiden Beobachtungen schliesst er, dass auch zwei vollständig getrennte, später im Eileiter von gemeinschaftlichem Eiweiss, und von gemeinsamer Schalenhaut und Schale umgebene Dotter, wie sie sich in den Eiern mit doppeltem Dotter finden, aus einem Calyx stammen und in einem Follikel gebildet seien. Er meint, dass zwei solche, in einem Follikel gebildete Dotter durch das enge Aneinanderliegen bei ihrer Bildung sich mit einander vereinigen und mit einander verschmelzen könnten. Hiernach sollten also jene zwei von Serres beobachteten vermeintlich unvollkommen doppelten Dotter aus zwei Dottern verschmolzen sein. Serres geht dann in seinen Schlüssen noch weiter, indem er diese Eier für Uebergangsformen zu den Eiern mit doppelter Cicatricula auf einem Dotter hält, denn er meint, es könnten zwei in einem Follikel entstandene Dotter während der Entstehung auch so vollkommen verschmelzen, dass beide Dotter vollständig zu einem einzigen würden und dass von der ursprünglichen Doppelheit nur die doppelte Cicatricula übrig bliebe.

Der Versuch, den Serres gemacht hat, um die eingeschnürten Dotter, die er einmal im Eierstocke und einmal in einem Eie gefunden hat, zunächst zu den Eiern mit doppeltem Dotter in Beziehung zu bringen, ist von vorn herein unberechtigt, so lange man nicht 2 völlig von einander getrennte Dotter in einem Follikel oder Calyx des Eierstocks eines Vogels gefunden hat. Dass man bei Säugethieren und vielleicht bei Fischen zwei und mehr Eier in einem Eierstockfollikel gefunden hat *), beweist Nichts für das Vogelei, dessen Dotter von dem der Säugethiere so wesentlich verschieden ist, dass man die bei der einen Classe gefundenen Abnormitäten des Dotters nicht so ohne Weiteres für die andere Classe

*) Bidder beobachtete beim Kalbe zwei Eier in einem Graafschen Follikel, Bischoff sah bei Hündinnen zweimal 2 und einmal 3, Barry einmal 2 und einmal 4 und Valentin einmal 3 Eier in einem Eierstockfollikel. Barry giebt an, dass er auch beim Lachs einmal 2 Eier in einem Follikel gefunden habe.

geltend machen kann. Selbst wenn man aber (was ich sehr bezweifeln möchte, da die Bildung der Dotterhaut des Vogeleies wahrscheinlich die unmittelbare Berührung mit der Wand des Follikels voraussetzt) dennoch jemals in einem Follikel des Eierstocks eines Vogels zwei von einander völlig getrennte Dotter neben einander finden sollte, so würde dadurch die Möglichkeit der von Wolff gegebenen Erklärung, dass auch zwei sehr bald nach einander aus verschiedenen Follikeln gelöste Eier im Eileiter von gemeinschaftlichem Eiweiss und gemeinschaftlicher Schale umgeben werden könnten, noch nicht ausgeschlossen sein. Die Bildung einer chalazzenartigen Verbindung zwischen beiden Dottern, die wir beobachtet haben, würde ganz unbegreiflich sein, wenn man annähme, dass die beiden Dotter in einem gemeinschaftlichen Follikel ebenso aneinander gelagert gewesen wären, wie wir sie in den Eiern mit doppeltem Dotter finden.

Der andere Versuch von Serres, die beiden von ihm beobachteten eingeschnürten Dotter als Uebergangsform zur Bildung eines mit zwei Cicatriculis versehenen einfachen Dotters zur Geltung zu bringen, würde nur dann eine Berechtigung haben, wenn ein Bebrütungsresultat vorläge, woraus hervorginge, dass auf einem solchen eingeschnürten Dotter wirklich eine Doppelheit der Keimanlage vorhanden gewesen wäre. Die oben angeführte Beobachtung, dass auf dem gelben Dotter bisweilen runde Flecke vorkommen, die einer Cicatricula ähnlich sind, die aber nur von einer Verdickung der Dotterhaut herrühren, giebt nämlich den Zweifeln Raum, ob in Serres Fällen zwei wirkliche Cicatriculae vorgelegen haben, und ob nicht etwa im einen Falle die vermeintlich confluirte Cicatricula in der That eine einfache, und im anderen ob nicht die eine der zwei vermeintlichen, einander genäherten aber doch getrennten Cicatriculae, eine Cicatricula spuria gewesen sein sollte?

Diese Zweifel, zu denen man, auch ohne eigene Beobachtungen über diese Fälle aufweisen zu können, berechtigt wäre, erhielten durch mehrere Beobachtungen, die ich zu machen Gelegenheit hatte, ein noch grösseres Gewicht. Ich habe nämlich öfter auf dem gelben Dotter nicht nur solche rundliche Verdickungen der Dotterhaut beobachtet, welche durch ihre Form und weissliche Farbe eine nicht geringe äussere Aehnlichkeit mit wahren Cicatriculis darboten, und welche deshalb oben Cicatriculae spuriae genannt wurden (s. Taf. X. Fig. 4), sondern auch strangartige Verdickungen der Dotterhaut, die in ihrem Wesen ganz mit ersteren übereinstimmten. Diese strangartigen Verdickungen der Dotterhaut waren meist ziemlich kurz und bewirkten dann keine Defiguration des Dotters. Bisweilen waren sie aber länger, erstreckten sich um einen grösseren Theil der Peripherie des gelben Dotters herum und bewirkten in diesen Fällen eine wirkliche Einschnürung desselben. Eine solche Einschnürung des Dotters durch eine strangartige Verdickung der Dotterhaut bot der eine Dotter des auf Taf. VIII. Fig. 6—7 abgebildeten Eies dar. Die Einschnürung war in diesem Falle freilich nur flach, aber doch sehr deutlich, und die Zusammenstellung mit anderen Fällen, die wir erst später besprechen werden, weil bei ihnen das Resultat der Bebrütung zugleich vorlag, zeigt deutlich, dass auch viel tiefer gehende Einschnürungen, wodurch das Aussehen zweier mit einander verbundener oder unvollständig getrennter Dotter hergestellt wird, ebenfalls von solchen strangartigen Verdickungen der Dotterhaut herrühren können.

8. Ueberdies ist noch eine Abnormität der Vogeleier anzuführen, die ich freilich nur einmal beobachtet habe. In einem sehr grossen und wohlgeformten Hühnereie fand sich nämlich ausser einem vollkommen runden und wohlgestalteten Dotter noch die auf Taf. VIII. Fig. 5 abgebildete Masse. Dieselbe bestand aus fünf, zum Theil länglich runden, zum Theil ganz deformen gelben Dottermassen, welche durch zähes Eiweiss verbunden waren. Dieses Eiweiss bildete am einen Ende einen zähen Klumpen, zwischen den kleinen Dottermassen stellte sie aber einen dicken, spiralig gewundenen Strang dar, während das andere Ende einen kleinen, ovalen, an einem Stiele festsitzenden Dotter enthielt. Eine Cicatricula war an den kleinen gelben Dottermassen nicht zu erkennen. Nur der einen gelben Dottermasse fehlte eine scharfe Begränzung gegen das Eiweiss, die übrigen waren scharf begränzt, als wären sie von einer Haut bekleidet. Ausserdem fand sich eine weisse, hautartige, kleine Masse in diesem Eie.

Wahrscheinlich sind die Eier mit 3—5 Dottern, deren Fremy

und Valenciennes Erwähnung thun, und von denen 5—6 Stück unter den 140 Millionen Eiern vorkamen, die in Paris jährlich auf den Markt gebracht wurden, dieser Abnormität an die Seite zu stellen. Die französischen Forscher geben an, dass die Dotter, die in diesen Eiern gefunden wurden, klein und missgestaltet waren, des Vorkommens eines grossen normalen Dotters neben jenen geschieht aber keine Erwähnung; da aber die Eier von Fremy und Valenciennes erst nach dem Kochen untersucht wurden, bei welchem Verfahren sie auch die Dotter in den zweidottrigen Eiern deform und unregelmässig fanden, kann man nicht wissen, wie der Inhalt dieser Eier in frischem Zustande ausgesehen haben mag.

Es ist wohl wahrscheinlich, dass ein krankhafter Zustand des Eierstocks diese abnorme Dotterbildung veranlasst hat, da die gelben Dotterportionen von einer Haut gegen das Eiweiss abgegrenzt zu sein schienen. Sonst könnte man sich vorstellen, dass ein Dotter beim Eintritt in den Eileiter geborsten sei und, in verschiedene Portionen getheilt, vom Eiweiss umhüllt und mit dem normalen Dotter in einer gemeinschaftlichen Schale eingeschlossen worden sei.

9. Endlich habe ich neulich ein in ganz eigenthümlicher Weise abnormes Hühnerei bekommen, dessen Beschreibung hier noch seinen Platz finden mag. Am spitzen Eiende war die Kalkschale des übrigens äusserlich wohlgebildeten Eies unregelmässig. Es fanden sich ausser kleinen Höckern und einer grösseren, wie von einem festgewordenen Tropfen verdickten Stelle etwas seitlich vom Eiende eine 7—9 Mm. im Durchmesser haltende trichterförmige Vertiefung, in deren Grunde ein etwa 2 Mm. weites Loch sichtbar war, aus welchem ein beweglicher, dünner, hornartiger, in eine ganz feine Spitze auslaufender, 16 Mm. langer Faden hervorragte. Derselbe war dicht oberhalb des Loches so umgebogen, dass er mit der Längenachse des Eies einen fast rechten Winkel bildete. Bei Bewegung und Neigung des Eies bewegte sich dieser Faden, etwa wie eine Wetterfahne, langsam nach der einen oder der anderen Seite. Als das Ei ein Paar Tage der Luft ausgesetzt aufbewahrt worden war, liess es schon einen fauligen Geruch bemerken. Unter Wasser geöffnet zeigte es am stumpfen, normal gebildeten Eiende den gewöhnlichen Luftraum. Es enthielt einen grossen, normal gebilde-

ten Dotter, ausserdem aber am spitzen Eiende einen festen, schweren, braunrothen Klumpen, der mit jenem hornartigen Faden, welcher aus dem Loche am spitzen Eiende hervorragte, zusammenhing. Dieser, von verdicktem Eiweiss umhüllte Klumpen hatte ungefähr die Gestalt einer Buchennuss, indem er drei ziemlich scharfe Kanten darbot, die einerseits in jene hornartige Spitze auslieren, andererseits sich bogenförmig in ein breites, abgerundetes, dem Dotter zugewandtes Ende verloren. Die Länge des Klumpens, vom breiten Ende bis zum Anfang des Fadens, betrug 18 Mm., die grösste Breite der schmälsten Seite 12 Mm., die einer jeden der beiden anderen Seiten 13 Mm. Als vom stumpfen Eiende her ein Einschnitt in dieses Gebilde gemacht wurde, zeigte sich, dass dasselbe hohl war. Die etwa 1 Mm. dicke Wand war an der die Höhle begrenzenden Seite in ähnlicher Weise gefaltet, wie die Membran des Graafschen Follikels bei einem Corpus luteum, und sie war von einem deutlichen Epithel ausgekleidet; die Höhle aber war mit rothem, geronnenem, etwas entfärbtem Blute angefüllt. Es scheint mir keinem Zweifel zu unterliegen, dass dieses Gebilde einen Calyx des Eierstocks vorstellt, der, kurz nachdem er seines Dotters entledigt worden war, abgestossen oder losgerissen wurde, und dann in den Eileiter gelangt, gleichzeitig mit dem Dotter von der Schale eingeschlossen worden ist. Auf solche Weise könnten sehr fremdartige Körper in die Eier hineingerathen und eingeschlossen werden.

Zweites Kapitel.

Die bisherigen Untersuchungen über die Entwickelung in abnorm gebildeten Eiern.

Die Vogeleier ohne feste Kalkschale sind nie mit Erfolg bebrütet worden, obgleich schon Reaumur Versuche gemacht hat, sie durch künstliche Wärme zur Entwickelung zu bringen. Wahrscheinlich verhindert theils die durch die Schwere, bei Mangel fester Umhüllung, hervorgebrachte Formveränderung des Eies, theils die zu starke Einwirkung der Luft auf den Inhalt des Eies die Entwickelung. Letzteres wird mir besonders dadurch wahrscheinlich, dass Eier welche einen Riss bekommen haben, soweit meine Beobachtungen reichen, niemals zur Entwickelung kommen, wenn der Riss während der Bebrütung nach oben gekehrt ist, während die Entwickelung wenigstens anfangs möglich ist, wenn derselbe während der Bebrütung nach unten gekehrt ist. Dass ein Zwergei, dessen Dotter so ausserordentlich klein ist, wenn er auch nicht gänzlich fehlt, nicht entwickelungsfähig sein kann, liegt auf der Hand. — Die Eier mit bedeutender Missbildung der Schale zeigen meist auch andere Mängel, indem z. B. das auf Taf. VIII. Fig. 1 abgebildete Ei zugleich ein Zwergei ist, während die ebendaselbst in Fig. 3 und 4 dargestellten Eier der harten Kalkschale entbehren. Ob eine Entwickelung in solchen deformen Eiern, deren Grösse normal ist und welche eine harte Kalkschale besitzen, die aber am einen (spitzen) Ende mit einem Appendix versehen sind, möglich ist, kann ich nicht angeben, da keine Versuche darüber vorliegen. — Ebenso wenig ist es bekannt, dass mit einem Ovum ovo praegnans Bebrütungsversuche gemacht worden wären. — Eier mit drei und mehr Dottern haben Fremy und Valenciennes vergebens der Brütwärme ausgesetzt, und dass aus den kleinen deformen Dotterportionen des unter 8. Pag. 196 besprochenen Eies keine Entwickelung erfolgt sein würde, ist wenigstens höchst wahrscheinlich. —

Es bleiben also nur 3 unter den 9 oben besprochenen Abnormitäten der Vogeleier, deren Entwickelungsresultate in Betracht kommen können. Bevor ich die mir vorliegenden eigenen Erfahrungen über diese Resultate mittheile, dürfte es angemessen sein, diejenigen Beobachtungen und Schlüsse zusammenzustellen, die ich über diesen Gegenstand in der Literatur verzeichnet gefunden habe.

Schon von Alters her hat man einerseits die Eier mit doppeltem Dotter, andererseits die Eier mit doppelter Cicatricula auf einfachem Dotter zu den Doppelmissbildungen in Beziehung gebracht. Fabricius ab Aquapendente *) äusserte die Meinung, dass aus den Eiern mit doppeltem Dotter Doppelmissbildungen hervorgingen, welche am Bauche, an der Brust oder anderwärts mit einander verwachsen wären. Harvey **) meinte dahingegen, dass solche Eier freie, nicht verwachsene Zwillinge liefern müssten, wenn jeder Dotter allseitig von Eiweiss umgeben sei, wie er es bisweilen gesehen hatte; wenn aber die Dotter ganz dicht neben einander lägen, so dass sie gemeinschaftlich vom Eiweiss umgeben seien, was er auch bisweilen gesehen hatte, so, meinte er, könnte wohl der Fall eintreten, dass die Cicatriculae confluirten, und dass dadurch eine gemeinschaftliche Keimanlage entstehen könnte, aus deren Entwickelung Doppelmissbildungen hervorgehen könnten. Er bemerkt aber, dass er ein solches Verschmelzen der Cicatriculae und eine daraus hervorgegangene Entwickelung niemals gesehen habe. Dass jedoch getrennte Zwillinge aus einem Eie hervorgehen können war ihm bekannt, indem er sagt: ***) apud nos interdum gemellifica ova nascuntur et gemelli quoque aliquando (licet rarissime) excluduntur; ipsemet autem ambos ejusmodi foetus nunquam vidi, quod vel in ovo ipso vel in exclusione alter pereat. Eine ähnliche Notiz habe ich übrigens schon bei Aristoteles †) gefunden, indem er über

*) Opera omnia anat. et physiol. Lipsiae 1687. Fol.

) Exercitationes de generatione animalium. Exc. 24. *) Ibid. Exc. 13.

†) Aristoteles Naturgeschichte der Thiere übersetzt von F. Struck, Frankf. a. M. 1816. 8vo. 6tes Buch 2tes Cap. pag. 286.

eine Henne berichtet, welche 18 Eier gelegt hatte und aus denselben lauter Zwillinge ausbrütete, ausgenommen diejenigen, welche Windeier gewesen waren. Unter den aus den fruchtbaren Eiern ausgekrochenen Jungen war das eine immer grösser, das andere kleiner, das Letztere aber missgestaltet. —

Mit positiven Beobachtungen in dieser Frage trat zuerst P. F. Wolff*) auf. Er fand nämlich einmal in einem Hühnereie von gewöhnlicher Grösse am sechsten Tage der Bebrütung zwei mit der vorderen Fläche des Körpers einander zugewandte Embryonen auf einem Dotter, dem einzigen der im Eie vorhanden war. Die von ihm gelieferte Abbildung ist auf unserer Taf. XII. Fig. 6 wiedergegeben. Die gemeinsame, von einer einfachen Vena terminalis begrenzte Area vasculosa zeigte zwei Systeme von Gefässverzweigungen, eines für jeden Embryo; jedoch fehlten dem einen Embryo die oberen Verzweigungen der Seitenäste. Das Amnion fehlte beiden Embryonen gänzlich, so dass sie nackt auf dem Dotter lagen und nur mittels des Nabels beweglich mit der äusseren Oberfläche desselben zusammenhingen. Beide Embryonen lebten, als das Ei geöffnet wurde, und die Herzen derselben pulsirten lebhaft. Selbst willkürliche Bewegungen wurden, wenn gleich nur während einer kurzen Zeit, von denselben ausgeführt. Die Haut des Unterleibes setzte sich, anstatt wie sonst in das Amnion, in die den Dotter umgebende dünne und durchsichtige Haut fort. Aus dem Darm eines jeden führte ein Ductus vitello intestinalis zur Dottermasse. Beim Oeffnen des Eies lagen sie einander sehr nahe; der eine höher als der andere, so dass der Kopf des unteren mit der Schaamgegend des anderen in gleicher Höhe lag, und den rechten Fuss desselben berührte. In der vorliegenden Abbildung sind sie also etwas verschoben, so dass die Vorderflächen ihrer Köpfe einander fast berühren. Bei ihrer einander zugewandten Seitenlage lag der obere, wie gewöhnlich, mit seiner linken, der andere abnormer Weise mit seiner rechten Seite dem Dotter auf. Jeder Embryo hatte eine, in gewöhnlicher Weise entwickelte Allantoïs. Die Organe der Embryonen erschienen im Uebrigen normal. Wolff beobachtete noch

*) Novi Comment. Acad. imp. Petropol. T. XIV. p. 456 u. flg. Taf. XI.

einen zweiten ähnlichen Fall*) am 3ten Tage der Bebrütung. Hier lagen 2 an den Köpfen mit einander verwachsene, im Uebrigen ganz getrennte Embryonen auf demselben Dotter, in derselben, hier kreuzförmigen Area pellucida und in derselben Area vasculosa. Die Bildung des Amnions hatte hier ihren Anfang genommen, und zwar in der Weise, dass für jeden Embryo eins in der Bildung begriffen, aber noch nicht geschlossen war. — Der Schuss, den Wolff aus diesen schönen Beobachtungen zog, dass nämlich bei glücklich vollendeter Entwickelung Monstra bicorporea concreta aus diesen Doppelembryonen auf einem gemeinschaftlichen Dotter entstanden sein würden, scheint nicht angefochten werden zu können, und ist auch durch spätere Beobachtungen vollkommen bestätigt worden. Dahingegen ist sein fernerer Schluss, dass doppelleibige Missbildungen immer und ausschliesslich auf diese Weise entstehen müssen, und dass sie niemals aus Eiern mit doppeltem Dotter hervorgehen können, nicht durch die von ihm beigebrachten Thatsachen bewiesen. Denn er sagt ausdrücklich, dass Niemand die Fötus gesehen habe, die aus Eiern mit doppeltem Dotter hervorgehen und fügt hinzu, es sei Dieses sehr begreiflich, da nicht alle Eier bebrütet würden, und da sie in solchem Falle doch nicht immer zur Untersuchung geöffnet würden; wenn aber ein Hühnchen auf natürliche Weise aus dem Eie gekrochen sei, könne man nicht mehr wissen, wie das Ei beschaffen gewesen, aus dem das Hühnchen hervorgekommen wäre.

Dass Doppelmissbildungen aus Vogeleiern mit einfachem Dotter, aber mit doppelter Cicatricula hervorgehen können, ist später noch durch folgende Beobachtungen constatirt worden: v. Baer**) beschrieb einen 52—54 Stunden alten doppelleibigen Hühnerembryo auf einem Dotter, der auf unserer Taf. XII. Fig. 5 nach seiner Abbildung wiedergegeben ist. Die Kopfenden beider waren vorn mit einander verwachsen und ragten über die Fläche der Keimscheibe empor; die Schwanzenden waren von einander abgewandt und zeigten nur eine ganz geringe Krümmung abwärts. Beide lagen in

*) l. c. pag. 468 und 475.

**) Meckels Archiv 1827 pag. 576 und Mem. de l'Acad. imp. de St. Petersbourg 1845 Ser. VI. Sc. nat. Tom. IV mit einer Abbildung.

einer und derselben kreuzförmigen Area pellucida. Das Herz war doppelt, das Amnion noch nicht gebildet. v. Baer meinte anfangs, dass bei fortgesetzter Entwickelung dieses Doppelembryo eine Janusbildung entstanden sein würde, war aber später mehr geneigt anzunehmen, dass ein Doppelhühnchen mit gemeinschaftlicher Stirn sich zu bilden angefangen habe, ähnlich den Doppelenten, die Tiedemann *) und Barkow **) abgebildet haben. — Ueberdies erwähnt v. Baer in derselben Abhandlung einer anderen Beobachtung, bei der er eine gabelicht gespaltene Chorda dorsalis am ersten Bebrütungstage auf einem Dotter fand, und er liefert einen nach dem Gedächtnisse entworfenen schematischen Umriss dieses Falles. — Endlich hat Reichert ***) zwei mit den Köpfen verwachsene Embryonen, deren Körper nach hinten divergirten, in einem 2½ Tage lang bebrüteten Hühnereie mit einfachem Dotter gefunden. Beide hatten ein gemeinschaftliches, hufeisenförmig gebildetes Herz und eine gemeinschaftliche Area vasculosa. Die Form des Fruchthofes entsprach der Stellung und Entwickelung der Embryonen.

Viel häufiger als in Vogeleiern hat man, namentlich in neuester Zeit, in Fischeiern die Entwickelung von Doppelmissbildungen direkt beobachten können. Schon Jacobi †) sah bei seinen Versuchen, Fische künstlich zu befruchten, viele doppelleibige Missbildungen, und zwar immer auf gemeinschaftlichem Dotter. v. Baer ††) beschrieb demnächst zwei doppelleibige Barschembryonen aus sehr früher Periode. Beide waren nur etwa zwei Tage alt, dem ersten Entwickelungstage des Hühnchens entsprechend, und beide lagen auf einer gemeinschaftlichen Dotterkugel. Sie wurden 24—36 Stunden lang am Leben erhalten. Er citirte bei dieser Gelegenheit einige ältere Mittheilungen über Doppelmissbildungen bei Fischen.

---

*) Zeitschrift für Physiologie Bd. III. pag. 5.

**) Diss. de monstris duplicibus verticibus inter se junctis. 4. Berol. 1821.

***) Bericht über die Sitzung der Gesellschaft naturforschender Freunde in Berlin am 21. Juni 1842. Vossische Zeitung vom 10. Juli 1842. Frorieps neue Notizen No. 285 pag. 10.

†) Hannoversches Magazin 1765, 62stes Stück.

††) Mem. de l'Acad. imper. des sciences de St. Petersbourg 1845. VI. Serie. Sc. nat. T. IV.

Demnächst veröffentlichte Valentin*) eine schöne hierher gehörige Beobachtungsreihe. Dieselbe betraf Hechtembryonen aus künstlich befruchteten und darauf 7 Stunden lang in einem Gefässe fast ohne Wasser getragenen Eiern. Unter 917 ausgeschlüpften Hechtchen fanden sich 6 Doppelmissbildungen. Eine derselben wurde 3 Tage vor und 7 Tage nach dem Ausschlüpfen aus dem Eie beobachtet. In allen 6 Fällen war der Dotter, auf welchem die Doppelembryonen lagen, einfach. Auch Lereboullet**) beobachtete 1852 die Entwickelung eines Doppelembryo vom Hecht auf einfachem Dotter. Es waren anfangs nur die Schwanzspitzen, späterhin die Schwänze in ihrer ganzen Ausdehnung verwachsen; die Chorda dorsalis blieb dabei doppelt. 1853 hatte er viele verschiedene Doppelmissbildungen nach künstlicher Befruchtung von Fischeiern beobachtet — immer auf einfachem Dotter. Die Missbildung war schon bei der Entstehung der Nota primitiva vorhanden, und wurde bei der Entwickelung nur modificirt. Später beobachtete er noch 26 Doppelmissbildungen aus künstlich befruchteten und absichtlich unter ungünstige Bedingungen gestellten Hechteiern. Diese Doppelmissbildungen waren sehr verschiedener Art. Ein 27stes Exemplar war besonders dadurch merkwürdig, dass es 3 Köpfe***) und 2 hinten verbundene Körper nebst 2 Herzen hatte. Endlich gelang es ihm bei 3 Exemplaren die Bildung der Achsenplatte direkt in folgender Weise zu beobachten: Auf der Cicatricula (bourrelet blastodermique) zeigten sich 2 einander nahe liegende Knötchen, die sich verlängerten, um die Achsenplatte (bandelette) zu bilden. Diese erhielten ihre Rinne, und es entstanden 2 Embryonen, deren Lagerung zu einander in den verschiedenen Fällen, je nach der ursprünglichen Richtung der Achsenplatte verschieden war. Als die Wirbelplättchen sich theilten, hatte die Theilung der äussern Plättchen ihren normalen Fortgang, die inneren zeigten dahingegen grosse Neigung mit

*) Ein Beitrag zur Entwickelungsgeschichte der Doppelmissbildungen von G. Valentin. Vierordts Archiv für physiologische Heilkunde 1851. p. 1—40.

**) Comptes rendus 1855. I. 854. 916. 1028. 1063.

***) Ausser diesem Falle finde ich nur ein Beispiel einer Missbildung, die aus 3 Individuen zusammengesetzt war, nämlich bei Lusystenes: de prodigiis et ostentis, 1740, der erwähnt, dass seine eigene Katze ihm 3 mit der Brust verwachsene Jungen lieferte.

einander zu verschmelzen und verschmolzen in der That. In allen von Lereboullet beobachteten Fällen befanden sich die Doppelmonstra auf einem Dotter, und er beobachtete niemals ein Verwachsen zweier auf verschiedenen Dottern entstandenen Embryonen. Endlich beobachtete Coste *) eine sehr grosse Zahl von Doppelmissbildungen bei künstlicher Befruchtung von Fischeiern. Er sah im Laufe von zwei Monaten über 100 derselben aus 400,000 Eiern von Karpfen, Lachsen u. s. w. Auch er versichert, dass man bei Knochenfischen, so weit man auch zurückgeht, immer nur 1 Dotter für die 2 Embryonen findet, und dass eine solche Lagerung auf gemeinschaftlichem Dotter bei diesen Doppelmissbildungen das einzig Wesentliche sei, wohingegen alles Uebrige von secundären Modificationen abhinge, die durch den Fortschritt der Entwickelung gesetzt würden.

Endlich möge hier noch angeführt sein, dass Reichert (l. c.) auch ein Ei vom Flusskrebs (Astacus fluviatilis) beobachtete, wo zwei mit den Schwänzen gegeneinander gerichtete Embryonen auf einem gemeinschaftlichen Dotter lagen.

Diesen Thatsachen entsprechend haben Beneke, d'Alton, Schulze und Coste Theorien der Entstehung der verschiedenen Doppelmissbildungen aufgestellt, welche von der Entwickelung zweier Keime auf einem Dotter ausgehen. Beneke **) suchte die Ansicht zu begründen, dass die virtuellen Achsen zweier auf einem Dotter primär vorhandenen Keimbläschen zunächst die Lagerung der Primitivstreifen, und bei fortschreitender Entwickelung die verschiedenen Grundformen der Doppelmonstra bestimmen. E. d'Alton ***) führte demnächst die Ansicht, dass die ursprüngliche Lagerung zweier auf einem Dotter entstandenen Primitivstreifen, die im Laufe der Entwickelung mehr und mehr mit einander verwüchsen und verschmölzen, für die Grundformen der Doppelmonstra bestimmend sei, im Speciellen durch, und dehnte sie auf die sogenannten

---

*) Comptes rendus 1855. I. p. 868, 876, 931 u. flg.

**) J. S. Beneke: Disquisitio de ortu et causis monstrorum. Göttingae 1846.

***) E. d'Alton: de monstrorum duplicium origine atque evolutione commentatio. Halis 1848. 4to.

— —: de monstris, quibus extremitates superfluae suspensae sunt, commentatio. Halis 1853. 4to.

parasitischen Monstra aus. B. Schulze *) schliesst sich zunächst der von Beneke angebahnten Auffassung an, und sucht die primäre partielle Verschmelzung der Achsenplatten gegen d'Alton geltend zu machen, welcher die Verschmelzung als bei der weiteren Entwickelung entstanden dargestellt hatte. Coste **) endlich führte die Entstehung der Doppelmissbildungen bei Knochenfischen, auf seine Beobachtungen über die ersten Veränderungen im Eie nach der Befruchtung gestützt, ebenfalls auf die primäre Doppelheit der Keimbläschen in einem Dotter zurück. Er behauptet nämlich, dass die ursprüngliche Lage des verschwindenden Keimbläschens die Lage der Cicatricula bestimme, in der sich die Keimscheibe mit dem Primitivstreifen bilde, dass 2 Keimbläschen in einem Eie wirklich vorkämen und dass ein jedes derselben als ein Entwickelungsheerd zu betrachten sei. Diese Hypothesen, denen zufolge 2 Keimbläschen auf einem Dotter vorhanden gewesen sein müssten, damit sich zwei getrennte oder verschmolzene Embryonen auf einem Dotter entwickeln könnten, wurden durch die Beobachtung von Joh. Müller (Ueber Synapta digitata etc. Berlin 1852) gestützt, der zufolge sich das Keimbläschen bei Entoconites mirabilis in alle Furchungskugeln vertheilt. Man glaubte nämlich hieraus schliessen zu dürfen, dass der Furchungsprocess vom Keimbläschen ausginge, und dass das Keimbläschen daher der wichtigste Theil des Eies sei. Andererseits zog man zu ihrer Unterstützung die Beobachtung an, der zufolge die Eier der Tubellaria Vortex balticus, welche immer 2 Keimbläschen enthalten, auch immer 2 Embryonen entwickeln. Endlich stand mit ihnen die allerdings noch bestrittene Angabe in Einklang, dass das Keimbläschen der zuerst gebildete Theil des Eies sei.

Dass Doppelmissbildungen bei Vögeln und Fischen auf einem Dotter entstehen können, wenn abnormer Weise eine doppelte Keimanlage auf demselben vorhanden ist, geht unwidersprechlich aus vorstehenden Thatsachen hervor. Es fragt sich aber noch, ob keine

*) Virchow's Archiv Bd. VII. Ueber anomale Duplicität der Achsenorgane. - Monatsschrift für Geburtskunde 7ter Bd. 1856 pag. 247 — 285. — Comptes rendus 1855 Avril.

**) Comptes rendus I. p. 868, 876, 931 u. flg.

andere Entstehungsweise möglich ist? ob nicht die Eier mit doppeltem Dotter auch durch Verwachsung zweier auf verschiedenen Dottern entstandenen Embryonen entstehen können? und in welcher Beziehung die Eier mit eingeschnürtem oder scheinbar unvollständig doppeltem Dotter zu den Doppelmissbildungen stehen?

Es sind in der That noch in neuester Zeit Stimmen laut geworden, welche, namentlich in Betreff der Vögel, auch die Entstehungsweise der Doppelmissbildungen aus Eiern mit doppeltem und mit eingeschnürtem Dotter, neben der Entstehung aus zwei Keimanlagen auf einem Dotter zur Geltung zu bringen gesucht haben.

Der ältere Geoffroy St. Hilaire hatte aus einem Eie, das er vor der Bebrütung als ein Ei mit doppeltem Dotter diagnosticirt hatte, zwei mit den Nabeln verwachsene Hühnchen erhalten. Isidore Geoffroy St. Hilaire *) schloss hieraus, dass zwei auf verschiedenen Dottern in demselben Eie eingeschlossene Embryonen durch oberflächliche Verwachsungen zu Doppelmissbildungen werden könnten, und er hält noch ganz neuerdings diese Ansicht fest, wenn er gleich einräumt, dass die Doppelmonstra sich in der Mehrzahl der Fälle aus zwei Keimanlagen auf einem gemeinschaftlichen Dotter entwickeln. Die Frage könnte durch diesen einzigen Fall erledigt erscheinen, wenn es in demselben wirklich nachgewiesen wäre, dass die beiden Embryonen sich auf zwei verschiedenen Dottern entwickelt hätten. Dieser Nachweis ist aber nicht geführt worden. Denn einerseits könnte die Diagnose des Vorhandenseins zweier Dotter in diesem Eie unrichtig gewesen sein; ein solcher Irrthum in der Diagnose ist nämlich leicht möglich, da es Eier mit einfachem Dotter giebt, welche, ihrem Aussehen und ihrer Grösse zufolge, den Eiern mit doppeltem Dotter so sehr gleichen, dass auch ich mich mehrmals in dieser Beziehung geirrt habe. Andererseits wäre es aber auch sehr wohl möglich, dass das fragliche Ei wirklich zwei Dotter enthalten hätte, dass aber der eine Dotter unbefruchtet gewesen wäre, während der andere zwei Keimanlagen gehabt hätte. Da das Doppelhühnchen selbst aus der Schale ausgekrochen war,

*) Histoire générale et particulière des anomalies de l'organisation ou la Teratologie T. III. pag. 77. Bruxelles 1837. — Comptes rendus 1855 I. p. 873.

und da von einer Untersuchung der Schale und ihres Inhaltes nach dem Auskriechen nirgends die Rede ist, so verdient diese Möglichkeit wohl berücksichtigt zu werden. Ueberhaupt ist dieser Fall nicht so sorgfältig untersucht, wie man es wohl verlangen könnte, wenn er zur Grundlage einer ganz besonderen Theorie für die Entstehung der Doppelmissbildungen dienen sollte. Dieses geht schon aus einer Anmerkung hervor, die Isidore Geoffroy selbst bezüglich dieses Falles gemacht hat, indem er sagt: J'eusse consideré des à présent ce double poullet comme le type d'un nouveau genre, qui eût du être nommé Omphaloge, s'il m'avait été possible de disséquer moi même ce monstre.

Auch B. Schulze (l. c.) ist der Meinung, dass Doppelmissbildungen in Vogeleiern durch Verwachsung der auf verschiedenen Dottern gebildeten Embryonen entstehen können, obgleich er im Allgemeinen der Entstehung derselben auf einem Dotter das Wort redet, und obgleich er bei Säugethieren letzteren Modus als den einzig möglichen betrachtet. Schon in seiner ersten Abhandlung suchte er theoretisch zu erörtern, dass ein solches Verwachsen bei den Vogeleiern mit doppeltem Dotter ganz besonders begünstigt werde, sowohl durch die feine und dünne Beschaffenheit der Dotterhaut, als durch die harte Schale, welche sich im Ovidukt um die Dotter bildet, und welche bei fortschreitender Entwickelung ein festes Anpressen der Embryonen an einander bedinge. Er hebt hervor, dass solche Bedingungen für die Eier der Säugethiere, wie der Fische nicht vorhanden seien, und statuirt daher nur für die Vögel diese zweite Entstehungsweise der Doppelmissbildungen, freilich auch hier neben der ersten und sonst allgemein gültigen. In den späteren Mittheilungen stützt er diese Meinung nicht nur auf Geoffroy's eben citirten Fall, sondern auch auf eine eigene Beobachtung. Er berichtet nämlich von einer Henne, die 3 Jahre lang Eier gelegt hatte, und deren Eier jedesmal zu Anfang der Legperiode sämmtlich doppelte Dotter enthielten, während späterhin nur noch ab und zu ein solches Ei neben gewöhnlichen Eiern gelegt wurde. Im zweiten Jahre des Legens hatte man die Henne brüten lassen, und es entstanden daraus mehrere vierflügelige, vierbeinige, am Bauche verwachsene Küchlein, welche leider vernichtet wurden. Er sagt, dass ihm überdies mehrere Hühner bekannt seien, welche, namentlich jedesmal zu Anfang einer Legperiode, Eier mit zwei Dottern legten, dass es ihm indess bis dahin nur möglich gewesen sei ein einziges solches Ei zu erhalten. Dasselbe war ungewöhnlich gross, indem es 6¾" im longitudinalen und 5½" im queren Umfange maass. Er setzte es künstlicher Brütwärme aus und öffnete es am fünften Tage der Bebrütung. Zwei Dotter von ziemlich gleicher Grösse lagen in der Längsachse des Eies, es war aber leider nur der eine befruchtet. Auf demselben lag, wie gewöhnlich in der Querachse des Eies, ein normal ausgebildeter, viertägiger Embryo mit grossem Gefässhofe, der jedoch nicht bis zur Berührungsstelle der beiden Dotter reichte. Die beiden Dotter communicirten nicht mit einander. Der befruchtete war beim Oeffnen der Schale geplatzt und floss aus, während der andere ganz und voll blieb. Die Dotterhaut des ersteren war in einer kreisförmigen Fläche von ½" im Durchmesser mit der des anderen verklebt, doch ohne wirkliche Verwachsung, so dass man beide Dotter ohne Zerreissung mit dem Finger von einander trennen konnte. Auf dem unbefruchteten Dotter war keine Spur der Keimscheibe zu entdecken. — Es ist somit nicht zufolge eigener Beobachtung, sondern nur auf die Relation des Besitzers jener Henne hin, dass B. Schulze der Meinung Isidore Geoffroy's beitritt. Auch mir ist von Hühnerzüchtern, welche die Eier mit doppeltem Dotter kannten, oft berichtet worden, dass man solche Eier nicht gern bebrüten lasse, weil immer missgebildete Hühnchen aus ihnen hervorgingen, die mit dem Bauche oder der Brust verwachsen oder, vierbeinig oder zweiköpfig wären. Ich kann aber, meinen Erfahrungen zufolge, solchen Relationen kein Gewicht beilegen, da sie bei näherer Untersuchung jede Beweiskraft verloren. In einem Hühnerhofe kann man in der Regel nicht einmal mit einiger Sicherheit angeben, welche Henne dieses oder jenes Ei gelegt hat. Werden aber einer Brüthenne fremde Eier zum Bebrüten untergelegt, so ist es nach dem Auskriechen in der Regel unmöglich die Eltern des Hühnchens zu bezeichnen. War nun ein Ei darunter, das als ein Ei mit doppeltem Dotter diagnosticirt war, und es erscheint in der Brut eine Doppelmissbildung, so wird ein Hühnerzüchter gewiss darauf schwören, dass dieselbe aus dem Eie mit doppeltem Dotter hervorging; ein Naturforscher muss aber noch verschiedene andere Möglichkeiten vor Augen haben: dass dieselbe aus einem Eie von gewöhnlicher Grösse mit einfachem Dotter, von derselben oder von einer ganz anderen Henne hervorgegangen sein könnte, dass aus dem Eie mit doppeltem Dotter möglicher Weise ein einfaches, normales Hühnchen ausgekrochen sein könnte, oder dass das Ei zu Grunde gegangen wäre. Nach dem Auskriechen wird es überhaupt einem Hühnerzüchter in der Regel unmöglich sein mit Bestimmtheit zu sagen, dass dieses oder jenes Hühnchen aus diesem oder jenem Eie hervorgegangen sei, und selbst, wenn dies, wie in Geoffroy's Falle, wirklich einmal möglich ist, so wäre noch der Nachweis erforderlich, erstens, dass eine wirkliche Doppelmissbildung vorlag, und zweitens, dass dieselbe nicht auf einem Dotter entwickelt wäre. Dazu kommt die bekannte Neigung der Leute, Dasjenige vorzugsweise zu nennen, das ihnen am wunderbarsten erscheint. Dahin gehörten aber von jeher die Doppelmonstra, und es ist daher sehr leicht denkbar, dass vereinzelte, ungenaue Beobachtungen, die auf einer Verwechselung beruhten, zu einer solchen Tradition Veranlassung geben konnten.

Serres*) behauptet noch, dass bei Vögeln eine Verbindung im Eie durch die Allantoïs zustandekommen könne, freilich ohne bestimmte Beobachtungen darüber mitzutheilen, und ohne anzugeben, wie daraus denn Doppelmissbildungen resultiren sollten; ohne Weiteres begreift man dies nicht, da ja bekanntlich die Allantoïs mit den übrigen Eihäuten beim Auskriechen des Hühnchens in der Schale zurückbleibt. Zwillinge von Säugethieren mit gemeinschaftlicher Placenta würde doch Niemand als Doppelmissbildungen bezeichnen.

Selbst Coste,**) der seinen zahlreichen Erfahrungen zufolge bei Knochenfischen das Vorhandensein zweier Keime auf einem Dotter als conditio sine qua non für die Entstehung der Doppelmissbildungen bezeichnet, warnt in sehr eindringlicher Weise gegen eine Ausdehnung der Analogie auf die Vögel und überhaupt auf die Thiere mit Allantoïs, da bei diesen wesentlich andere Ver-

*) Comptes rendus 1855 I. p. 629.

**) l. c.

hältnisse obwalten sollten, welche die Genese der Doppelmissbildungen bestimmen könnten.

Auch Vrolik *) und Ritgen **) haben gegen den Analogieschluss gewarnt, die bei Fischen und in einigen Fällen auch bei Vögeln nachgewiesene Entstehungsweise der Doppelmissbildungen aus zwei Keimen auf einem Dotter auf alle Fälle auszudehnen und diese Entstehungsweise als die einzig mögliche zur Geltung zu bringen.

Vielleicht könnte man für die Vermuthung, dass Doppelmissbildungen bei den Vögeln durch Verwachsung zweier, auf verschiedenen Dottern entwickelten Embryonen entstehen könnten, noch die sehr merkwürdigen Beobachtungen bei Mollusken geltend machen wollen, welche neuerdings gelehrt haben, dass bei diesen Thieren Doppelmissbildungen in der That auf diese Weise zustandekommen können. Lacaze-Duthier ***) wurde durch den Fund einer Doppelmissbildung von Bullea aperta veranlasst, auf das Eierlegen dieser Thiere Acht zu geben. Er fand dabei dann, dass die Eier im oberen Theile der klaren Masse, welche sie nach dem Legen bilden, oft weniger regelmässig lagen, als gewöhnlich. Besonders häufig wurde dies in künstlichen Bassins beobachtet. Er fand ferner, dass diese unregelmässig abgelagerten Eimassen Doppelmissbildungen lieferten, und überzeugte sich endlich, dass diese Doppelmonstra aus solchen Eiern hervorgingen, bei welchen zwei vollständige, nirgends verklebte Eier von einer gemeinschaftlichen Schale umgeben waren, wohingegen diejenigen Eier, bei denen sich nur ein Ei (Dotter) in einer Schale befand, normale Embryonen lieferten. Indem er die einzelnen Exemplare in ihrer Entwickelung verfolgte, sah er constant, dass die zwei Eier in der gemeinschaftlichen Schale sich wie gewöhnlich furchten, und dass das Verwachsen nach beendigtem Furchungsprocesse erfolgte. Die beiden, durch den Furchungsprocess zerklüfteten Kugeln hingen wie zwei Luftblasen an einander, sie wurden an der Berührungsfläche platt gedrückt und die Zellen wurden hier dünner. Erst

*) Comptes rendus.

**) Monatsschrift für Geburtskunde.

***) Comptes rendus 1855 II. pag. 1247—1250.

wenn die Bewegung durch die Cilien anfing war die Verwachsung evident. Beide durchliefen dann ihre normale Entwickelung bis auf die durch das Verwachsen gesetzten Deformitäten. Einige hingen nur durch einen dünnen Stiel zusammen, und dann war die Trennung noch möglich; andere waren aber mittels grosser Oberflächen fest mit einander verbunden. Bemerkenswerth war noch die Verbindung dieser Doppelembryonen durch homologe Theile z. B. mit den beiden Seiten, wie zwei Personen, die beide ihre rechten Arme in einander geschlungen haben, oder mit dem Rücken, oder mit der Unterfläche des Fusses oder mit der Spitze des Schwanzes. Es können aber diese Erfahrungen für die Entwickelung der Doppelmonstra bei den Wirbelthieren um so weniger zu einem Analogieschlusse berechtigen, als es bei vielen Mollusken als Regel vorkommt, dass mehrere Eier von einer Schale umgeben sind. So fanden Koren und Danielsen, dass bei Buccinum und Purpura immer sehr zahlreiche Eier in gemeinsamer Kapsel bei der Entwickelung eine zusammenhängende Masse bilden, aus der später mehrere nicht verbundene Embryonen hervorgehen, denen der Rest der Eimasse, nach Carpenter, zur Nahrung dient. Bei einigen Cephalopoden und Pulmonaten sind nach Valenciennes zwei Dotter in einer Schale fast normal, ebenso in der ganzen Abtheilung der Gasterop. pectinibranchiata; auch bei Fasciolaria persica entwickeln sich immer zwei Dotter in einer Schale, und bei Turbinella scolymus finden sich sogar 56 Eier in einer Schale. Solche Verhältnisse bei den Wirbellosen können natürlich für die Missbildungen der Wirbelthiere nicht maassgebend sein.

Bei den Säugethieren fehlt es noch gänzlich an direkten Beobachtungen über die erste Entstehung der Doppelmissbildungen; man ist daher durchaus auf Analogieschlüsse hingewiesen, wenn man es nicht vorzieht, sich jener Vermuthung zu enthalten. Die Grundfrage bleibt aber: ob die Verbindung immer schon im unentwickelten Eie gesetzt ist, indem 2 ganz oder theilweise getrennte Keimanlagen auf einem Dotter vorhanden waren? oder ob eine Verwachsung der Embryonen zweier Eier ebenfalls die Entstehung von Doppelmissbildungen veranlassen kann? Während H. Meckel den aus einem Graafschen Follikel stammenden Eiern eine besondere Bedeutung für die Entstehung der Doppelmissbildungen zuschreibt, hat B. Schulze (l. c.) dagegen geltend gemacht, dass die Festigkeit des Chorions, das sie aus dem Eierstocke mitbringen, höchstens die Bildung einer gemeinschaftlichen Decidua zulassen würde. Bei den Vogeleiern mit doppeltem Dotter giebt, wie S. besonders betont, die zarte Beschaffenheit der Dotterhaut und der Einschluss in eine harte, nicht nachgebende Schale ohne allen Vergleich günstigere Verhältnisse für die Verwachsung ab, als bei den kleinen, von sehr starker Dotterhaut umgebenen Säugethiereiern, welche sich im weiten und nachgiebigen Uterus entwickeln, wo sie bald noch durch andere Häute getrennt werden. Gewiss muss man einräumen, dass in Vogeleiern mit doppeltem Dotter das Verwachsen noch am leichtesten denkbar wäre; daraus folgt aber keineswegs, dass es hier wirklich vorkommt.

Drittes Kapitel.

Neue Untersuchungen und Beobachtungen über die Entwickelung in abnorm gebildeten Vogeleiern, mit Rücksicht auf die Entstehung der Doppelmissbildungen, und mit Hinblick auf die Entstehung dieser Classe der Missbildungen bei den Säugethieren und dem Menschen.

Dem oben über die Abnormitäten der Vogeleier vor der Bebrütung Angeführten, und der Zusammenstellung der bisherigen Untersuchungen über die Entwickelung in abnorm gebildeten Eiern zufolge, erschienen neue positive Untersuchungen, besonders über das Verhältniss der ursprünglich fehlerhaften Beschaffenheit der Eier zur Entstehung der Doppelmissbildungen nach mehreren Seiten hin dringend geboten zu sein, nämlich:

1. Ueber die Entwickelung in Vogeleiern mit doppeltem Dotter liegt ausser dem zweifelhaften Falle von Geoffroy nur ein einziges Bebrütungsresultat (von B. Schulze) vor, das schon darum für die Beziehung zu den Doppelmissbildungen ganz unbefriedigend ist, weil nur der eine Dotter befruchtet war.

2. Ueber die Eier mit eingeschnürtem oder unvollkommen doppeltem Dotter, die Serres als aus zwei mit einander verschmolzenen Dottern zusammengesetzt und zugleich als eine Uebergangsform zu den Fällen betrachtet, wo zwei Cicatriculae auf einem Dotter vorhanden sind, lag bisher gar kein Bebrütungsresultat vor. Die Frage, ob ein solches Ei als ein einfaches Ei mit eingeschnürtem Dotter und einfacher Keimanlage, oder als ein doppeltes Ei mit zwei confluirten Dottern und zwei Keimanlagen zu betrachten sei, schien aber am besten eben durch das Bebrütungsresultat entschieden werden zu können, falls es nämlich gelingen sollte, solche Eier mit Erfolg zu bebrüten.

3. Ueber die Entwickelung in Eiern mit doppelter Cicatricula auf einfachem Dotter scheinen bei Vögeln überhaupt bisher nur 5 Fälle in frühen Stadien beobachtet worden zu sein, 2 von Wolff, 2 von Baer und 1 von Reichert. In allen diesen Fällen scheint aus dem Bebrütungsresultate der Schluss abgeleitet werden zu müssen, dass die beiden Cicatriculae einander vor der Bebrütung theils sehr nahe gelegen, theils schon von vorn herein confluirt gewesen sein müssen. An diesen Umstand haben sich die Fragen geknüpft, ob eine Theilung einer ursprünglich einfachen Keimanlage oder eine Verbindung zweier ursprünglichen Keimanlagen statt gehabt habe? und ob die Spaltung der Achsengebilde als eine ursprüngliche, oder als eine aus dem Verlaufe der Entwickelung resultirende aufzufassen sei? Bei der sehr geringen Zahl der betreffenden Thatsachen konnte man hoffen, dass fernere Beobachtungen einschlagender Fälle wesentlich zur Schlichtung der obschwebenden Differenzen beitragen könnten.

Der Zufall scheint mir besonders günstig gewesen zu sein, indem es mir möglich gewesen ist ein recht ansehnliches Material für alle diese drei verschiedenen Classen zu sammeln, und ich werde nun meine Erfahrungen in der angegebenen Ordnung darzulegen haben.

I. Die Entwickelung auf zwei in einem Eie enthaltenen, mit einfacher Cicatricula versehenen Dottern.

Unter den 77 Hühnereiern und den 3 Gänseeiern mit doppeltem Dotter und einfacher Cicatricula, die ich gesammelt habe, konnte ich 10 Hühnereier aus verschiedenen Gründen nicht bebrüten lassen; die übrigen 67 Hühnereier und die 3 Gänseeier habe ich sämmtlich 2—9 Tage lang der künstlichen Brütwärme in einer von Herrn Braunau in Jena angefertigten, mit Wärmeregulation nach Huschke's Angabe versehenen kleinen Brütmaschine ausgesetzt. Das Resultat der Bebrütung war übersichtlich folgendes:

a) In 21 Hühnereiern und 2 Gänseeiern zeigte sich keine Entwickelungsspur, weder auf dem einen noch auf dem anderen Dotter (Taf. VIII. Fig. 6).

b) In 15 Hühnereiern und 1 Gänseei trug der eine Dotter einen normalen Embryo, der andere Dotter zeigte keine Spur einer Entwickelung. (Taf. IX. Fig. 1, 2).

c) In 10 Hühnereiern trug jeder der beiden Dotter einen normalen und lebendigen, nirgends mit dem des anderen Dotters verwachsenen Embryo. (Taf. IX. Fig. 4, 7).

d) In 9 Hühnereiern trug der eine Dotter einen kranken Embryo oder doch eine deutliche Spur einer unterbrochenen und gestörten Entwickelung, der andere Dotter zeigte keine Spur von Entwickelung (Taf. IV. Fig. 7).

e) In 7 Hühnereiern trug jeder Dotter einen abnormen Embryo oder eine deutliche Spur einer unterbrochenen und gestörten Entwickelung (Taf. IX. Fig. 8, 9, 10).

f) In 6 Hühnereiern trug der eine Dotter einen lebendigen normalen Embryo, der andere einen abnormen Embryo oder eine Spur unterbrochener Entwickelung (Taf. IV. Fig. 5).

Unter jenen 21 Hühnereiern, bei welchen die Bebrütung ganz und gar erfolglos geblieben war, fanden sich 2, deren Schale durch einen Riss beschädigt war, eins das über drei Wochen (im Sommer) gelegen hatte, bevor es bebrütet wurde; 2 derselben hatte ich von einer Aufkäuferin erhalten, und 7 rührten von einer Henne her, welche wahrscheinlich nicht befruchtet worden war. Dieselbe befand sich nämlich, als sie diese Eier legte, freilich in Gesellschaft eines Hahns, der aber gewiss durch die Gegenwart eines starken und sehr streitbaren capunirten Hahns in seinem Geschäfte gestört worden war; denn nachdem dieser Capaun abgeschafft worden war, lieferte dieselbe Henne regelmässig fruchtbare Eier, worunter auch viele mit doppeltem Dotter. Für 12 unter jenen 21 Eiern waren also solche Umstände vorhanden, welche nicht nur für Eier mit doppeltem Dotter, sondern auch für gewöhnliche Eier höchst wahrscheinlich eine jede Entwickelung verhindert haben würden. Die beiden Gänseeier waren aber weit vom Lande her zur Stadt gebracht worden. Bringt man diese 14 Eier beiderseits in Abzug, so würden also nur 9 unter 56 Eiern mit doppeltem Dotter ganz unfruchtbar gewesen sein, ein Verhältniss, das an sich nicht gerade sehr ungünstig genannt werden kann. Wenn daher Fremy und

Valenciennes ihren durchaus negativen Bebrütungsresultaten zufolge, erklärt haben, dass diese Eier in der Regel unfruchtbar seien, so ist diese Angabe zu berichtigen, indem das negative Resultat der französischen Forscher gewiss daher rührt, dass sie ihre Eier vom Markte, durch Aufkäufer, nicht direkt von den Besitzern der Hennen bezogen haben. Es ist nämlich Jedem, der sich einigermassen mit Bebrütungsversuchen befasst hat, bekannt, dass es die erste Bedingung eines günstigen Resultats ist, die Eier direkt aus Hühnerhöfen, die mit guten Hähnen versehen sind, zu beziehen.

Wenn man aber bedenkt, dass jene 56 Eier ja 112 Dotter enthielten, und daher bezüglich des Entwickelungsresultats eigentlich nicht mit 56 sondern mit 112 gewöhnlichen Eiern zu vergleichen wären, so stellt sich das Resultat allerdings schon weniger günstig. Wenn wir also von jenen 14, aus erklärlichen äusseren Ursachen unfruchtbaren Eiern ganz absehen, so waren doch in der Abtheilung (*a*) 18, in der Abtheilung (*b*) 16, in der Abtheilung (*d*) 9, zusammen 43 unter 112 Dottern bei der Bebrütung ganz ohne alle Entwickelung geblieben. Wenn aber unter 112 Eiern 43 abstehen, also mehr als $^1/_3$, so ist das Verhältniss schon ziemlich ungünstig. Dazu kommt nun aber noch hinzu, dass sehr oft abnorme Embryonen gebildet waren, oder eine angefangene Entwickelung wieder unterbrochen worden war. In der Abtheilung (*d*) finden sich 9, in (*e*) 14, in (*f*) 6 abnorme Embryonen oder rudimentäre Entwickelungsspuren. Die 112 Dotter hatten also in 43 Fällen keine und in 29 Fällen eine abnorme oder unterbrochene Entwickelung ergeben, und nur 42 normale Embryonen geliefert. Wenn aber 112 Eier gewöhnlicher Art nur 42 normale lebendige Embryonen liefern, besonders bei Oeffnung des Eies zwischen dem 2ten und 9ten Bebrütungstage, so ist das Resultat schon sehr ungünstig zu nennen.

Da mir nun gewöhnliche, meist aus denselben Hühnerhöfen bezogene Eier mit einfachem Dotter, welche unter denselben äusseren Verhältnissen bei der gleichen Temperatur, in derselben Brütmaschine gleichzeitig entwickelt wurden, in der bei Weitem überwiegenden Mehrzahl der Fälle normale und lebendige Embryonen geliefert hatten, so muss man doch annehmen, dass die besonderen Verhältnisse, unter welchen sich die Dotter in den Eiern mit doppeltem Dotter befinden, auf die normale Entwickelung störend eingewirkt haben.

Indem sich die Frage aufdrängte, welche besonderen Verhältnisse denn in den Eiern mit doppeltem Dotter auf die Entwickelung störend einwirken könnten? lag der Gedanke nahe, dass derjenige Dotter, der dem Luftraume am nächsten lag, vor demjenigen, der sich am luftleeren Eiende befand, bevorzugt sein möchte. Denn nur in einem einzigen Falle, wo in der That jeder der beiden Dotter einen normal entwickelten, lebendigen, 6tägigen Embryo trug (Taf. IX. Fig. 4), war an jedem Ende ein Luftraum vorhanden, in keinem anderen Falle hatte ich mehr als einen Luftraum vorgefunden, der sich bei den Eiern, deren Enden deutlich verschieden waren, am stumpfen Eiende befand. Diese Vermuthung wurde indess bei der genaueren Untersuchung nicht bestätigt. Es zeigte sich nämlich einerseits, dass die Entwickelung wenigstens bis zur 69sten Brütstunde normal fortschreiten kann, ohne dass sich überhaupt ein Luftraum entwickelt. Alsdann mussten aber die Eier ganz frisch sein, denn sonst entwickelt sich auch bei der gewöhnlichen Temperatur in unbebrüteten Eiern ein Luftraum, dessen Grösse unter sonst gleichen Umständen um so beträchtlicher ist, je länger die Eier gelegen haben. Andererseits war in nicht wenigen Fällen ein normaler Embryo gerade auf dem am luftleeren Eiende gelegenen Dotter entwickelt, während derjenige Dotter, der dem Luftraume anlag, entweder gar keine Entwickelung zeigte, oder einen kranken und missgebildeten Embryo trug. Ich fand selbst ebenso oft normal entwickelte, lebendige Embryonen am luftleeren (spitzen), wie am lufthaltigen (stumpfen) Ende, und es zeigte sich auch gar kein Unterschied in der Häufigkeit des gänzlichen Fehlens der Entwickelung am einen und am anderen Eiende. Wenigstens bis zum siebenten Tage der Entwickelung habe ich einen normalen und lebendigen Embryo auf demjenigen Dotter gefunden, der am luftleeren Eiende lag. Die Nähe des Luftraumes ist mithin für die erste Entwickelung von keiner Bedeutung, und dass derselbe in der Regel nur am einen Eiende zur Entwickelung gekommen war, konnte in den mir vorliegenden Fällen Nichts dazu beigetragen haben, dass verhältnissmässig so viele Dotter in den in Rede stehenden Eiern unentwickelt geblieben waren oder kranke Embryonen trugen.

Auch die verschiedene Grösse der Eier mit doppeltem Dotter schien für die Entwickelung, wenigstens bis zum 6ten — 7ten Tage hin gleichgültig zu sein. Es erklären sich die ungünstigen Entwickelungsverhältnisse in Eiern mit doppeltem Dotter aber dadurch, dass die Cicatriculae oder die jungen Embryonen so oft in Lagen kommen, die der Entwickelung ungünstig sind oder sie vollkommen unmöglich machen. Diese Häufigkeit des Vorkommens einer abnormen Lage der Entwickelungscentra in diesen Eiern ist schon oben Pag. 192 besprochen worden, und es ist dort bereits darauf hingewiesen worden, dass dieselbe ohne Zweifel auf das ebendaselbst besprochene Verhalten der Chalazzen zurückzuführen ist. Es geht nun aber zur Evidenz aus den von mir beobachteten Resultaten der Entwickelung in diesen Eiern hervor, dass an der Berührungsfläche beider Dotter gar keine Entwickelung möglich ist. Da nun die eine oder die andere Cicatricula auffallend häufig gerade an der Berührungsfläche beider Dotter liegt und verborgen ist und in anderen Fällen derselben ausserordentlich nahe liegt, so ist es sehr begreiflich, dass die Entwickelung durch diesen Umstand oft gestört oder ganz verhindert werden muss. Selbst bei übrigens sehr kräftiger Entwickelung hört der bis an die Berührungsgränze beider Dotter fortgeschrittene Bluthof hier mit scharfer Begränzung, wie abgeschnitten, auf, wie auf Taf. IX. Fig. 4. Auch die übrigen Blätter der Keimscheibe können bei ihrer sonst gleichmässig über den Dotter fortschreitenden Entwickelung diese Gränze nicht überschreiten. Wenn aber die Cicatricula der Berührungsgränze sehr nahe liegt, und wirklich eine Entwickelung in ihr beginnt, so muss dieselbe bald unterbrochen werden, weil die Ausdehnung des Dotters durch die Eiweissaufnahme die Berührungsfläche viel grösser macht (vgl. Fig. 2, 4 und 9 der Taf. IX), und in Folge dessen kann der Embryo, der anfangs sich noch frei in der Nähe der Gränzlinie entwickeln konnte, bei fortschreitender Entwickelung theilweise zwischen beide Dotter eingeklemmt werden und dadurch zu Grunde gehen. Diesen Fall habe ich wiederholt in sehr evidenter Weise beobachtet; unter den in den Abbildungen verzeichneten Fällen gehört Fig. 5 Taf. IV und Fig. 10 Taf. IX hierher. Dieser interessante Umstand, dass die Berührungsfläche beider Dotter keine Entwickelung zulässt, in Verbindung mit dem Umstande, dass die Lage der Cicatricula in diesen Eiern so sehr wechselt, wodurch die nicht entwickelungsfähige Seite des Dotters zum Ausgangspunkte der Entwickelung in verschiedene und bei fortschreitender Entwickelung wechselnde Beziehung tritt, ist wohl die Hauptursache der im Ganzen ungünstigen Entwickelungsresultate in diesen Eiern. — Die Frage, wodurch die Entwickelung an der Berührungsgränze beider Dotter unmöglich ist? scheint, mit Rücksichtnahme auf die im ersten Abschnitte dieser Arbeit erlangten Resultate, dahin beantwortet werden zu müssen, dass wahrscheinlich einerseits der Druck des einen Dotters gegen den anderen, der sich durch die Abplattung derselben zu erkennen giebt, der Entwickelung hinderlich und dass andererseits die freie Berührung der Cicatricula oder des Embryo mit dem Eiweiss vielleicht eine nothwendige Bedingung für die embryonale Entwickelung und Ernährung im Vogeleie ist. — Gewiss ist aber, dass das Centrum der Entwickelung, in allen den Fällen, wo sich ein normaler, lebendiger Embryo auf einem Dotter dieser Eier vorfand, von der Berührungsgränze beider Dotter ziemlich weit entfernt war.

Abgesehen von der schädlichen und bei fortschreitender Entwickelung sich vergrössernden Berührungsfläche beider Dotter scheint die Lage der Cicatricula oben, seitlich oder unten auf dem Dotter für die Entwickelung keinesweges gleichgültig zu sein. In einem gewöhnlichen Eie nimmt die Cicatricula bekanntlich, auch wenn das Ei gedreht wird, die Mitte der nach oben gewandten Seite des Dotters ein. In den Eiern mit doppeltem Dotter gestattet einerseits die abweichende Anordnung der Chalazzen, andererseits das Zusammenliegen der beiden Dotter, bisweilen nicht dem betreffenden Dotter sich so zu drehen, dass die Cicatricula durch Einfluss des geringeren specifischen Gewichts der Dotterseite, die sie einnimmt, nach oben zu liegen kommt. In einigen Fällen lag die Cicatricula des einen Dotters, wie gewöhnlich, oben, die Cicatricula des anderen Dotters lag aber entweder ganz unten, der anderen gerade entgegengesetzt, oder an der Seite, etwa 90° von dem obersten Punkte entfernt. In diesen Fällen, welche genau beobachtet wurden, indem die Eier während der ganzen Bebrütungsdauer dieselbe horizontale Lage eingenommen hatten und, möglichst genau in derselben Lage aus dem Apparate herausgenommen, unter Wasser geöffnet worden waren, fand sich der oben, in der gewöhnlichen Stellung befindliche Embryo normal und gut entwickelt, während der untere, entweder abnorm oder so weit in der Entwickelung zurückgeblieben war, dass man ihn als abgestanden betrachten musste. Dies deutet darauf hin, dass die Lage der Cicatricula auf dem obersten Punkte des Dotters für die Entwickelung am günstigsten oder vielleicht selbst nothwendig ist, und es liegt die Vermuthung nahe, dass die specifisch leichtere Flüssigkeit, welche den Embryo bei seiner normalen Lage umspült, für seine Ernährung besonders geeignet ist.

Bei Berücksichtigung dieser Verhältnisse erklären sich jene ungünstigen Bebrütungsresultate recht gut, ohne dass man anderweitige unbekannte Momente für die Erklärung herbeizuziehen genöthigt wäre. Dass wir in den Eiern mit doppeltem Dotter solche Abnormitäten vorfanden, wie sie auch so oft in Eiern mit einfachem Dotter durch Störung der Entwickelung entstehen, kann nicht befremden. Denn wenn man auch nur auf die schädlichen Temperaturschwankungen Rücksicht nehmen will, so lassen sich dieselben bei aller Sorgfalt in solchen Versuchen nicht ganz vermeiden. — Dieselben konnten übrigens selbst dann ihren schädlichen Einfluss ausgeübt haben, wenn die Temperatur bei der künstlichen Bebrütung vollkommen gut regulirt gewesen war. Es war nämlich unmöglich zu wissen, ob nicht eine Bebrütung durch die Henne, und im heissen Sommer zugleich die Temperatur der Luft, schon eine beginnende Entwickelung gesetzt hatte, die dann ganz zu Anfang stark unterbrochen worden wäre; denn ich liess die Eier oft einige Tage liegen, bevor ich die künstliche Bebrütung anfing, weil ich mehrere Eier zugleich in Arbeit nehmen zu können hoffte. Dieses ist besonders für die Fälle annehmbar, wo sich kein Embryo, sondern eine einfache abortive Keimscheibenbildung (Pag. 37) auf beiden Dottern vorfand, oder wo dieselbe neben einem ganz unentwickelten Dotter gefunden wurde. Die in Rede stehenden 70 Eier wurden natürlich nicht auf einmal, sondern in vielen verschiedenen Reprisen bebrütet, da sie mir meist nur einzeln zugingen. Sehr oft habe ich um eines einzelnen Eies mit doppeltem Dotter willen die Brütmaschine heizen müssen; bisweilen konnte ich 2 bis 3, selten mehr von diesen Eiern gleichzeitig bebrüten. Bei so vielen Brütversuchen, welche neben anderen Arbeiten betrieben wurden, hat es nicht vermieden werden können, dass Unregelmässigkeiten in der Temperatur, einige male selbst recht beträchtliche, vorkamen. Für die 7 Fälle, wo beide Dotter abnorme Embryonen trugen oder blosse Entwickelungsspuren zeigten, und für die 10 Fälle, wo der eine Dotter eine abnorme Entwickelung zeigte, während der andere ganz unentwickelt geblieben war, wird wohl Niemand Bedenken tragen anzunehmen, dass eine äussere Schädlichkeit, wahrscheinlich eine Temperaturschwankung, das ungünstige Resultat bedingt hat. Nur die unter (*f*) verzeichneten 7 Fälle, wo ein normaler Embryo auf dem einen und ein abnormer auf dem anderen Dotter gefunden wurde, könnten vielleicht auffallend erscheinen. Dass aber in demselben Eie der eine Embryo dem Einflusse einer Schädlichkeit widerstand, durch welchen der andere erkrankte, kann doch eigentlich gar nicht befremden, da eine ganz entsprechende Verschiedenheit der Prädisposition zur Erkrankung bei Einwirkung einer bestimmten Schädlichkeit ja überall beobachtet wird, auch bei Eiern mit einfachem Dotter und bei entwickelten Individuen.

Fassen wir nun die einzelnen Resultate der Entwickelung in den Eiern mit doppeltem Dotter etwas näher ins Auge, und berücksichtigen zunächst die Fälle, wo normale und lebendige Embryonen gefunden wurden, so ergiebt sich dabei Folgendes:

Obiger Zusammenstellung zufolge kam es unter 67 Hühnereiern 15mal und unter 3 Gänseeiern 1mal vor, dass der eine Dotter einen normalen lebendigen Embryo trug, während der andere gar keine Entwickelungsspur zeigte. Da nun ein Dotter, der gar keine Spur einer begonnenen Entwickelung, trotz der stattgefundenen Bebrütung zeigt, auch nicht faulig zersetzt wird, sondern sich, wie schon Reaumur angiebt (Pag. 16), und wie ich es vollkommen bestätigt gefunden habe, bis über den normalen Termin der Bebrütung hinaus ganz frisch erhält, so ist anzunehmen, dass in diesen Fällen bei ferner ungestörter Entwickelung ein einziger, ganz normaler Embryo am Schlusse der Entwickelung aus einem solchen Eie mit doppeltem Dotter ausgeschlüpft sein würde. Dieses Resultat der Entwickelung aus Eiern mit doppeltem Dotter, das Obigem zufolge etwa $^1/_4$—$^1/_3$ aller Fälle umfassen würde, wo Eier mit doppeltem Dotter bebrütet worden, würde einem Hühnerzüchter ohne Zweifel entgehen. Höchst wahrscheinlich würde er annehmen, dass ein Ei, das er vielleicht der beträchtlichen Grösse halber für ein Ei mit doppeltem Dotter gehalten hatte, doch nur ein gewöhnliches Ei gewesen sei, wenn ein gewöhnliches Hühnchen daraus hervorging. Es ist daher erklärlich, dass ich über dieses Bebrütungsresultat der Eier mit doppeltem Dotter nirgends eine Angabe oder eine Andeutung gefunden habe. Wenn man künftighin vielleicht diesen Fall im Auge behalten wird, so ist es wahrscheinlich, dass die Gegenwart von gelber Dottermasse in der Schale oder am Hühnchen es möglich machen wird, die Gegenwart eines zweiten Dotters zu constatiren, da derjenige gelbe Dotter, auf welchem das Hühnchen sich entwickelt, normaler Weise ja bekanntlich in den Unterleib desselben hineinschlüpft und daher keine gelbe Dottermasse zum Vorschein kommen lässt.

In 10 unter 70 Fällen fand sich ferner ein normal entwickelter lebendiger Embryo auf jedem der beiden Dotter. Wenn die Entwickelung unter diesen Verhältnissen ihr normales Ende erreicht haben würde, so ist demnach anzunehmen, dass zwei im Ganzen normale, getrennte Hühnchen aus einem solchen Eie mit doppeltem Dotter ausgeschlüpft sein würden. Dass die Entwickelung unter solchen Verhältnissen bis kurz vor dem Auskriechen glücklich fortschreiten kann, geht schon aus dem auf Taf. X. Fig. 2 und 3 abgebildeten, in der Aufzählung nicht mitgerechneten Falle hervor. Hier hatte die Henne selbst das Ei bebrütet; da aber nach Ablauf der normalen Zeit kein Hühnchen auskroch, war das Ei geöffnet und mir mit den beiden todten, aber noch ganz frischen Embryonen gebracht worden. Dieselben waren nirgends mit einander verbunden, sondern lagen ganz frei neben einander, wie die Abbildungen es zeigen. Ohne Zweifel hat der beschränkte Platz im Eie es diesen beiden Hühnchen unmöglich gemacht, die zum Sprengen der Schale nöthigen Bewegungen auszuführen. — Ausser diesen 11 Fällen, wo sich ein normaler, nirgends mit dem anderen verwachsener Embryo auf jedem Dotter entwickelt hatte, sind noch folgende hierher gehörigen Fälle zu meiner Kenntniss gelangt:

1) Herr Schmitz, der seine grossen Brütmaschinen und die künstliche Bebrütung in denselben in vielen Städten öffentlich vorgezeigt hat, theilte mir mit, dass er einmal ein Ei, das er durch die auffallende Grösse als ein Ei mit doppeltem Dotter erkannt hatte, 10—11 Tage lang bebrütet, und in demselben zwei lebendige, normale Embryonen vorgefunden habe, die ganz frei und getrennt von einander lagen. Der eine war nur etwas kleiner als der andere.

2) Auf der hiesigen Anatomie befindet sich (Journal-Nummer 644 den 4ten Juli 1845) ein Glas mit zwei Hühnerembryonen aus einem Eie, welche vollkommen getrennt, ihrer Entwickelung zufolge 18—19 Tage alt geworden sein müssen. Am Nabel eines jeden dieser Embryonen hängt der Dottersack völlig frei heraus. Die Bildung beider Hühnchen scheint ganz normal zu sein, bis auf eine Verkümmerung des Fusses des einen.

3) Herr Dr. Poselger in Berlin hat die Güte gehabt mir folgende mündliche Mittheilung zu machen: Seit er Cochinchina- und andere fremde Hühnerracen in seinem Hühnerhofe eingeführt hat, sind ihm ziemlich oft Eier mit doppeltem Dotter vorgekommen. Diese Eier hat er oft bebrüten lassen, und 6—8mal waren zwei Hühnchen in denselben zur vollen Entwickelung im Eie gelangt, aber sie waren in demselben abgestorben, weil sie die Schale nicht durchbrechen konnten, indem es ihnen am Raum fehlte, um die nöthigen Bewegungen auszuführen. In allen diesen Fällen waren beide Hühnchen durchaus von einander getrennt und nirgends mit einander verwachsen. Auch waren, so weit ohne genauere Untersuchung ersichtlich war, beide ganz normal. Viel häufiger war die Bebrütung dieser Eier erfolglos geblieben, indem die Embryonen entweder früher zu Grunde gingen oder indem die Eier überhaupt nicht befruchtet waren.

4) Der Diener des unter meiner Leitung befindlichen physio-

logischen Laboratoriums, dessen Wahrheitsliebe mir völlig erprobt ist, beschäftigt sich nebenher mit der Zucht von Kanarienvögeln. Dabei erlebte er vor mehreren Jahren den Fall, dass aus 4 Eiern, die im Neste eines Kanarienvogels bebrütet waren, 5 Junge ausschlüpften. Dem einen derselben fehlte der Schwanz und eine Zehe am rechten Fusse. Das defecte Junge war ein Männchen, ebenso wie 3 der fehlerfrei entwickelten Jungen; das 5te war ein normal gebildetes Weibchen. Alle 5 Jungen blieben gesund und wurden gross. Es ist wohl nicht zu bezweifeln, dass eines dieser Eier ein Ei mit doppeltem Dotter gewesen ist.

5) Eine Frau in Dorfgaarden bei Kiel liess aus Neugierde von einer Henne ein Hühnerei ausbrüten, das wegen seiner ganz ungewöhnlichen Grösse von ihr für ein Ei mit doppeltem Dotter gehalten wurde. Es kamen aus diesem Eie zwei völlig getrennte, lebendige Hühnchen hervor. Dem einen derselben fehlte aber der Schwanz, das andere hatte einen Fehler am Fusse.

6) Zu Anfang Juni 1858 machte die Nachricht, dass ein Hühnerliebhaber unter den Linden in Berlin aus einem Eie zwei lebendige Hühnchen erhalten habe, die Runde in vielen norddeutschen Zeitungen, z. B. in der Eisenbahnzeitung, der Reform u. A.

Ohne Zweifel würden diese Bebrütungsresultate aus Eiern mit doppeltem Dotter, deren übrigens, wie oben (Pag. 200) angeführt wurde, schon von Harvey, ja schon von Aristoteles Erwähnung geschehen ist, häufiger sein, wenn dieselben öfter bebrütet würden. In der Regel werden sie aber nicht bebrütet, weil, wenigstens hier zu Lande, die Sage verbreitet ist, dass immer allerlei Doppelmissbildungen aus denselben hervorgehen sollen. Dieses ist nun zwar, insofern Doppelmissbildungen genannt werden, jedenfalls unrichtig, indem dieses Resultat wenigstens sehr selten ist; es scheinen jedoch einfache Missbildungen, namentlich fehlerhafte Bildung des Schwanzes und der Füsse öfter beobachtet zu sein, und diese Fehler sind durch die Raumbeschränkung um so leichter zu begreifen, da die Längenachsen der Embryonen in allen meinen Fällen vor dem 6ten Tage mit einander einen freilich sehr verschiedenen Winkel bildeten, und weil die Lagerung nach der Längenachse des Eies (wie in Fig. 2 und 3 Taf. X) erst in einer späteren Entwickelungsperiode, wahrscheinlich unter allerlei mechanischen Conflicten erfolgen wird.

Für die Frage über die Beziehung der Eier mit doppeltem Dotter zu den Doppelmissbildungen ist es ein bemerkenswerthes Factum, dass weder in den 10 Fällen, wo ich selbst die Eier künstlich bebrütet und untersucht hatte, noch in den 12—14 Fällen, die bei weiter vorgeschrittener Entwickelung zu meiner Kenntniss gelangt sind, sich die geringste Spur einer Verklebung oder Verwachsung der auf den verschiedenen Dottern entwickelten Embryonen oder ihrer Eihäute vorfand. Da meine Beobachtungen in so evidenter Weise gezeigt haben, dass die Entwickelung der Keimscheibe und des Bluthofes an der Berührungsfläche beider Dotter entweder ausbleibt oder gehemmt wird, und wie abgeschnitten aufhört, so scheint hier eine Verwachsung überhaupt unmöglich zu sein. Die Embryonen selbst kommen aber erst in einer viel späteren Periode mit einander in unmittelbare Berührung, und alsdann ist, schon der Befiederung halber, eine Verwachsung gar nicht denkbar.

In der summarischen Angabe der Bebrütungsresultate aus Eiern mit doppeltem Dotter wurden endlich (Pag. 216 unter *f*) 6 Fälle genannt, wo sich ein normaler, lebendiger Embryo auf dem einen Dotter neben einem abnormen Embryo oder einer Entwickelungsspur auf dem anderen Dotter gebildet hatte. Bei fortgesetzter Entwickelung würde in diesen Fällen ohne Zweifel, nach Analogie der Eier mit einfachem Dotter, der abnorme Embryo abgestorben sein, und die faulige Zersetzung des einen Dotters würde dann höchst wahrscheinlich auch den bis dahin gesunden Embryo getödtet haben. Wie lange es dauern wird, bevor die faulige Zersetzung des einen Dotters den auf dem anderen Dotter befindlichen tödtet, muss dahingestellt bleiben. Unsere Erfahrungen zeigen nur, dass er in solchem Falle bis zum 9ten Tage am Leben und scheinbar gesund bleiben kann.

Betrachten wir demnächst diejenigen Fälle, wo abnorme Embryonen oder rudimentäre Entwickelungsspuren in den Eiern mit doppeltem Dotter gefunden wurden, so können wir uns zunächst über die in der summarischen Angabe Pag. 216 unter *d*, *e* und *f* verzeichneten ziemlich kurz fassen. Die 29 Missbildungen oder

Entwickelungsspuren, die hierher gehören, entsprechen nämlich vollkommen denjenigen, die wir auch in gewöhnlichen Eiern mit einfachem Dotter gefunden und im ersten Abschnitte, als durch Störung der Entwickelung bedingt, abgehandelt haben. Diese Uebereinstimmung erstreckt sich auf alle Hauptformen der Missbildungen des Embryo sowohl als der Keimscheibe, des Amnions und der Allantoïs, welche überhaupt zur Beobachtung gekommenen sind. Ich habe daher kein Bedenken tragen können, sie, wie es im ersten Abschnitte geschehen ist, gemeinschaftlich abzuhandeln. In den Eiern mit doppeltem Dotter sind drei Umstände vorhanden, welche die Entstehung von Entwickelungsstörungen und einfachen Missbildungen begünstigen, nämlich: 1) das Vorhandensein der Berührungsfläche beider Dotter, welche die Entwickelung verhindert oder hemmt, 2) die ohne Zweifel durch das Verhalten der Chalazzen und durch die Berührung beider Dotter bedingte, häufig abnorme Lagerung der Cicatriculae auf der Berührungsfläche, in der Nähe derselben, an den freien Seiten des Dotters oder an der unteren Fläche desselben, anstatt in der Mitte der freien, nach oben gewandten Oberfläche des Dotters, und 3) die so oft vorkommende abnorme Lagerung der Längenachse des Embryo im Verhältniss zur Längenachse des Eies. Nur dieser letzte Punkt bedarf noch einiger Erörterungen. Normalerweise liegt bekanntlich der Embryo anfangs der Querachse des Eies parallel, etwas später wendet sich der Kopf dem stumpfen Eiende zu, so dass der Embryo noch immer, besonders mit dem hinteren Theile seiner Wirbelsäule, der Querachse des Eies parallel, mit der linken Seite seines Körpers dem Dotter aufliegt. Erst späterhin findet allmählig eine solche Drehung statt, dass die Längenachse des Embryo der Längenachse des Eies parallel wird, wobei der Kopf dem stumpfen, lufthaltigen Eiende zugewandt wird. Diese Lagerungsverhältnisse findet man nun ausserordentlich oft und in der mannigfaltigsten Weise bei den in Eiern mit doppeltem Dotter entwickelten Embryonen verändert. Ebenso oft als man die jungen Embryonen hier der Querachse des Eies parallel findet, bilden sie einen Winkel mit derselben, der bis zur Grösse eines rechten Winkels steigen kann, indem die Lage des Embryo bisweilen von Anfang an der Längenachse des Eies entspricht. Diese ursprüngliche Verschiedenheit der Lagerung des Embryo auf dem Dotter scheint in den von mir beobachteten früheren Stadien der Entwickelung keinerlei Inconvenienzen mit sich zu führen, indem wir selbst bei Entwickelung eines Embryo auf jedem Dotter gesunde Hühnchen, sowohl in der einen, wie in der anderen dieser Lagen gefunden haben. Auch bei der freilich nur selten beobachteten Lage des Embryo auf der rechten anstatt auf der linken Seite wurde keine dadurch bewirkte Abnormität bemerkt. Es ist jedoch wahrscheinlich, dass diese abnormen Lagerungsverhältnisse unter Umständen, namentlich wenn sich Embryonen auf beiden Dottern entwickelt haben, vielleicht auch bei Gegenwart eines zweiten, unbefruchteten Dotters bei weiter fortgeschrittener Entwickelung, die freie Entwickelung der Formen beeinträchtigen können, und namentlich scheinen Schwanz und Extremitäten dabei leicht einem Drucke ausgesetzt werden zu können, wodurch eine Verkümmerung dieser Theile entstehen könnte, wie sie in mehreren der oben genannten Fälle auch wirklich beobachtet worden ist. —

II. Die Entwickelung in Eiern mit eingeschnürtem Dotter.

Diese Abnormität habe ich im Ganzen 6mal beobachtet, 3mal in Eiern mit einem Dotter und 3mal in Eiern mit doppeltem Dotter. Alle diese 6 Eier wurden der künstlichen Brütwärme ausgesetzt.

Nur in einem Falle war die künstliche Bebrütung erfolglos, nämlich bei einem Eie mit doppeltem Dotter, dessen schon oben Pag. 196 erwähnt wurde, indem der eine Dotter desselben in der Weise eingeschnürt war, wie Fig. 6 und 7 der Taf. VIII es zeigen. Dieser Dotter liess an seiner freien Oberfläche keine Cicatricula erkennen; dieselbe lag aber an der Berührungsfläche beider Dotter verborgen. Die Einschnürung des Dotters verlief in der Richtung der Längenachse des Eies und theilte den Dotter in zwei ungleiche Hälften. Die Einschnürung war nur schwach, und ihr entsprach eine Verdickung der Dotterhaut, welche einen Strang darstellte, der die Einschnürung bewirkte, und der nach Entfernung beider

Dotter aus der Schale (Taf. VIII. Fig. 7) besonders deutlich wurde. Derselbe war durch seine weisse Farbe bei auffallendem Lichte ausgezeichnet. —

In zwei anderen Fällen, einmal in einem Eie mit einfachem Dotter und einmal in einem zweidotterigen Eie, war die auf dem eingeschnürten Dotter entwickelte Embryonalbildung abnorm. — Der erste dieser Fälle ist auf Taf. XI. Fig. 1—3 dargestellt. Das betreffende Ei war ziemlich gross und war von einer Henne gewöhnlicher Race gelegt worden, welche mir keine Eier mit doppeltem Dotter geliefert hatte. Als das Ei nach 6tägiger künstlicher Bebrütung geöffnet wurde, fand sich nur am einen Eiende ein Luftraum. Der Dotter war durch eine Einschnürung, deren Richtung einen Winkel von etwa 45° mit der Richtung der Längenachse des Eies bildete, in zwei ungleiche Hälften getheilt, von denen die grössere dem Luftraume anlag. Diese Einschnürung war unten und seitlich tief eingreifend, an der oberen Fläche dahingegen, wo der Embryo von seinem Bluthofe umgeben lag, war sie kaum wahrnehmbar. Der Bluthof war, der Längenachse des Embryo entsprechend, sehr in die Länge gezogen, 33 Mm. lang und 13 Mm. breit. Die Längenachse des nur etwa 6—7 Mm. langen Embryo kreuzte sich unter einem fast rechten Winkel mit der Einschnürung des Dotters. Schon mit blossem Auge erkannte man eine ganz kleine Amnionbildung, die besonders vorn entwickelt war und hier von einer blutrothen Masse erfüllt zu sein schien. Das Blut des länglichen, vorn breiteren und an der Einschnürungsstelle mit einer Einbuchtung versehenen Bluthofes war dunkel, und nicht in Gefässverzweigungen vertheilt, sondern gleichsam punktirt, und zwar am reichlichsten angehäuft theils an der dem Sinus terminalis entsprechenden Partie, theils an der Grenze des hellen Kreises, der den Embryo zunächst umgab. Der Embryo lag in diesem Eie also gerade an der Gränze der beiden durch die Einschnürung gebildeten Dotterhälften, so dass die eine Hälfte des Embryo der einen, die andere der anderen Abtheilung angehörte. Wäre dieses Ei also vor der Bebrütung untersucht worden, so würde man selbstverständlich auch die Cicatricula an der Gränze beider Dotterabtheilungen gefunden haben, und man würde wahrscheinlich, wie Serres in dem einen der von ihm beschriebenen Fälle, angenommen haben, dass sie aus zwei Cicatriculis confluirt sei. Wenn dies aber wirklich der Fall gewesen wäre, so müsste man erwarten, dass eine Doppelmissbildung aus einem solchen Eie hervorgehen würde, wenn die Bebrütung Erfolg hätte. Fig. 2 und 3 derselben Tafel, welche diesen Embryo von der Bauch- und Rückenseite her darstellen, sind schon früher besprochen worden, indem die rudimentäre Amnionbildung dieses Embryo und die Verklebungen, welche zwischen dem Bluthofe und der Dotterhaut einerseits, zwischen dem Amnion und der Dotterhaut andererseits beobachtet wurden, schon oben Pag. 56, die abnorme Allantoïsbildung Pag. 64, der Embryo selbst aber unter den einfachen Missbildungen Pag. 89—91 ausführlich beschrieben ist. Indem wir auf diese Beschreibung verweisen, müssen wir hier nur nochmals hervorheben, was übrigens schon die einfache Betrachtung der Abbildungen zeigt, dass hier eine ganz einfache Missbildung vorliegt, an der nirgends eine Spur von Verdoppelung wahrgenommen wird.

Der zweite Fall, wo sich auf einem eingeschnürten Dotter ein abnormer Embryo vorfand, betrifft ein Ei mit doppeltem Dotter, das auf Taf. IV. Fig. 7 abgebildet ist. Nach sechstägiger künstlicher Bebrütung zeigte der eine normal geformte Dotter, dessen Cicatricula aber an der Berührungsfläche lag, keine Spur von Entwickelung. Der andere, durch Eiweissaufnahme sehr vergrösserte Dotter zeigte eine der Längenachse des Eies parallele Einschnürung, welche, ziemlich tief eingreifend, den Dotter in zwei ungleiche Hälften theilte, deren Grössenunterschied jedoch weit geringer war, als man nach der Abbildung vermuthen sollte, indem die Abschnürung an der unteren, in der Abbildung nicht sichtbaren Seite des Dotters der Mitte genähert war. Der Embryo mit seinem Bluthofe lag jedoch ganz auf der grösseren Abtheilung; der Bluthof ist oben Pag. 39 besprochen worden, der auf Taf. III. Fig. 13 abgebildete Embryo desselben Eies Pag. 99—101. Ein Blick auf die Abbildungen genügt übrigens auch hier um zu zeigen, dass eine einfache Missbildung, ohne Spur einer Verdoppelung vorliegt.

In den 3 noch übrigen Fällen wurde ein normaler, einfacher, lebendiger Embryo auf dem eingeschnürten Dotter gefunden. Der eine dieser Fälle betraf ein auf Taf. XI. Fig. 4 abgebildetes Ei mit doppeltem Dotter. Dasselbe zeigte nach 4—5tägiger künstlicher Bebrütung einen Dotter, der keine Spur von Entwickelung darbot, und dessen Cicatricula an der Berührungsfläche verborgen war, während der andere Dotter durch Eiweissaufnahme sehr vergrössert und durch eine Einschnürung in zwei etwas ungleiche Hälften getheilt, einen normal gebildeten, lebendigen Embryo trug. Die im Verhältniss zur Längenachse sowohl als zur Querachse des Eies schräg gerichtete Einschnürung verlief quer über den Bluthof und den Embryo hinweg, und zwar so, dass der Hinterkörper des Embryo auf der kleineren, der Vorderkörper auf der grösseren Dotterabtheilung zu liegen kam. Die Einschnürung ist unten sehr tief eingreifend, wird aber gegen den Embryo hin immer flacher. Der Bluthof ist in ähnlicher Weise verzerrt wie auf Taf. XI. Fig. 1, und zeigt überdies jederseits eine scharfe Knickung an der Stelle, wo die Einschnürung den Sinus terminalis kreuzt. Dicht an dem Eiende, welchem der Kopf des Embryo zugekehrt war, erkennt man noch eine kleinere Ausstülpung dieses Dotters, welche freilich weniger scharf begränzt war, welche aber doch eine Verzerrung des Sinus terminalis an dieser Stelle bewirkte. In der Tiefe der Furche, welche den Dotter in zwei Abtheilungen theilte, erkannte man einen feinen, weissen Strang, der nur auf eine Verdickung der Dotterhaut bezogen werden konnte, während die Dotterhaut an der übrigen Oberfläche des Embryo und des Bluthofes verschwunden zu sein schien, indem man, ohne Zerreissung zu bewirken, eine feine Sonde unter den frei vorliegenden Kopf des Embryo hinwegführen konnte. Als ein unter Wasser geführter Cirkelschnitt um den Bluthof herum geführt wurde, verlor sich die Einschnürung zugleich mit der Verzerrung des Bluthofes plötzlich, sobald jener feine weisse Strang durchschnitten wurde. Durch die mikroskopische Untersuchung erwies sich dieser Strang als eine Verdickung und Convolution der Dotterhaut, welche sonst überall verschwunden und aufgelöst zu sein schien, so dass die gelbe Dottermasse nur von den Häuten der peripherischen Keimscheibe, die den Dotter bereits ganz umwachsen hatten, eingeschlossen war. Das Herz des Embryo pulsirte noch lange, und es war an demselben nur der scheinbare Mangel eines Amnions auffallend, indem er am Nabel ganz nackt der Keimscheibe aufzusitzen schien. Als der Embryo indess eine Weile in Spiritus gelegen hatte, wurde eine feine Haut sichtbar, die ihn ziemlich locker umgab, und welche man vielleicht als ein ungewöhnlich eng anliegendes Amnion deuten könnte.

Die beiden noch übrigen Fälle boten normal gebildete, einfache Embryonen auf den eingeschnürten Dottern eindotteriger Eier dar. Diese Eier zeichneten sich beide durch ihre lange und schmale Form aus. In dem einen Falle war der Dotter durch eine der Längenachse des Eies parallele Einschnürung in eine grössere untere und in eine kleinere obere Abtheilung getheilt. Der Embryo mit seinem Bluthofe lag in schräger Richtung, mit dem Kopfe dem spitzen Eiende zugewandt, ganz auf der kleinen Abtheilung, und fast die Hälfte des Sinus terminalis stiess unmittelbar an den einschnürenden Strang an. Der Bluthof hatte in diesem Falle die normale runde Form. Es gelang den von der Dotterhaut gebildeten Strang ohne Verletzung der jenseits des Bluthofes, unter die Einschnürung hinweg, sich verbreitenden peripherischen Keimscheibe zu durchschneiden und den Strang mit sammt der übrigen abgelösten Partie der Dotterhaut unter das Mikroskop zu bringen. Hierdurch verschwand sogleich die Einschnürung und der ganze Dotter nahm seine normale runde Gestalt an. Die mikroskopische Untersuchung zeigte, dass der Strang aus einer Verdickung der Dotterhaut bestand, welche grosse Aehnlichkeit im Aussehen mit der ebenfalls durch Verdickung der Dotterhaut gebildeten Cicatricula spuria darbot, welche auf Taf. X. Fig. 4 abgebildet ist.

Der letztere Fall, wo das Ei, wie im vorhergehenden, 3 Tage lang bebrütet war, ist auf Taf. IV. Fig. 6 abgebildet. Hier verlief die Einschnürung, der Querachse fast parallel, quer über den Bluthof und den Hinterkörper des Embryo hinweg, wie bei Fig. 4 der Taf. XI, nur mit dem Unterschiede, dass im gegenwärtigen Falle der Schwanz des Embryo mit dem grösseren Theile des Bluthofes auf der grösseren Abtheilung lag, während in jenem Falle der Kopf und Vorderkörper mit dem grössten Abschnitte der Area vasculosa die grössere Dotterabtheilung einnahm. Auch hier wies sich die Einschnürung als von einer abnormen strangartigen Verdickung der Dotterhaut herrührend aus.

Die oben (Pag. 196) ausgesprochene Vermuthung, es könnte die Einschnürung des Dotters in den von Serres besprochenen Fällen vielleicht einfach von einer strangartigen Verdickung der Dotterhaut herrühren, hat sich demnach vollkommen bestätigt. In 3 unter den 6 besprochenen Fällen lag das Centrum der Entwickelung gerade unter der Einschnürung, und es würde eine hier placirte Cicatricula ohne Zweifel von Serres als eine aus zwei Cicatriculis confluirte doppelte Cicatricula angesprochen worden sein. Das Resultat der Entwickelung zeigt aber, dass nur eine einfache Cicatricula vorhanden gewesen ist. In einem dieser Fälle war, vielleicht durch die Einschnürung, eine Erkrankung und Missbildung des Embryo entstanden; diese Missbildung war aber durchaus eine einfache, ohne irgend eine Spur einer Verdoppelung. Der eine der beiden von Serres angeführten Fälle scheint hiermit gänzlich beseitigt zu sein. Im anderen Falle, wo auf dem eingeschnürten Dotter zwei Cicatriculae, die einander genähert, aber dennoch getrennt, jede auf ihrer Seite der Einschürung lagen, kann man fragen, ob denn diese beiden vermeintlichen Cicatriculae wirklich beide ächt gewesen sind? Denn es giebt, wie gesagt, rundliche Verdickungen der Dotterhaut von weisslicher Farbe, welche bei etwas oberflächlicher Beobachtung leicht für wahre Cicatriculae gehalten werden können (s. Taf. X. Fig. 4). Demnächst bleibt aber freilich auch noch die Möglichkeit übrig, dass Serres zufällig ein Ei mit doppelter Cicatricula auf einfachem, aber eingeschnürtem Dotter vor sich gehabt haben kann. Denn es liegt gar kein Grund vor, warum nicht ein Dotter mit doppelter Cicatricula auch einmal jene durch strangartige Verdickung der Dotterhaut bewirkte Einschnürung sollte zeigen können? Haben wir doch gesehen, dass eine solche Einschnürung des Dotters sowohl in Eiern mit einfachem als mit doppeltem Dotter vorkommt, und dass die Richtung und Lage derselben, sowohl im Verhältniss zur Längen- und Querachse des Eies, als auch zur Cicatricula, höchst verschieden sein kann. Wie dem aber auch sei, so geht es mit Sicherheit aus den vorstehenden Beobachtungen hervor, dass die Einschnürung des Dotters, welche bisweilen bei unbefruchteten Eiern beobachtet wird, und welche bei der Vergrösserung des Dotters durch Eiweissaufnahme im Laufe der Entwickelung viel beträchtlicher wird, nur von einer Abnormität der Dotterhaut herrührt, welche in keinerlei Beziehung steht, weder zu den Eiern mit doppeltem Dotter, noch zu den Eiern mit doppelter Cicatricula auf einem Dotter, noch endlich zur Entstehung der Doppelmissbildungen. Die ganze von Serres aufgestellte Theorie der Entstehung der Eier mit doppeltem Dotter, und der Eier mit doppelter Cicatricula auf einem Dotter, sowie endlich der Doppelmissbildungen, erscheint somit durchaus unhaltbar.

III. Die Entwickelung in Eiern, welche Dotter mit doppelter Cicatricula enthalten.

Im Anschluss an die vorhergehenden Abschnitte müssen wir zunächst hervorheben, dass diese Abnormität auch in Eiern mit doppeltem Dotter vorkommt. Ausser den oben genannten 67 Hühnereiern mit doppeltem Dotter hatte ich Gelegenheit noch 2 solche Hühnereier künstlich zu bebrüten, unter denen im einen unzweifelhaft, im anderen wahrscheinlich ein Dotter mit doppelter Cicatricula vorhanden gewesen war.

Das eine dieser Eier war vom 20. April 1859 9¼ Uhr Abends bis zum 28. April 2 Uhr Nachmittags künstlich bebrütet worden. Es rührte von einer jungen Henne her, welche mir schon viele Eier mit doppeltem Dotter mit je einer einfachen Cicatricula geliefert hatte. Der Befund ist auf Taf. XII. Fig. 1—3 dargestellt. In Fig. 1 sieht man in der aufgebrochenen Eischale den einen unbefruchteten Dotter nebst etwas Eiweiss zum Theil aus der Schale hervorgedrängt, während der andere, durch Eiweissaufnahme stark ausgedehnte Dotter an seinem Platze geblieben ist und 2 Embryonen trägt. Beide liegen in einem gemeinschaftlichen Amnion, das aber oben, über dem Rücken, nicht geschlossen ist, so dass eine 6—8 Mm. weite, von den Rändern der Falte der unvollendeten Amnionbildung begränzte Oeffnung in die Höhle des Amnions führt. Diese Oeffnung ist in der Zeichnung sichtbar, und man sieht durch dieselbe hindurch den mittleren Theil des Rückens beider Embryonen, während ihre Köpfe und Hinterkörper durch die doppelte Amnionschicht hindurch etwas undeutlicher gesehen werden. Die beiden Embryonen liegen mit den Nacken aneinander, ohne jedoch hier irgendwie mit einander verwachsen zu sein, so dass die Vierhügelblase des einen und das verlängerte Mark des anderen einander berühren. Die Gesichter sind nach unten und aussen von einander abgewandt, und nach hinten zu divergiren die Körper beider Embryonen, etwa vom verlängerten Marke an, indem sie sich stark nach aussen und etwas nach unten biegen. Schon in dieser Figur erkennt man einen auffallenden Farbenunterschied zwischen den beiden Embryonen, indem der eine ganz blass und weiss, der andere dagegen am Kopfe, den Seitentheilen des Rumpfes und am Hinterkörper dunkelroth, fast wie rohes Fleisch gefärbt aussieht. Beide schienen todt zu sein, indem keine Bewegung und kein Herzschlag zu erkennen war, und indem auch die Blutvertheilung im Bluthofe, namentlich gegen die Peripherie hin, ungleichmässig war. Der Bluthof war übrigens über mehr als den halben Umfang des stark ausgedehnten Dotters verbreitet und der Sinus terminalis fast verstrichen. In Fig. 2 sieht man deutlicher die beiden Embryonen in ihrem Amnion, nachdem die peripherische Keimscheibe, um die Grenze der Area vasculosa herum, durch einen kreisförmig geführten Schnitt gelöst und das Ganze eine Weile in Spiritus gelegen hatte. Die ursprünglich mehr nach unten gewandte Bauchseite beider Embryonen ist hier fast ganz seitlich gerichtet, so dass die rechte Seite des grossen und die linke Seite des kleinen Embryo fast in der Profilansicht gesehen wird. Man erkennt hier noch deutlicher als in der vorigen Figur den Farbenunterschied beider Embryonen, indem der grosse sehr blass, fast weiss ist, der kleine hingegen sehr roth mit Ausnahme des Auges, der Extremitäten und des Rückens. Beim grösseren Embryo ist auch namentlich die Entwickelung des Gehirns offenbar weiter gediehen, als beim kleineren. Die Allantoïsblasen sind durch den Spiritus deutlicher geworden. Die Allantoïs des grösseren Embryo erkennt man als eine schwach röthlich gefärbte Blase vor der Bauchseite desselben, und fast von der Grösse des Embryo selbst. Die Allantoïs des kleineren Embryo dahingegen liegt hinter dem Hinterkörper desselben, als ein erbsengrosses Bläschen, von dem ein Stiel um die rechte Seite des Embryo herum, bis zum Unterleibe, zwischen den hinteren Extremitäten hin, verfolgt werden konnte, was sich aber in der Zeichnung nicht darstellen liess. Ebenso wenig konnte es in der Zeichnung wiedergegeben werden, dass am hinteren Theile des gemeinschaftlichen Amnions eine vorn spitz zulaufende, hinten breitere Falte sich zwischen den Hinterkörpern der beiden Embryonen erhob, als einzige Andeutung einer den beiden Embryonen entsprechenden Trennung des übrigens gemeinschaftlichen Amnions. Am Rande des Bluthofes erkennt man endlich in dieser Figur, sowohl vorn als hinten, feinere Anastomosen der Gefässstämme. In Fig. 3 Taf. XII sind dieselben Embryonen in ihren Häuten von unten her gesehen dargestellt. Bei jedem Embryo erkennt man hier die Dreitheilung der aus dem Nabel austretenden Blutgefässe, und was besonders bemerkenswerth ist, einen starken Verbindungsast, der vom Nabel des einen Embryo zum Nabel des anderen hinüberführt. Die dreieckige Theilungsstelle der Nabelgefässe des einen wie des anderen Embryo enthält rothes Blut, und dasselbe erstreckt sich in die nach aussen zum gemeinschaftlichen Bluthofe hin verlaufenden Gefässe hinein und bis in den Anfang der Anastomose zwischen beiden Nabeln. Der mittlere Theil dieses communicirenden Astes war blutleer, seine Contouren waren aber im frischen Zustande sehr scharf und gingen continuirlich in die Contouren der mit Blut gefüllten Gefässe über, welche nach dem Bluthofe verliefen. Späterhin, als das Präparat längere Zeit in Spiritus gelegen hatte, waren die Contouren dieser Anastomose durch das mehr undurchsichtig gewordene Amnion, das in dieser Gegend eine Falte bildete, verdeckt und undeutlich geworden. Die verhältnissmässig geringe Füllung der Gefässe erlaubte nicht die sonst neben einander verlaufenden Venen und Arterien zu unterscheiden. Am kleineren Embryo erkennt man in dieser Figur noch die Allantoïs, wie sie sich rechts um den Hinterkörper herumschlägt, und am grösseren Embryo erkennt man die Theilung des Vorderhirns.

Obgleich dieser Fall vollkommen genügt um zu beweisen, dass auf e i n e m Dotter entwickelte Doppelembryonen in einem Eie mit doppeltem Dotter entstehen können, und obwohl der zweite Fall, den ich beobachtet habe, nicht ganz beweisend ist, so will ich ihn doch der Vollständigkeit halber hier anführen.

Ein $4\frac{1}{2}$ Tage lang künstlich bebrütetes Hühnerei mit doppeltem Dotter (Taf. XI. Fig. 5) enthielt nämlich auf dem einen, dem Luftraume anliegenden Dotter, einen normalen, lebendigen Embryo in einer 38 Mm. langen und 25 Mm. breiten Area vasculosa. Auf dem anderen Dotter war ein nierenförmiger Bluthof sichtbar, welcher in der Richtung der Querachse des Eies 19 Mm., in der Richtung der Längenachse desselben 13 Mm. im Durchmesser maass. Das Blut dieses Bluthofes war dunkel, besonders im Sinus terminalis angehäuft, übrigens aber in punktirter Form statt in deutlichen Gefässverzweigungen vertheilt. Die durchsichtige Zone in welcher der Embryo lag, hatte nicht die gewöhnliche, dieser Entwickelungsstufe entsprechende Bisquitform, sondern ihr Durchmesser ähnelte dem Durchschnitt der grauen Masse des Rückenmarks, indem sie kreuzförmig erschien, mit 2 kurzen Hörnern, von denen 2 mehr breit und stumpf, 2 mehr spitz waren. Es war unglücklicher Weise die Dotterhaut gerade an dieser Stelle einerseits mit dem Embryo, andererseits mit der weissen Schalenhaut so fest verklebt, dass der Embryo gezerrt und vielleicht verletzt wurde, als ich die weisse Schalenhaut beim Oeffnen des Eies unter Wasser entfernte. Die Kreuzform der Area pellucida, welche früher von Wolff und von Baer bei zwei verwachsenen Doppelembryonen aus früher Periode beobachtet und beschrieben ist, lässt vermuthen, dass hier eine Doppelmissbildung vorhanden gewesen ist. Die pathologische Veränderung, die dieser Embryo durch die vorhergehende Störung der Gewebsernährung erlitten, und die Zerrung, die derselbe bei der Entfernung der weissen Schale erfahren hatte, erlauben nicht darüber zu entscheiden, ob die in Fig. 6 der Taf. XI sichtbare Spaltung des Hinterkörpers des hier stark vergrössert dargestellten pathologischen Embryo, ein Resultat der ersten Bildung und Entwickelung ist, oder ob sie durch Zerreissung entstanden ist.

Endlich habe ich noch in einem Entenei mit einfachem Dotter einen Doppelembryo gefunden. Dieses Ei, das ich wegen seiner ganz ungewöhnlichen Grösse für ein Ei mit doppeltem Dotter hielt, wurde vom 28. April 1859 $4\frac{1}{4}$ Uhr Nachmittags bis zum 5. Mai 6 Uhr Abends (also reichlich 7 Tage lang) künstlich bebrütet. Der Befund ist auf Taf. XII. Fig. 4 dargestellt. Das Ei enthielt nur einen sehr grossen und durch Eiweissaufnahme stark ausgedehnten Dotter, auf welchem jedoch 2 Embryonen entwickelt waren, deren Bluthöfe am inneren Rande, in einer Ausdehnung von 30 Mm. mit einander vollkommen verwachsen waren. Beide Embryonen waren lebendig und normal gebildet; sie lagen neben einander, gleichweit von den Eienden entfernt, im Aequator des Eies. Die Längenachse des einen war der Längenachse des Eies parallel, und seine Area vasculosa hatte in dieser Richtung eine etwas grössere Ausdehnung, als die des anderen Embryo, der in der Richtung der Querachse des Eies dem Dotter auflag. Es war der hintere Theil des Bluthofes des einen Embryo mit der linken Seite des Bluthofes des anderen verwachsen, so dass diese beiden jungen Enten, bei vollendeter Entwickelung, nachdem ein Theil des Dottersackes in die Bauchhöhle des einen und ein anderer Theil in die Bauchhöhle des anderen hineingeschlüpft sein würde, mit einander am Nabel in gekreuzter Richtung verwachsen sein würden, falls nicht die gegen Schluss der Entwickelung wahrscheinlich eingetretene Lagerung beider Individuen des Doppelembryo nach der Längenachse des Eies, mit den Köpfen nach dem stumpfen, lufthaltigen Eiende, hierin eine Veränderung hervorbringen könnte.

Diese angeführten, von mir beobachteten Fälle, wo sich zwei Embryonen auf einem Dotter eines Vogeleies entwickelt hatten, stellen zunächst zwei Thatsachen fest, welche aus den früher beobachteten von Wolff, v. Baer und Reichert beschriebenen Fällen, nicht abgeleitet werden konnten, nämlich:

1) Dass sich bisweilen auch in Eiern mit doppeltem Dotter 2 Embryonen auf einem Dotter entwickeln. Wenn also Geoffroy St. Hilaire zwei am Nabel verwachsene Hühnchen aus einem Eie mit doppeltem Dotter wirklich hervorkommen sah, so könnte dieser Doppelembryo dennoch sehr wohl auf einem Dotter entwickelt sein. Falls unser auf Taf. XII. Fig. 1—3 dargestelltes Doppelhühnchen seine Entwickelung vollendet hätte, so würde auch aus diesem Eie mit doppeltem Dotter eine Doppelmissbildung hervorgekommen sein, welche mit Geoffroys die vollkommenste Uebereinstimmung gezeigt haben würde. Da überdies unter den doch ziemlich zahl-

reichen Fällen, wo Obigem zufolge, ein Embryo auf jedem Dotter entwickelt war, niemals eine Verwachsung der beiderseitigen Embryonen oder ihrer Häute beobachtet wurde, und da die Beobachtungen es sehr wahrscheinlich machen, dass eine solche Verwachsung überhaupt unmöglich ist, weil an der Berührungsfläche beider Dotter jede Entwickelung unterdrückt wird, so kann man mit einer an Gewissheit gränzenden Wahrscheinlichkeit annehmen, dass alle Doppelembryonen, auch solche, welche in Vogeleiern mit doppeltem Dotter entstehen, auf einem gemeinschaftlichen Dotter entwickelt werden, und dass ein Verwachsen zweier auf verschiedenen Dottern entwickelten Embryonen überhaupt nicht vorkommt, wenigstens ist es bisher in keinem einzigen Falle erwiesen, und a priori sehr unwahrscheinlich.

Falls aber die Diagnose des Vorhandenseins zweier Dotter in Geoffroys Eie nur auf der ganz ungewöhnlichen Grösse des Eies beruhte, so wäre es überdies noch möglich, dass in diesem Falle überall nur ein Ei mit einfachem Dotter vorhanden gewesen wäre, wie bei dem grossen Enteneie, das ich aus demselben Grunde mit Unrecht für ein Ei mit doppeltem Dotter hielt. — Die weitverbreitete Volkssage, dass oft oder gar in der Regel Doppelmissbildungen aus den Eiern mit doppeltem Dotter hervorgehen, ist schon oben widerlegt worden, indem aus den vorliegenden Bebrütungsresultaten ohne Widerspruch hervorgeht, dass dies jedenfalls im Verhältniss zu den anderen Bebrütungsresultaten dieser Eier selten ist. Immerhin wäre es jedoch möglich, dass eine gewisse Zahl von Dottern in zweidotterigen Eiern eine grössere Zahl von Doppelmissbildungen liefern würde, als eine gleiche Zahl von Dottern in gewöhnlichen Eiern, indem möglicher Weise diejenigen Hennen, welche oft Eier mit doppeltem Dotter legen, vielleicht auch öfter als andere Hennen Dotter mit doppelter Cicatricula produciren. Um indess über diese Möglichkeit mit Sicherheit aburtheilen zu können, müsste man sehr viele Bebrütungsresultate von Eiern mit doppeltem Dotter mit den Bebrütungsresultaten der einfachen Eier vergleichen können. Wenn ich unter 82 Eiern mit doppeltem Dotter, die ich gesammelt und geöffnet habe, wenigstens in 1, wahrscheinlich in 2 Doppelembryonen auf einem Dotter gefunden habe, während ich unter den Tausenden von Eiern mit einfachem Dotter, die ich untersucht habe, nur 1 mit einem Doppelembryo fand, und wenn unter sämmtlichen von Wolff, v. Baer, Reichert und Anderen untersuchten Eiern mit einfachem Dotter überhaupt nur 5 hierher gehörige gefunden wurden, so könnte dies Resultat wirklich zu Gunsten der obigen Annahme zu sprechen scheinen. Die Zahl 82 ist aber noch viel zu klein um die Chancen der Zufälligkeit auszuschliessen.

2) In den bisherigen Fällen von Wolff, v. Baer und Reichert lagen die beiden auf einem Vogeldotter entwickelten Embryonen einander sehr nahe, ja in 4 unter den 5 Fällen waren sie nicht nur durch ihre Eihäute, sondern auch mit ihren Körpern unter einander verwachsen. Dasselbe war gewöhnlich mit den Doppelembryonen der Fall, welche auf Fischeiern beobachtet wurden. Bei einer solchen Anordnung konnte man verschiedene Theorien für die Entstehung der Doppelmissbildungen auf einem Dotter aufstellen. Man konnte nämlich **erstens** diejenige Verwachsungstheorie vertheidigen, bei welcher man sich vorstellt, dass die ersten Anlagen beider Embryonen auf ihrem gemeinschaftlichen Dotter ursprünglich völlig getrennt gewesen sind, und dass sie bei fortschreitendem Wachsthume mit einander immer mehr und mehr verwachsen und verschmelzen können. **Zweitens** konnte man die Spaltung der Achsengebilde als ursprünglich, bei der ersten Entstehung derselben schon vorhanden, betrachten, indem man annehmen könnte, dass die Doppelheit auf eine noch frühere Entwickelungsstufe zurückzuführen sei, nämlich auf die Periode der Entwickelung der Keimscheibe und auf den wahrscheinlich vom Keimbläschen ausgehenden Furchungsprocess. **Drittens** konnte man sich endlich noch vorstellen, dass eine ursprünglich, bis etwa zur Bildung eines Primitivstreifens fortgeschrittene einfache Keimanlage auf mechanische oder andere Weise gespalten werden könne, und dass eine solche Spaltung Ursache der Doppelmissbildung sei.

Unser in Fig. 4 der Taf. XII abgebildeter Fall zeichnet sich dadurch aus, dass beide Embryonen sehr weit, 20—30 Mm., von einander entfernt sind. Hier kann es keinem Zweifel unterworfen sein, dass 2 von Anfang an weit von einander getrennte Cicatriculae auf diesem Dotter vorhanden gewesen sind und dass die Bluthöfe erst bei fortschreitendem Wachsthume mit einander verwachsen sind. Von einer primären Spaltung oder Verschmelzung der Achsengebilde kann hier offenbar nicht die Rede sein. Wenn man nun ferner nicht bezweifeln kann, dass zwei am Bauche mit einander verwachsene Hühnchen aus diesem Eie, bei glücklich beendigter Entwickelung, hervorgegangen sein würden, so liefert unser Fall den Beweis, dass zwei, ursprünglich vollkommen von einander getrennte Embryonen, welche sich auf einem gemeinschaftlichen Dotter entwickeln, im Laufe der Entwickelung zu Doppelmissbildungen verwachsen können und verwachsen müssen. Daraus folgt aber keineswegs, dass diese Entstehungsweise die einzige ist. Der eine von Wolff, der eine von Reichert und die beiden von Baer beobachteten Fälle, sowie viele bei Fischembryonen gemachte Beobachtungen zeigen unzweifelhaft, dass die Verschmelzung beider Embryonen so früh vorkommt, dass eine schon beim Auftreten des Primitivstreifens vorhandene Spaltung oder Verschmelzung der Achsengebilde wirklich vorkommt. Da man ja die Cicatricula im Vogeleie jedenfalls als das Entwickelungscentrum betrachten muss, so wird die oben genannte Verwachsungstheorie für die Fälle gelten, wo die beiden Cicatriculae völlig von einander getrennt und verhältnissmässig weit von einander entfernt auf einem Dotter liegen, die Theorie der ursprünglichen Verschmelzung oder Spaltung der Achsenorgane wird dahingegen dann gültig sein, wenn die beiden Cicatriculae einander berühren oder doch einander so nahe liegen, dass die Achsenorgane schon bei ihrer ersten Entstehung mit einander in Berührung kommen. In beiden Fällen würde aber die Doppelheit schon in frühester Periode der Eibildung begründet sein, also mit vollem Rechte als ursprünglich bezeichnet zu werden verdienen. Die weiter gehenden Fragen: wie denn in der frühesten Periode der Ovigenese die Doppelheit des Keimes zu Stande gekommen ist? wie das Keimbläschen sich daran betheiligt hat? ob ursprünglich (was wohl wahrscheinlich ist) zwei Keimbläschen vorhanden gewesen sind? oder ob es angenommen werden darf, dass später von einander getrennte Entwickelungscentra aus einem Keimbläschen hervorgehen können? — Diese Fragen liegen ausserhalb des Bereiches unserer Beobachtungen und Untersuchungen. In sehr früher Periode der Eibildung muss aber jedenfalls die Doppelheit der Keimanlage begründet sein, wenn sich zwei weit von einander entfernte Cicatriculae auf einem Dotter vorfinden, wie bei unserem Enteneie. Wenn hier aber irgend ein Analogieschluss berechtigt ist, so scheint man dieselbe Begründung der Doppelheit des Keimes auch auf diejenigen Fälle ausdehnen zn müssen, wo dieselben einander so nahe liegen wie bei Fig. 1 der Taf. XII, wo beide Embryonen von einem gemeinschaftlichen Amnion umgeben sind, und selbst auf die Fälle, wo die beiden Cicatriculae so mit einander verschmolzen sind, dass schon bei der Anlage der Primitivstreifen eine Verbindung der einen Embryonalanlage mit der anderen eintritt. Das Vorkommen aller möglichen Uebergangsformen spricht sehr für eine solche einheitliche Auffassung der Genese aller Doppelmissbildungen.

Dieser Auffassung gegenüber steht diejenige, bei welcher angenommen wird, dass eine ursprünglich einfache, schon etwa bis zur Entwickelung eines Primitivstreifens fortgeschrittene einfache Keimanlage auf mechanische oder andere Weise gespalten werden könne, und dass eine solche Spaltung Ursache der Doppelmissbildung sei. Diese Auffassung ist aber in solchen Fällen, wo die beiden Embryonen sich, wie bei unserem Enteneie, weit von einander entfernt entwickelt haben, offenbar ganz unmöglich, ja sie ist schon in den Fällen, wo zwei übrigens getrennte Embryonen in einem Amnion liegen, wie bei Fig. 1—3 der Taf. XII, kaum denkbar. Dass eine solche Spaltung nicht als einzige Ursache der Doppelmissbildungen in Betracht kommen kann, folgt also schon von selbst aus solchen Beobachtungen, wie sie uns vorliegen. Man könnte aber noch vielleicht meinen, dass sie neben der obigen Entstehungsweise vorkommen könnte, und dass also Doppelmissbildungen zum Theil in frühester Periode der Eibildung begründet sein, zum Theil aber durch eine Entwickelung unter abnormen Verhältnissen zustandekommen könnten. A priori wird man eine solche zwiefache, principiel verschiedene Entstehungsweise wenig wahrscheinlich finden, wenn man die continuirliche Reihenfolge bedenkt, in der sich die verschiedenen Grade der Verwachsung der Doppelembryonen an einander anschliessen. Es würden demnach starke Beweise erforderlich sein, damit man sich entschliessen könnte die einheitliche Auffassung der Genese der Doppelmissbildungen aufzugeben, und zwei wesentlich verschiedene Entstehungsweisen neben einander anzunehmen. Die einzigen Thatsachen aber, welche einigermassen für die Entstehung der Doppelmissbildungen durch Spaltung der Keimanlage nach stattgehabter Befruchtung zu sprechen scheinen, sind die von Valentin angegebenen. Wenn Valentins oben erwähnte Beobachtung, der zufolge eine mit doppeltem Hinterkörper versehene, vorn einfache Doppelmissbildung eines Hühnerembryo durch künstliche Spaltung einer einfachen Embryonalanlage entstanden sein sollte, als unzweideutige Thatsache daslände, so wäre man freilich genöthigt die einheitliche Auffassung aufzugeben. Wir haben aber schon oben gesehen, dass diese Beobachtung Valentins nicht eine solche unzweideutige Thatsache ist, ja dass Valentin selbst sie keineswegs als eine solche betrachtet. Bei dem sehr zu bedauernden Mangel einer Abbildung kann man einerseits nicht den Zweifel unterdrücken, ob überhaupt eine wirkliche Doppelheit und nicht vielmehr eine T h e i l u n g des Hinterkörpers vorgelegen hat? Es wäre nämlich sehr wohl denkbar, dass eine jede Hälfte nach der künstlichen Spaltung etwas fortgewachsen sein könnte, ohne sich zu vervollständigen, und so irrthümlich für doppelt gehalten worden wäre. Dies wird besonders durch die oben (Pag. 22) angeführten, nicht publicirten Versuche Leuckarts in höchstem Grade wahrscheinlich, da derselbe bei gleichem Verfahren beobachtete, dass die getrennten Theile nicht wieder mit einander verwachsen, während die Schnittflächen überhaupt keinen Heilungsprocess zeigen, sondern in statu quo bleiben. Andererseits lässt sich aber auch d i e Möglichkeit nicht ganz abweisen, dass ein schon präformirter Doppelembryo durch einen allerdings höchst merkwürdigen und seltenen Zufall operirt sein könnte. Da nun überdies Valentin selbst ausdrücklich sagt: „d a s s i h m d i e s e i s o l i r t e E r f a h r u n g n a t ü r l i c h e r w e i s e n o c h l a n g e n i c h t g e n ü g t , u m e i n e E n t s t e h u n g d e r D o p p e l m i s s b i l d u n g e n d u r c h k ü n s t l i c h e S p a l t u n g d e r K e i m a n l a g e z u b e w e i s e n , e t w a i n d e r W e i s e w i e b e i d e n

Trembleyschen Versuchen mit Polypen," und da, auf der anderen Seite, die ursprüngliche, d. h. in der frühesten Periode der Ovigenese begründete Doppelheit des Keims nunmehr über allen Zweifel erhoben ist, so liegt in dieser Beobachtung kein Grund die einheitliche Auffassung aufzugeben. Bei der späteren Mittheilung über die Doppelembryonen in den Hechteiern legte Valentin ein besonderes Gewicht auf den Umstand, dass die Eier nach ihrer Befruchtung meilenweit getragen und dabei natürlich bedeutend geschüttelt wurden, und er vermuthete offenbar, dass diese mechanische Erschütterung unmittelbar vor, während oder nach der Befruchtung, ebenfalls auf künstliche Weise eine Spaltung der Keimanlagen bewirkt habe, welche Ursache der Doppelmissbildungen geworden sein könnte. Dagegen ist aber einzuwenden, dass auch Lereboullet, Coste u. A. bei künstlicher Befruchtung sehr viele Doppelembryonen in Fischeiern entwickelt sahen, ohne dass eine ähnliche Erschütterung Statt gefunden zu haben scheint. Immerhin könnte es dennoch auffallend sein, dass die Doppelembryonen bei künstlich befruchteten Fischeiern verhältnissmässig so oft gefunden worden sind. Es muss aber bis weiter doch noch ganz dahingestellt bleiben, ob dieses irgendwie von der künstlichen Befruchtung abhängt, und nicht vielmehr von dem Umstande, dass künstlich befruchtete Eier gerade mit besonderer Aufmerksamkeit von den genannten Naturforschern untersucht und beobachtet wurden. Vielleicht ist die Entstehung von Doppelmissbildungen in den unter ganz normalen Verhältnissen entwickelten Fischeiern eben so häufig wie in den künstlich befruchteten, sie sind aber der Beobachtung viel weniger zugänglich. Es ist demnach immerhin möglich, und wie mir scheint nicht unwahrscheinlich, dass die vermeintlich grössere Häufigkeit des Vorkommens von Doppelmissbildungen in künstlich befruchteten Fischeiern einfach auf der Unvollkommenheit und Lückenhaftigkeit der Beobachtungen beruht, ebenso wie ich nachgewiesen habe, dass die bisher angenommene relative Häufigkeit des Vorkommens von Doppelmissbildungen bei den Vögeln, im Verhältniss zu den einfachen Missbildungen derselben, einfach auf unvollkommene Beobachtungen zurückzuführen ist, indem die Missbildungen nicht in den Eiern untersucht wurden.

Eine Vergleichung der von mir in Vogeleiern gefundenen Doppelmissbildungen, bezüglich der specielleren Verhältnisse der einzelnen Exemplare, mit den früher von Anderen beschriebenen Doppelmissbildungen der Vögel bietet noch einige interessante Punkte dar, welche besonders besprochen zu werden verdienen.

Der auf Taf. XII. Fig. 1—3 abgebildete Fall zeigt die beiden Embryonen von einem einfachen, aber nicht geschlossenen Amnion umgeben. Dieser Umstand ist darum besonders bemerkenswerth, weil er zeigt, dass eine normale Entwickelung bis etwa zum 9ten Tage in einem Vogeleie auch dann möglich ist, wenn die Embryonen nicht vom Amnion völlig umgeben und nicht vom Liquor Amnii umspült sind. Der vorliegende Fall zeigt eine grosse Uebereinstimmung mit dem von Wolff beschriebenen und abgebildeten Falle, den ich auf Taf. XII. Fig. 6 wiedergegeben habe. Aus Wolffs Beschreibung erfährt man, dass die Lage der Embryonen zu einander im Eie etwas anders war als in der Abbildung, indem nämlich der eine Embryo dem anderen so gegenüber lag, dass sein Kopf mit dem Becken des anderen in gleicher Höhe lag. Ueberdies giebt aber Wolff ausdrücklich an, dass das Amnion diesen Embryonen gänzlich gefehlt habe. Diese Angabe erschien mir a priori etwas unwahrscheinlich, und es lag die Vermuthung nahe, dass jeder Embryo dennoch ein Amnion gehabt haben könnte, das aber der Oberfläche so nahe anlag, dass es leicht übersehen werden konnte. — Wolffs Behauptung wird aber offenbar insofern durch meinen Fall unterstützt, als derselbe zeigt, dass die Entwickelung bis über die von Wolff beobachtete Stufe hinaus möglich ist, ohne dass das Amnion sich geschlossen hat, und eine Entwickelung ganz ohne Amnion scheint ebenso möglich zu sein, wie in einem so unvollkommenen Amnion, wie das, worin unsere Embryonen lagen. Denkbar wäre es jedoch auch, dass Wolffs Embryonen durch irgend eine Unvorsichtigkeit bei der Behandlung aus dem grossen Loche eines gemeinschaftlichen und oben offen gebliebenen Amnions hinausgeschlüpft wären, und dass so ein vielleicht vorhanden gewesenes, aber rudimentär gebliebenes Amnion von Wolff übersehen worden wäre.

In Wolffs Falle ist über das Verhalten der Gefässe zwischen

beiden Embryonen nichts Näheres gesagt. Die Abbildung macht es indess wahrscheinlich, dass beide durch ein grösseres Gefäss mit einander in Verbindung standen, wie ich es in Fig. 2 der Taf. XII nach meiner Beobachtung dargestellt habe. Diese grosse Gefässverbindung, welche eine Communication zwischen den Herzen der beiden Hühnerembryonen herstellt, entspricht offenbar den einander entgegengewachsenen und mit einander in Verbindung getretenen Stämmen der grossen Gefässe, welche sich vom einen Embryo nach rechts, vom anderen nach links auf dem Dotter hätten verbreiten sollen. Die direkte Beobachtung liess es unentschieden, ob diese Anastomose eine Vene des einen Embryo mit einer Vene des anderen Embryo oder eine Arterie mit einer Arterie oder eine Arterie mit einer Vene in Verbindung setzt. Da aber bei der Verwachsung zweier Placenten beim Menschen immer nur eine Arterie mit einer Arterie oder eine Vene mit einer Vene, niemals aber eine Arterie der einen Placenta mit einer Vene der anderen in Verbindung tritt, so ist es wohl höchst wahrscheinlich, dass auch hier gleichartige Gefässe, Arterien mit Arterien, Venen mit Venen in anastomotische Verbindung getreten sind. Da aber die vom Embryo rechts und links zum Dotter abgehenden Gefässstämme in dieser Periode so verlaufen, dass Venen und Arterien einander begleiten, so ist es mir wahrscheinlich, dass sowohl die Vene als auch die Arterie an der Anastomose betheiligt sind. Die durch diese weite Anastomose hergestellte Communication zwischen den Herzen beider Embryonen, und die zugleich bestehenden, auf Fig. 3 besonders deutlichen, kleineren Anastomosen der Dottergefässe beider Embryonen können schwerlich ohne Kreislaufsstörungen bestanden haben, welche besonders demjenigen Embryo gefährlich werden mussten, dessen Entwickelung am wenigsten fortgeschritten war, und dessen Herzcontractionen am wenigsten energisch waren. Dem entsprechend ist der in der Beschreibung erwähnte auffallende Unterschied in der Farbe beider Embryonen, deren kleinster, wie bereits angeführt wurde, sehr roth und fast überall, so zu sagen, blutrünstig war, während der andere sich durch auffallende Blässe auszeichnete. Man kann daher nicht wohl umhin, jene Anastomose und die Verschiedenheit der Blutvertheilung beider Embryonen zu einander in ursächliche

Beziehung zu bringen. In seiner Abhandlung über die Entwickelung der herzlosen Missgeburten (Kiel 1859, 8vo.) hat Claudius es höchst wahrscheinlich gemacht, dass die Entstehung der herzlosen und acephalischen Missgeburten des Menschen und der Säugethiere, auf die durch weite Anastomosen in der gemeinschaftlichen Placenta bedingten Kreislaufsstörungen zurückzuführen sei, indem dadurch das Herz des kleineren Embryo ausser Funktion gesetzt würde, wodurch die Richtung des Kreislaufs in demselben im Allgemeinen und Besonderen gänzlich verändert werden müsste. Beim Menschen und den Säugethieren sind solche weite Gefässanastomosen offenbar nur zwischen denjenigen Gefässen möglich, welche, ursprünglich der Allantoïs angehörig, in der gemeinschaftlichen oder confluirten Placenta beisammen liegen, denn sie sind nicht denkbar zwischen den kleinen Gefässstämmen der gemeinschaftlichen Nabelblase zweier übrigens getrennter Säugethierembryonen. Bei den Vögeln aber ist es wohl möglich, dass sich zwischen den grossen Dottergefässen zweier, auf gemeinschaftlichem (der Nabelblase entsprechendem) Dotter entwickelten, übrigens getrennten Vogelembryonen so grosse Gefässanastomosen bilden können, dass sie dem kleinen Embryo gefährlich werden, wie unser Fall es zu zeigen scheint. Bei weiter vorgeschrittener Entwickelung desselben ist es sehr wahrscheinlich, dass sich aus demselben ein Acardiacus neben einem normalen Embryo in einer Weise entwickelt haben würde, die nicht beim Menschen und den Säugethieren möglich ist, die aber doch, ihrem Wesen nach, vollkommen der von Claudius geltend gemachten Auffassung entsprechen würde. — Man könnte nun wohl die Frage aufwerfen, ob nicht zwei Allantoïsblasen zweier auf verschiedenen Dottern entwickelten Vogelembryonen auch so mit einander verwachsen könnten, dass dadurch Gefässanastomosen zwischen beiden entständen, welche gross genug wären, um den schwachen Embryo zu gefährden? Eine solche Frage kann natürlich nur durch direkte Beobachtungen entschieden werden, eine jede solche Beobachtung fehlt aber gänzlich. Sollte indess eine solche Verwachsung der Allantoïs zweier auf verschiedenen Dottern entwickelten Embryonen jemals vorkommen, so würde sie doch niemals zu einer Doppelmissbildung führen können, da ja die Allantoïs bekanntlich beim

Auskriechen in der Schale zurückbleibt — ebensowenig wie die Verwachsung der Placenten zweier Zwillinge beim Menschen als eine Doppelmissbildung bezeichnet wird. Es ist mir daher vollkommen unklar, woran Serres und Coste gedacht haben mögen, als sie die Bedeutung der Allantoïs für die Entstehung der Doppelmissbildungen betonten. (Comptes rendus 1855 I. 629 und 868).

Der auf Taf. XII. Fig. 6 dargestellte Fall von Wolff und die beiden von mir beobachteten Fälle (Taf. XII. Fig. 1—3 und Fig. 4) würden, wie schon mehrfach bemerkt, bei vollendeter Entwickelung jedenfalls zu Doppelmissbildungen geworden sein. Die Verbindung beider mit einander würde aber erst ganz am Schlusse der Entwickelung im Eie vollendet worden sein, indem das Hineinschlüpfen des Dottersacks in den Unterleib des einen oder des anderen oder beider Hühnchen zur Folge haben müsste, dass die Bauchwandungen beider in der Gegend des Nabels an einander rückten und mit einander in organische Verbindung träten, und dass zugleich die Dünndärme beider durch den beiderseitigen Ductus vitello-intestinalis und den gelben Dotter mit einander anastomosirten. Nach erfolgter Dotterresorption müssten die beiden Hühnchen also einerseits am Nabel durch die Bauchdecken mit einander zusammenhängen, andererseits müsste sich eine, wenigstens eine Zeit lang bestehende Verbindung zwischen den Dünndärmen beider Hühnchen ausbilden. Das am Schlusse der Entwickelung eintretende Hineinschlüpfen des Dotters in den Unterleib würde mithin bei der Entstehung dieser Form der Missbildung ein wesentliches Moment sein. Beim Menschen und den Säugethieren schlüpft aber die Nabelblase bekanntlich nicht in den Unterleib hinein, sondern sie bleibt in der Placenta, während der Ductus vitello-intestinalis sich sehr lang ausspinnt und durch die ganze Nabelschnur verläuft. Dieser Umstand scheint das Vorkommen dieser Form der Doppelmissbildung bei den Säugethieren unmöglich zu machen. Auf einem Säugethiereie könnten sich demnach wohl zwei Embryonen entwickeln, welche trotz der Gemeinschaftlichkeit des Chorions, der Nabelblase, des Amnions und der Placenta, bei der Geburt doch zu getrennten Zwillingen, nicht zu einer Doppelmissbildung würden. Die besprochene Entstehung dieser Doppelmissbildung würde also eine für die

Vögel eigenthümliche sein, und ohne Zweifel auch in der Form etwas Eigenthümliches zeigen. Wahrscheinlich gehört die von Isid. Geoffroy St. Hilaire besprochene Doppelmissbildung, die aus dem von seinem Vater bebrüteten Eie mit doppeltem Dotter hervorkam, hierher, da er dieselbe, wie schon oben (Pag. 208) erwähnt, als den Typus eines neuen Genus im teratologischen System bezeichnet, das er Omphaloge nennen möchte, wenn ihm eine solche Aufstellung nicht etwas bedenklich vorgekommen wäre, da es ihm nicht möglich war, das Exemplar behufs einer genaueren Untersuchung selbst zu disseciren.

Während also bei den Vögeln das Vorhandensein zweier ursprünglichen Entwickelungscentra, am Schlusse der Entwickelung, immer mit Nothwendigkeit die Entstehung einer Doppelmissbildung zur Folge haben wird, so müssen beim Menschen und den Säugethieren auch getrennte Zwillinge in einem gemeinschaftlichen Eie und auf einem gemeinschaftlichen Dotter entstehen können. Wenn nämlich ein gemeinschaftliches Chorion die Zwillinge umgiebt, so kann, der Entwickelung des Chorions aus der äusseren Eihülle zufolge, auch nur ein Ei vorhanden gewesen sein. Wenn die beiden Zwillinge, ausser dem gemeinschaftlichen Chorion, auch ein gemeinschaftliches Amnion haben, so würde der Fall dem auf Taf. XII. Fig. 1—3 abgebildeten entsprechen, wenn aber jeder der Zwillinge im gemeinschaftlichen Chorion von einem selbstständigen Amnion umgeben ist, so würde ein solcher Fall dem auf Taf. XII. Fig. 4 dargestellten Specimen ganz analog sein. Immer wird jedoch, wenn unsere Voraussetzung richtig ist, nur eine gemeinschaftliche Nabelblase für zwei solche Zwillinge vorhanden sein, die man dann in der Placenta, zwischen den Insertionen beider Nabelschnüre zu suchen haben würde. Doppelmissbildungen des Menschen und der Säugethiere würden demnach nur dann zustandekommen können, wenn entweder die Primitivstreifen schon bei ihrer Anlage mit einander in Berührung, und also bei der Bildung der Keimblase von vorn herein mit einander verschmolzen sind, oder wenn sie einander so nahe liegen, dass die Embryonen bei fortschreitender Entwickelung gegen einander anwachsen und dadurch mit einander verwachsen oder verschmelzen könnten. Dasselbe müsste natürlich für die Entstehung aller derjenigen Doppelmissbildungen der Vögel angenommen werden, welche denen des Menschen und der Säugethiere entsprechen. Die Verwachsung und Verschmelzung der von zwei selbstständigen Entwickelungscentris ausgehenden Entwickelungen scheint mir aber sehr treffend von Horkel*) mit dem Confluiren von Blättern, Blüthen und Früchten zusammengestellt zu sein. Folgende von ihm angeführte Beispiele mögen hier ihren Platz finden. Blumen der Linarien sind nicht selten an der einen Seite oder dem Rücken mit einander confluirt, während zwei Labia inferiora vorhanden sind. Man findet Blumen von Syringen mit 4—6—8 Staubfäden und Corollenlappen. Bei den Ranunculaceen, namentlich bei den Anemonen, sind doppelte Blumen häufig. Bei den Früchten ist ein solches Confluiren noch häufiger, und zwar treten hierbei zwei verschiedene Fälle ein, indem entweder benachbarte Blumen, welche einem gemeinschaftlichen Stiele aufsitzen, Früchte entwickeln, welche in verschiedenem Grade, aber bei der fortschreitenden Entwickelung mehr und mehr verwachsen und verschmelzen, wie besonders bei Kirschen, Pflaumen, Aepfeln und Cornus sanguinea, oder indem anscheinend einfache Blumen mit confluirtem Pistill doppelte Früchte entwickeln, was besonders bei Gurken und Melonen vorkommt. Auch in einer Kirschblüthe sah Duhamel 3 confluirte Pistille. Bei Blättern beobachtet man auch bisweilen eine von der Spitze her allmählig wachsende Theilung der Blätter, wobei es ganz das Aussehen hat, als seien zwei Blätter im jugendlichen Zustande verwachsen, so bei Aristolochia, Lactuca sativa (Jäger), Granatblättern (Bonnet) und Syringenblättern (Schlotterbeck). —

So lange wenigstens die Embryonalanlage eines Thiers, hier zunächst eines Vogels oder eines Säugethiers, keine Gefässe und keine Nerven entwickelt hat, scheint der Annahme einer Analogie des Zellenwachsthums und der Entwickelung unter abnormen Verhältnissen mit jenem Verhalten der Pflanzen in den genannten Fällen Nichts entgegenzustehen. Es ist kein einfaches Verkleben oder Verwachsen, auch nicht, wie man sich wohl ausgedrückt hat, ein Durch-

*) Nach einem sehr sorgfältig von Herrn Professor Jessen geführten Collegienhefte über allgemeine Physiologie vom Wintersemester 1817—1818.

wachsen; denn nach eingetretener Berührung wachsen die den beiden verschiedenen Bildungscentris angehörigen Zellen gegen einander an und werden unzertrennlich mit einander verbunden, aber zugleich heben die gegen einander anstrebenden Wachsthumsintensitäten einander, wenn sie gleich stark sind, durch den Druck, den sie gegen einander ausüben, auf, wodurch die einander zugewandten Seiten bis zur Mittellinie hin atrophiiren können. Bei dieser Auffassung würde eine Doppelmissbildung mit zwei gleich stark entwickelten Leibern, einem rechts und einem links gelegenen, und mit einem Kopfe, so aufzufassen sein, dass die eine Hälfte des Kopfes dem einen, die andere dem anderen angehört. Wenn dahingegen die Wachsthumsintensität des einen über die des anderen das Uebergewicht hat, sei es, dass ein solches Uebergewicht von vorn herein existirt, oder dass es aus dem Gange der Entwickelung resultirt, so wird der mit dem stärkeren verbundene Theil des schwächeren Embryo mehr oder weniger vollständig unterdrückt, während der frei gebliebene Theil seine Entwickelung relativ ungestört fortsetzt, indem späterhin die in ihm entwickelten Gefässe vom Blute des Hauptembryo gespeist werden. Der parasitische Embryo ist dann bezüglich seiner Ernährung, je nach der Entwickelung der Blutgefässe und des Blutes, ganz vom grossen Embryo abhängig und denselben Verschiedenheiten der Chancen unterworfen wie ein Acardiacus, dessen Ernährung von seinem grösseren Zwillingsbruder abhängt.

Die verschiedenen Formen und Arten der Doppelmissbildungen hat zuerst D'Alton und später, zum Theil unabhängig von ihm, Beneke, B. Schulze und Coste von der verschiedenen gegenseitigen Stellung der ursprünglichen Embryonalanlagen (der Primitivstreifen, der Achsenplatten oder der virtuellen Achsen der beiden Keimbläschen) abgeleitet, und wir müssen bei obiger Entwickelung dieser Auffassung ganz beitreten. Wir glauben, wie D'Alton, sie auch für die Fälle annehmen zu dürfen, wo z. B. nur überflüssige Extremitäten vorhanden sind, welche bezüglich ihrer Lage und Stellung denjenigen des Hauptembryo nicht entsprechen. Dahingegen glauben wir aber, wie bereits oben entwickelt wurde, sie nicht auf die Fälle ausdehnen zu dürfen, wo sich nur an den Endgliedern der Extremitäten eine Verdoppelung findet, in Form überzähliger Finger, Hände oder Füsse, indem uns diese (s. Pag. 137) entweder der Spaltung des ursprünglichen Herzschlauches in zwei Herzschläuche, deren jeder eigentlich nur ein halbes Herz repräsentirt, oder vielleicht noch eher der Entwickelung eines überzähligen Staubfadens oder Petalums in einer Blume analog zu sein scheinen.

Zur Erklärung der Abbildungen.

Tafel I.

Fig. 1. Abortive Doppelschildbildung, eine häufige Missbildung der Keimscheibe bei fehlendem Embryo. 1½fache Vergrösserung. Pag. 30. 155.

Fig. 2. Ein Fragment eines Embryo, das bei Vorhandensein einer abortiven Doppelschildbildung, unter der Mitte der klaren Scheibe derselben, auf dem sogenannten weissen Dotter gefunden wurde. 28fache Vergrösserung. Pag. 31.

Fig. 3. Die verkrüppelte Anlage eines Embryo, welche in einem anderen Falle von abortiver Doppelschildbildung ebendaselbst gefunden wurde. Bei auffallendem Lichte und 5facher Vergr. Pag. 31.

Fig. 4, 5 und 6. Abortive Bluthofbildung, eine andere, ebenfalls häufige Missbildung der Keimscheibe bei fehlendem Embryo. 8½fache Vergr. Pag. 32—34. 36. 155. 162. (Die in Fig. 4 in der Mitte liegende Masse ist zu dunkel ausgefallen).

Fig. 7. Eine der abortiven Bluthofbildung ganz analoge Formation, bei der jedoch das rothe Blut fehlt, ein Primitivstreifen mit Primitivrinne aber vorhanden ist. 8½fache Vergr. Pag. 34—37. 69. 162.

Fig. 8. Halbmondförmige abortive Bluthofbildung, den Eiern mit doppeltem Dotter eigenthümlich. Natürliche Grösse. Pag. 37. 98.

Fig. 9. Ein sehr früh abgestandener, verkrüppelter Embryo, aus einem etwa 13 Tage lang der Brütwärme ausgesetzt gewesenen Hühnereie. 5½fache Vergr. Pag. 68. 74. 75. 161.

Fig. 10. Derselbe Embryo von der Bauchseite her gesehen.

Fig. 11. Ein ganz ähnlicher Embryo, der unter analogen Verhältnissen in einem anderen Hühnereie gefunden wurde. Pag. 68. 74. 75.

Tafel II.

Fig. 1. Ein blutloser Embryo aus einem 42 Stunden lang künstlich bebrüteten Hühnereie, von der Rückenseite her gesehen. 10fache Vergr. Pag. 68. 71. 73. 75—77. 159.

Fig. 2. Derselbe Embryo von der Bauchseite her gesehen.

Fig. 3. Ein blutloser Embryo aus einem 5 Tage lang von der Henne bebrüteten, aber zwischen der 36sten und 44sten Brütstunde abgekühlten Eie, von der Bauchseite her gesehen. 11fache Vergr. Pag. 47. 68. 71—77. 124. 129. 137. 159.

Fig. 4. Derselbe Embryo von der Rückenseite her gesehen. (In diesen 4 Abbildungen ist die Area pellucida und der innere Rand der blutlosen Bluthofanlage mit angegeben.)

Fig. 5. Ein verkrüppelter, aber mit rothem Blute in der Bluthofanlage versehener Embryo, aus einem 4 Tage lang künstlich bebrüteten, aber zwischen der 36sten und 44sten Brütstunde stark abgekühlten Hühnereie, von der Bauchseite her gesehen. 5½fache Vergr. Pag. 42. 44. 51. 79. 84. 85. 133. 152. 154. 155. 161.
(Der hintere und seitliche Theil des Bluthofes ist mit abgebildet, der vordere Theil nicht. Die Wirbelanlagen sind nicht breit genug, und es sind 3 Wirbelplättchenpaare zu wenig angegeben).

Fig. 6. Ein verkrüppelter Embryo aus einem gewöhnlichen Hühnereie, das gleichzeitig mit dem vorigen 4 Tage lang bebrütet und in gleicher Weise abgekühlt worden war. Von der Rückenseite her gesehen. 5½fache Vergr. Pag. 44. 78. 84—86. 133. 152. 154. 161.

Fig. 7. Ein wurmförmig verkrümmter, aus seinem erbsengrossen Amnion und seinem rothes Blut führenden Bluthofe herausgenommener Embryo, der mit den beiden vorigen gleichzeitig bebrütet und abgekühlt wurde. 5½fache Vergr. Pag. 44. 101. 133. 152. 161.

Fig. 8. Ein in eine kleine, solide Masse verwandelter Embryo in seinem kleinen, aber vollständig gebildeten Amnion, aus dem auf Taf. IX. Fig. 10 abgebildeten Eie. Natürliche Grösse. Pag. 44. 47. 59. 60. 62. 63. 98—101. 120. 124. 153. 161.
(Um das Amnionbläschen herum erkennt man die Area pellucida und um diese herum den Bluthof).

Fig. 9. Derselbe Embryo in seinem Amnion, durch die Loupe vergrössert.

Tafel III.

Fig. 1. Ein von der Area pellucida und dem inneren Rande der farblosen Bluthofanlage umgebener Embryo, aus einem 43 Stunden lang künstlich bebrüteten Hühnereie, von der Rückenseite her gesehen. 11fache Vergr. Pag. 68. 72. 75—77. 129. 161.

Fig. 2. Derselbe ohne Umgebungen, von der Bauchseite her gesehen.

Fig. 3. Der vordere Theil des Körpers eines Embryo aus einem 42 Stunden lang bebrüteten Hühnereie, von der Bauchseite her gesehen. 11fache Vergr. Pag. 68. 69. 74—77. 161.

Fig. 4. Derselbe Embryo von der Rückenseite her gesehen und von der Area pellucida und der Grenze der noch farblosen Bluthofanlage (*a*) umgeben. Pag. 51. 68. 69. 74—77. 133. 152. 155. 161.

Fig. 5. Ein verkrüppelter Embryo aus einem 65 Stunden lang künstlich bebrüteten Hühnereie. 11fache Vergr. Pag. 31. 68. 70. 74—77. 133. 152. 155. 161. (Das Rückenmark ist zu lang gezeichnet und es sind 3 Wirbelplättchenpaare zu viel angegeben; die 4 letzten Wirbel sollten dachziegelartig gelagert sein, und zwischen ihnen sollte schon das in eine Spitze auslaufende Rückenmark fehlen).

Fig. 6. Der vordere Theil desselben Embryo, von der Bauchseite her gesehen.

Fig. 7. Ein seitlich verkrümmter Embryo aus einem 66 Stunden lang künstlich bebrüteten Eie, Rückenansicht. 11fache Vergr. Pag. 41. 44. 79. 80. 84—86. 133. 152. 155. 158. 161.

Fig. 8. Der vordere Theil desselben Embryo, von der Bauchseite her gesehen.

Fig. 9. Derselbe in natürlicher Grösse von seinem Bluthofe umgeben. Pag. 46. 79. 84—86. 152. 154.

Fig. 10. Ein von seinem mit blutiger Flüssigkeit gefüllten Amnion umgebener Embryo, aus einem 8 Tage lang künstlich bebrüteten, zweidottrigen Eie, von unten her gesehen. Natürliche Grösse. Pag. 49. 106.

Fig. 11. Derselbe von oben her gesehen.

Fig. 12. Ein sehr abnormer, flach ausgebreiteter Embryo aus demselben Eie, von der Bauchseite her gesehen. 11fache Vergr. Pag. 41. 42. 44. 49. 58. 62. 63. 80. 84—86. 107. 124. 129. 133. 135. 152. 154. 155. 158. 161.

Fig. 13. Ein degenerirter Embryo aus dem auf Taf. IV. Fig. 7 abgebildeten, 146 Stunden lang künstlich bebrüteten, zweidottrigem Eie. 16fache Vergr. Pag. 39. 44. 99—101. 152. 153. 161. 230.

Tafel IV.

Fig. 1. Ein von seinem Bluthofe umgebener, sehr missgebildeter Embryo mit doppeltem Herzschlauche, aus dem auf Tafel IX. Fig. 9 abgebildeten zweidottrigen Eie, nach 112stündiger Bebrütung. Reichlich 7fache Vergr. Pag. 41. 43. 51. 55. 58. 62. 63. 79. 81—86. 93. 117. 124. 133. 137. 150—152. 154. 155. 158.

Fig. 2. Derselbe Embryo von oben her gesehen.

Fig. 3. und 4. Zwei übrigens normal gebildete, in ihrer Grösse aber etwas verschiedene Embryonen, welche nach 67stündiger Bebrütung in dem auf Taf. IX. Fig. 7 abgebildeten zweidottrigen Eie lebendig vorgefunden wurden. 8½fache Vergr.

Fig. 5. Ein 9 Tage lang künstlich bebrütetes Ei mit doppeltem Dotter, mit einem normalen, lebendigen Embryo und einer halbmondförmigen, abortiven Bluthofbildung. ½ der natürlichen Grösse. Pag. 38. 45. 151. 216. 220.

Fig. 6. Ein Ei mit einfachem aber eingeschnürtem Dotter, mit normalem, lebendigem Embryo nach 3tägiger Bebrütung. ½ der natürlichen Grösse. Pag. 46. 232.

Fig. 7. Ein Ei mit doppeltem Dotter nach reichlich 6tägiger Bebrütung. Der eine Dotter ist durch eine Einschnürung in zwei Abtheilungen getheilt, deren grösste den sehr unregelmässigen und blutarmen Bluthof trägt. ½ der natürlichen Grösse. Pag. 39. 43. 44. 46. 47. 99. 154. 216. 230.

Tafel V.

Fig. 1. Ein sehr abnormer Embryo mit zwei von einander getrennten, bei der Untersuchung noch pulsirenden Herzen, nach 7tägiger künstlicher Bebrütung, welche am Ende des 3ten Tages durch eine starke Abkühlung gestört wurde, von der Rückenseite her gesehen. 8fache Vergrösserung. Pag. 41. 54. 58. 62. 64. 91—97. 121. 124. 129. 130. 133—135. 137. 152. 154. 155. 158. 161.

Fig. 2. Derselbe von der Bauchseite her gesehen, mit dem Gefässnetze der Area pellucida, das deutlicher geworden war, als der Embryo eine Weile in Spiritus gelegen hatte.

Tafel VI.

Fig. 1. Ein in eine amorphe Masse umgewandelter Embryo aus einem 10 Tage lang künstlich betrüteten Eie, das zwischen der 60sten und 72sten Brütstunde absichtlich stark abgekühlt worden war. Natürliche Grösse. Pag. 41. 43. 47. 59. 61. 63. 101. 102. 120. 153. 155. 156. 161.

Fig. 2. Derselbe bei 3facher Vergrösserung von unten her gesehen.

Fig. 3. Derselbe bei gleicher Vergrösserung von oben her gesehen.

Fig. 4. Histologische Elemente, welche, an der mit dem in Fig. 1—3 abgebildeten Embryo verklebten Stelle, von der weissen Schalenhaut abgeschabt wurden. 250fache Vergr. Pag. 41. 61. 156. 177.

Fig. 5. Ein sehr abnormer Embryo, dessen Herz noch pulsirte, aus einem 111 Stunden lang künstlich bebrüteten, aber nach etwa 40stündiger Bebrütung stark abgekühlten Eie, von der Rückenseite her gesehen. 8—9fache Vergr. Pag. 46. 62. 63. 65. 86—88. 94—97. 100. 121. 124. 131. 134. 135. 152. 155. 160. 161.

Fig. 6. Derselbe Embryo von der Bauchseite her gesehen.

Fig. 7. Ein Embryo mit beginnender Spina bifida aus einem 42 Stunden lang bebrüteten Hühnereie mit doppeltem Dotter. 8—9fache Vergr. Pag. 106. 122. 131. 153. 159. 160.

Fig. 8. Ein sehr kleiner Hühnerembryo mit enormer Spina bifida, dessen Herz nach 112½stündiger künstlicher Bebrütung noch pulsirte. 9fache Vergr. Pag. 46. 62—64. 88. 89. 94—97. 121. 131. 134. 153. 166. 155. 159. 160. 161.

Fig. 9. Ein Embryo mit Spina bifida, Gesichtsspalt und Nabelbruch, aus einem 3 Wochen lang einer schlecht regulirten Brütwärme ausgesetzt gewesenen Hühnereie. Natürliche Grösse. Pag. 109. 128. 131. 132. 135. 153. 159.

Tafel VII.

Fig. 1. Ein in eine rundliche Masse verwandelter Hühnerembryo, dessen Grösse auf eine etwa 7tägige Entwickelung hinweis't, aus einem 22 Tage lang einer schlecht regulirten Brütwärme ausgesetzt gewesenen Eie. Natürliche Grösse. Pag. 60. 61. 63. 102—104. 117. 155. 156. 161.

Fig. 2. Ein ganz ähnlicher, unter gleichen äusseren Verhältnissen entwickelter, abnormer Hühnerembryo. Natürliche Grösse. Pag. 60. 61. 63. 102—104. 117. 155. 156. 161.

Fig. 3. Ein anderer, unter gleichen äusseren Verhältnissen entwickelter, abnormer Hühnerembryo, von der linken Seite her gesehen. Natürliche Grösse. Pag. 60. 61. 63. 102—104. 117. 124. 129. 155. 156. 161. 162.

Fig. 4. Derselbe Embryo von der rechten Seite her gesehen.

Fig. 5. Ein Embryo mit offener Leibeshöhle, aus einem 17 Tage lang mit verschiedenen Temperaturschwankungen bebrüteten Hühnereie, von der Bauchseite her gesehen. Natürliche Grösse, etwa einer 8tägigen Entwicklungsdauer entsprechend. Pag. 64. 107. 108. 133. 154. 155.

Fig. 6. Derselbe Embryo von der Rückenseite her gesehen.

Fig. 7. Ein Hühnerembryo mit Hydrocephalus, Gesichtsspalt und gänzlicher Verkümmerung des linken Auges, aus einem Eie, das 22 Tage lang der künstlichen Brütwärme ausgesetzt gewesen war. Von der rechten Seite her gesehen. Natürliche Grösse. Pag. 107. 108. 117. 122 bis 124. 128. 129. 153. 159. 162.

Fig. 8. Der Kopf desselben von vorn gesehen. Pag. 128.

Fig. 9. Derselbe Embryo von der linken Seite her gesehen. Pag. 129. 155. 162.

Fig. 10. Ein hemicephalischer (?) Embryo mit unvollkommenem Verschluss des Nabels und Verkümmerung der Extremitäten, aus einem reichlich 3 Wochen lang künstlich bebrüteten Hühnereie. Natürliche Grösse. Pag. 109. 110. 122. 123. 124. 127. 129. 133. 150. 154. 155. 162.

Fig. 11. Derselbe Embryo von der linken Seite her und etwas von vorn gesehen. Pag. 110. 129. 150. 155.

Fig. 12. Ein Embryo mit Gesichtsspalt, Mangel eines Auges, Verkümmerung des Schnabels, der Extremitäten u. s. w. aus einem 3 Wochen lang bebrüteten, gewönlichen Hühnereie. Natürliche Grösse. Pag. 107. 110. 111. 124. 127. 129. 149. 150. 155. 162.

Fig. 13. Der Kopf desselben Embryo von vorn.

Fig. 14. Derselbe Embryo mehr von vorn und links her gesehen. Pag. 128. 150.

Fig. 15. Der auf Tafel VI. Fig. 9 abgebildete Embryo, mehr von vorn und links her gesehen. Natürliche Grösse. Pag. 107. 109. 129. 133. 153.

Fig. 16 (unter 7, zwischen 10 und 15, auf der Tafel irrthümlich als 14 bezeichnet). Kopf desselben Embryo von vorn her gesehen. Pag. 109.

Fig. 17. Ein Embryo mit missgebildetem Schnabel und Deformitäten der Extremitäten, wahrscheinlich etwa 11 Tage alt geworden, aus einem 3 Wochen lang künstlich bebrüteten Hühnereie. Natürliche Grösse. Pag. 111. 117. 121. 127. 149. 150.

Fig. 18. Derselbe Embryo von der anderen Seite her gesehen.

Fig. 19. Der Kopf desselben von vorn.

Fig. 20. Ein Embryo mit Missbildung des Kopfes und der Extremitäten. Er scheint, bei 21tägiger, schlecht regulirter Brütwärme, etwa 13 Tage alt geworden zu sein. Natürliche Grösse. Pag. 111—113. 117. 127. 128. 135. 149. 150. 161.

Fig. 21. Der Kopf desselben Embryo von vorn her gesehen.

Fig. 22. Derselbe Embryo von der linken Seite her gesehen.

Fig. 23. Ein einäugiger Embryo mit missgebildetem Schnabel aus einem 16 Tage lang von der Henne bebrüteten Eie mit doppeltem Dotter, wahrscheinlich gegen 15 Tage alt geworden. Natürliche Grösse. Pag. 112. 113. 117. 124—127. 149. 150. 155. 161. 162.

Tafel VIII.

Fig. 1. Ein missgestaltetes Hühnerei, das ich der Güte des Herrn Etatsrath Hegewisch verdanke. Natürliche Grösse. Pag. 181. 199.

Fig. 2. Ein ungewöhnlich kleines Hühnerei, das einen gelben Dotter von der Grösse eines Stecknadelknopfes enthielt. Natürl. Grösse. Pag. 184.

Fig. 3. Ein sehr grosses Hühnerei mit weicher Schale und einem mit Eiweiss gefüllten Appendix. Natürl. Grösse. Pag. 181. 182. 199.

Fig. 4. Ein ebenfalls sehr grosses Hühnerei mit weicher Schale, die jedoch beim Einschneiden Kalkpartikelchen erkennen liess, und mit einem anders gestalteten Appendix. $^1/_2$ der natürl. Grösse. Pag. 181. 182. 199.

Fig. 5. Ein Gebilde, das in einem äusserlich wohlgestalteten grossen Hühnereie neben einem normal gebildeten Dotter von Prof. Weber gefunden wurde. Natürl. Grösse. Pag. 196.

Fig. 6. Ein ohne Erfolg bebrütetes Ei mit zwei Dottern, von denen der eine in der Mitte etwas eingeschnürt war. $^{41}/_{68}$ der natürlichen Grösse. Pag. 190. 196. 215. 228.

Fig. 7. Die beiden Dotter dieses Eies, nachdem sie unter Wasser aus der Schale entfernt waren. Sie hängen durch eine Art Chalazze zusammen. Pag. 190. 196. 228. 229.

Tafel IX.

Fig. 1. Ein 42 Stunden lang künstlich bebrütetes Hühnerei mit doppeltem Dotter, von oben her gesehen. Die Cicatricula des einen Dotters liegt dicht an der Berührungsgrenze beider Dotter und ist ganz unentwickelt geblieben. Der auf dem anderen, dem Luftraume anliegenden Dotter entwickelte Embryo war normal und lebendig. $^{40}/_{70}$ der natürlichen Grösse. Pag. 216.

Fig. 2. Ein 6 Tage lang bebrütetes Hühnerei mit doppeltem Dotter, von oben her gesehen. Der dem Luftraume anliegende Dotter zeigt keine Entwickelung, indem die Cicatricula an der Berührungsfläche verborgen liegt. Der andere, dem luftleeren Eiende anliegende Dotter trägt einen normalen lebendigen Embryo. $^{39}/_{65}$ der natürl. Grösse. Pag. 216.

Fig. 3. Ein 67 Stunden lang künstlich bebrütetes Hühnerei mit doppeltem Dotter. Der übrigens normal gebildete Embryo war von einem etwas deformen Bluthofe umgeben und lag dem lufthaltigen Eipole nahe. Der andere Dotter zeigte eine undeutliche Entwickelungsspur. $^{46}/_{76}$ der natürl. Grösse. Pag. 45.

Fig. 4. Ein 6 Tage lang künstlich bebrütetes Hühnerei mit doppeltem Dotter, deren jeder einen normalen lebendigen Embryo trägt, von oben her gesehen. An jedem Eiende ist ein Luftraum vorhanden. $^{39}/_{70}$ der natürl. Grösse. Pag. 38. 45. 151. 189. 216. 218. 219.

Fig. 5. Ein 68 Stunden lang bebrütetes Hühnerei mit doppeltem Dotter, von oben her gesehen. Der Embryo, welcher oben in der Mitte auf seinem Dotter lag, war normal entwickelt und lebendig, der andere, der eine seitliche Lage auf dem dem Luftraume anliegenden Dotter einnahm, war in der Entwickelung sehr zurückgeblieben und hatte noch kein rothes Blut, obgleich sein Herz pulsirte. $^{42}/_{71}$ der natürl. Grösse. Pag. 163.

Fig. 6. Ein c. 36 Stunden lang künstlich bebrütetes Hühnerei mit doppeltem Dotter, von der Seite her gesehen. Die Entwickelung des (zur rechten Hand) unten auf dem Dotter aufliegenden Embryo ist nur bis zur Bildung eines Primitivstreifens, mit schwacher Andeutung der Rinne vorgeschritten, während derjenige Embryo, der (zur linken Hand) die oberste Stelle auf seinem Dotter einnahm, der Bebrütungsdauer entsprechend, normal entwickelt war. $^{41}/_{70}$ der natürlichen Grösse. Pag. 163.

Fig. 7. Ein 67 Stunden lang künstlich bebrütetes Hühnerei mit doppeltem

Dotter, von oben her gesehen. Beide Embryonen waren normal und lebendig und sind auf Tafel IV. Fig. 3 und 4 abgebildet. Es war kein Luftraum vorhanden. $^{41}/_{69}$ der natürlichen Grösse. Pag. 216.

Fig. 8. Ein 43 Stunden lang künstlich bebrütetes Hühnerei von oben her gesehen. Der eine Dotter trug den auf Taf. III. Fig. 1—2 abgebildeten abnormen, in der Entwickelung zurückgebliebenen Embryo, der andere die auf Taf. I. Fig. 7 dargestellte Bildung. $^{39}/_{72}$ der natürl. Grösse. Pag. 35. 69. 216.

Fig. 9. Ein 112 Stunden lang künstlich bebrütetes, aber zwischen der 30sten und 40sten Brütstunde stark abgekühltes Hühnerei mit doppeltem Dotter, von oben her gesehen. Beide Embryonen waren todt, der eine war normal gebildet, aber nur bis etwa zur 36sten Stunde hin entwickelt, der andere ist der auf Taf. IV. Fig. 1—2 dargestellte Embryo mit doppeltem Herzschlauche. $^{39}/_{70}$ der natürlichen Grösse. Pag. 44. 47. 51. 216. 219.

Fig. 10. Ein 8 Tage lang künstlich bebrütetes Ei mit doppeltem Dotter von oben her gesehen. Der eine Dotter war geplatzt und trug die auf Taf. I. Fig. 8 dargestellte halbmondförmige Bluthofbildung. Auf dem anderen Dotter war der auf Taf. II. Fig. 8 und 9 dargestellte Embryo entwickelt. $^{39}/_{70}$ der natürlichen Grösse. Pag. 37. 44. 45. 47. 59. 98. 216. 220.

Tafel X.

Fig. 1. Der Kopf einer erwachsenen Henne mit missgebildetem Schnabel (Kreuzschnabel). Natürl. Grösse. Pag. 117. 127.

Fig. 2. Zwei bis zur Reife entwickelte, völlig von einander getrennte Hühnchen, in der Lage die sie im Eie hatten. Natürl. Grösse. Pag. 223. 225.

Fig. 3. Dieselben Zwillinge von der anderen Seite her gesehen.

Fig. 4. Eine Verdickung der Dotterhaut, eine Cicatricula spuria darstellend. 30fache Vergr. Pag. 193. 196. 232. 233.

Tafel XI.

Fig. 1. Ein 6 Tage lang künstlich bebrütetes Hühnerei mit eingeschnürtem Dotter, der einen einfachen aber missgestalteten Embryo trug, von oben her gesehen. $^{36}/_{61}$ der natürlichen Grösse. Pag. 44. 46. 47. 56—58. 62. 89. 90. 94—97. 155. 161. 229. 231.

Fig. 2. Der in diesem Eie entwickelte, sehr abnorme Embryo von der Bauchseite her gesehen. 9fache Vergr. Pag. 56. 58. 62. 64. 89. 90. 94 bis 97. 155. 161. 229.

Fig. 3. Derselbe Embryo von der Rückenseite her gesehen.

Fig. 4. Ein 4—5 Tage lang künstlich bebrütetes Ei mit zwei Dottern, von denen der eine eingeschnürt war und einen normalen lebendigen Embryo trug, während der andere keine Spur einer Entwickelung zeigte. $^{41}/_{72}$ der natürl. Grösse. Pag. 46. 62. 63. 230. 232.

Fig. 5. Ein $4^1/_2$ Tage lang bebrütetes Ei mit zwei Dottern, deren einer einen normal entwickelten Embryo trug, während auf dem anderen ein ganz verkrüppelter, von einer kreuzförmigen Area pellucida und einem verkümmerten Bluthofe umgebener Embryo gefunden wurde. $^{39}/_{68}$ der natürlichen Grösse. Pag. 41. 44. 47. 237.

Fig. 6. Der verkrüppelte, hinten vielleicht doppelte Embryo aus dem in Fig. 5 abgebildeten Eie. 8fache Vergr. Pag. 237.

Tafel XII.

Fig. 1. Ein reichlich 7½ Tage lang künstlich bebrütetes Ei mit zwei Dottern, von denen der eine keine Spur von Entwickelung zeigte, während der andere zwei Embryonen in einem gemeinschaftlichen, aber nicht geschlossenen Amnion trug. Der kleinere Embryo ist sehr roth, der grössere sehr blass. Natürliche Grösse. Pag. 57. 58. 234—236. 238. 242. 245. 248. 249.

Fig. 2. Dieselben Embryonen in ihrem Amnion, durch einen um den Bluthof herum geführten Schnitt vom Dotter abgelöst. Sie sind vollkommen getrennt und kehren einander den Rücken zu. Natürliche Grösse. Pag. 57. 58. 234—236. 242. 245. 246. 248. 249.

Fig. 3. Dieselben Embryonen von unten her gesehen. Man sieht die starke Gefässanastomose zwischen den aus dem Nabel heraustretenden Gefässen. Natürl. Grösse. Pag. 57. 234—236. 238. 242. 245. 248. 249.

Fig. 4. Ein reichlich 7 Tage lang bebrütetes, ungewöhnlich grosses Entenei mit einfachem Dotter, der aber 2 völlig von einander getrennte, normale, lebendige Embryonen trug, deren Bluthöfe mit einander verwachsen waren. Natürl. Grösse. Pag. 188. 238. 240. 248. 249.

Fig. 5. Eine Copie der von v. Baer in Mem. de l'Acad. imp. de St. Petersbourg 1845 Ser. VI. Sc. nat. Tom IV. gegebenen Abbildung eines 52—54 Stunden alten, vergrössert dargestellten, doppelleibigen Hühnerembryo. Pag. 202.

Fig. 6. Eine Copie der von P. F. Wolff in Novi Comment. Acad. imp. Petropol. T. XIV. Taf. XI. gegebenen Abbildung zweier auf einem gemeinschaftlichen Dotter nach 6tägiger Bebrütung gefundenen Hühnchen. Pag. 62. 63. 201. 245. 248.

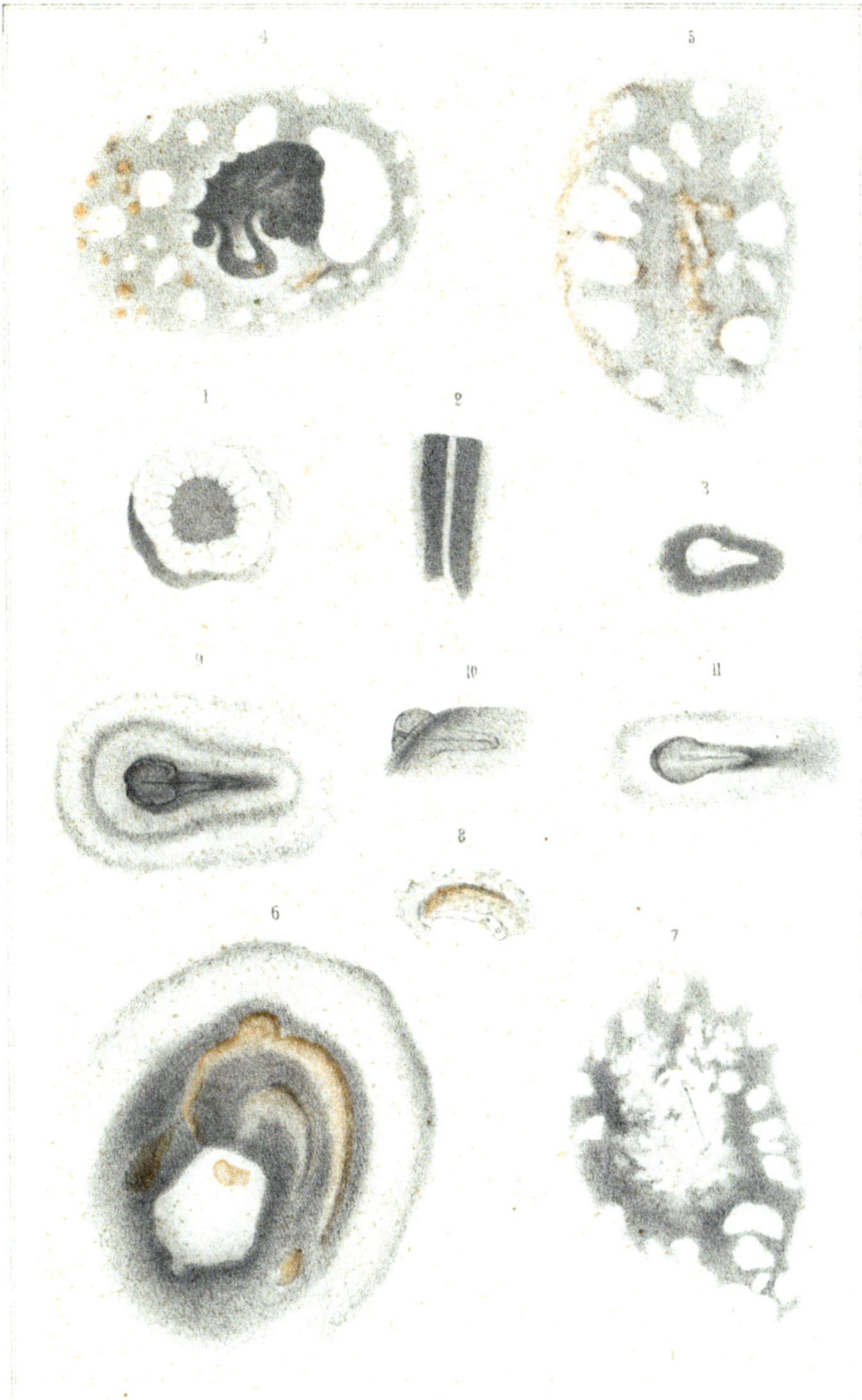
4
5
1
2
3
9
10
11
8
6
7

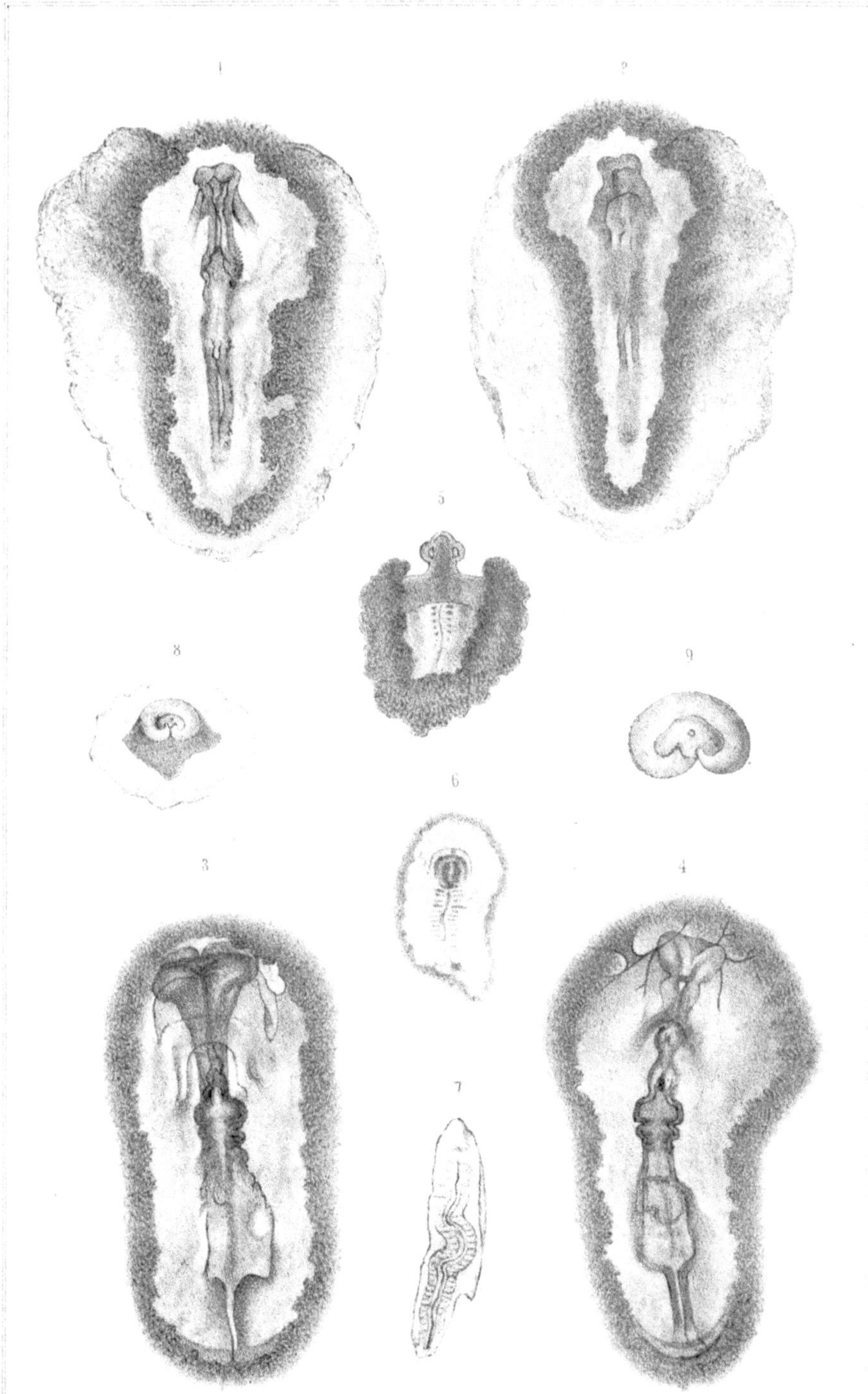

Panum et Wittmaack ad nat. del. Wittmaack in lap. ex.

Taf III.

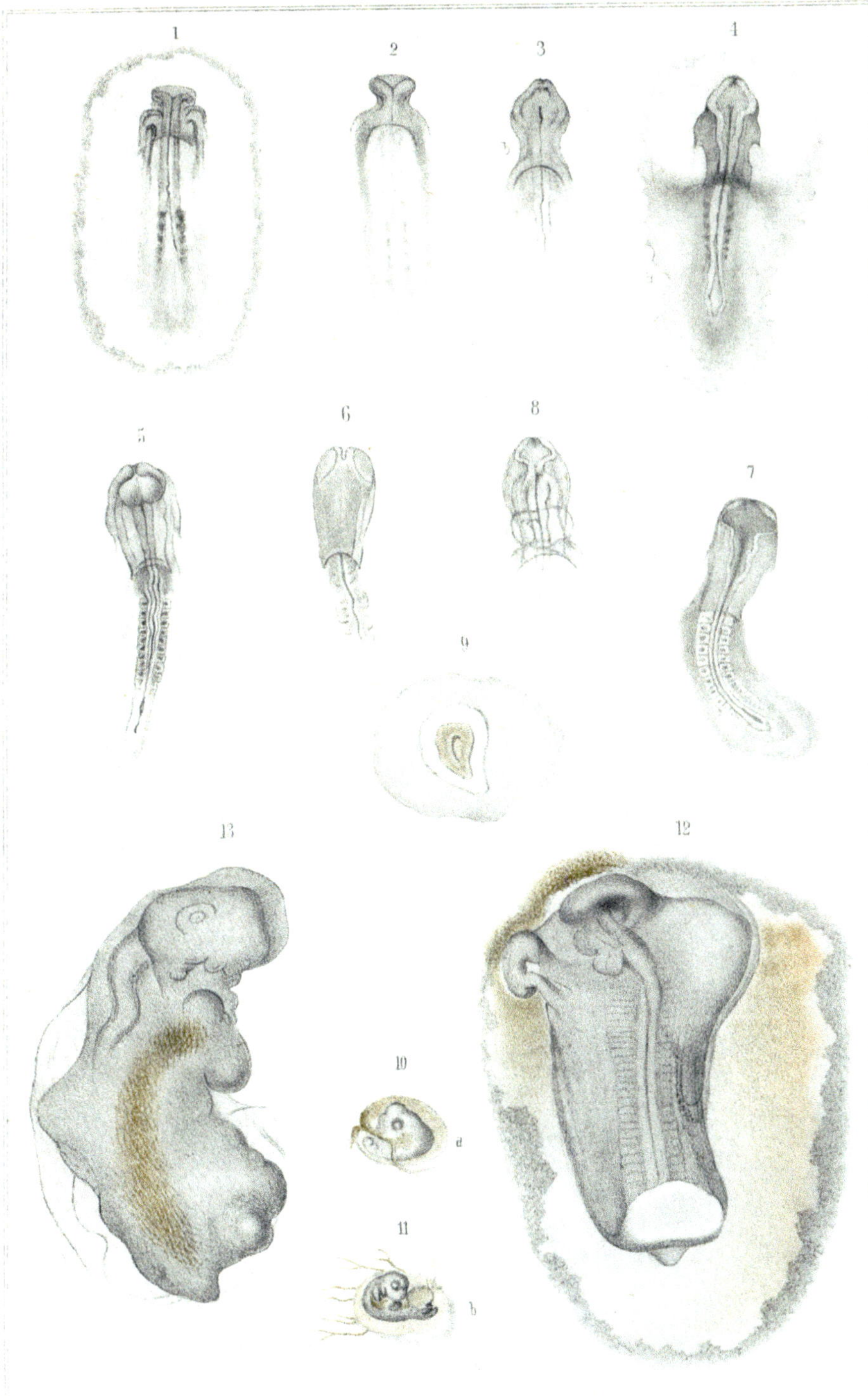

Taf. IV.

Panum et Wittmaack ad nat. del.

Wittmaack lap. ex.

Taf. V.

1

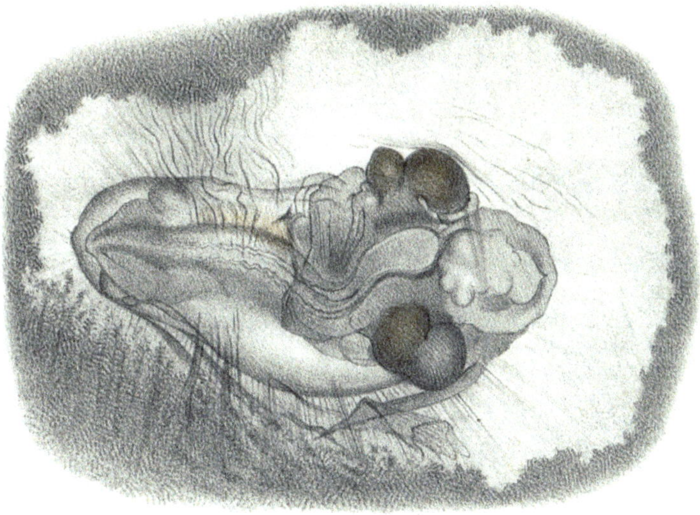

2

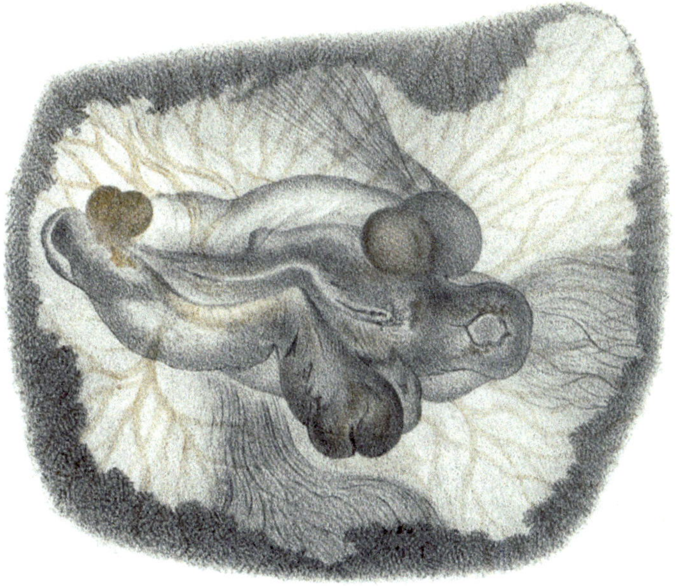

Panum et Wittmaack ad nat. del. Wittmaack in lap. ex.

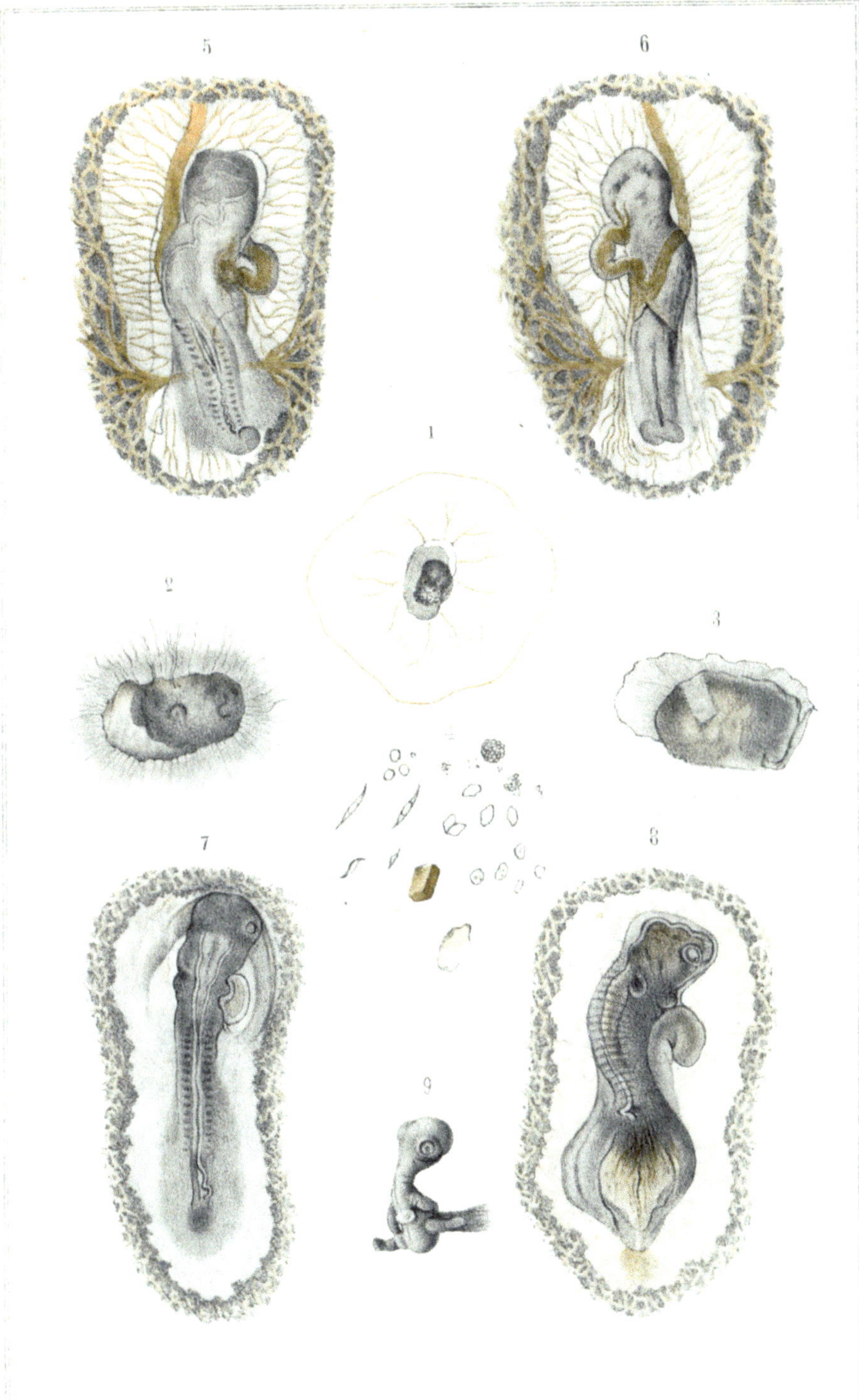

Panum et Wittmaack ad nat del.

Wittmaack in lap. exc.

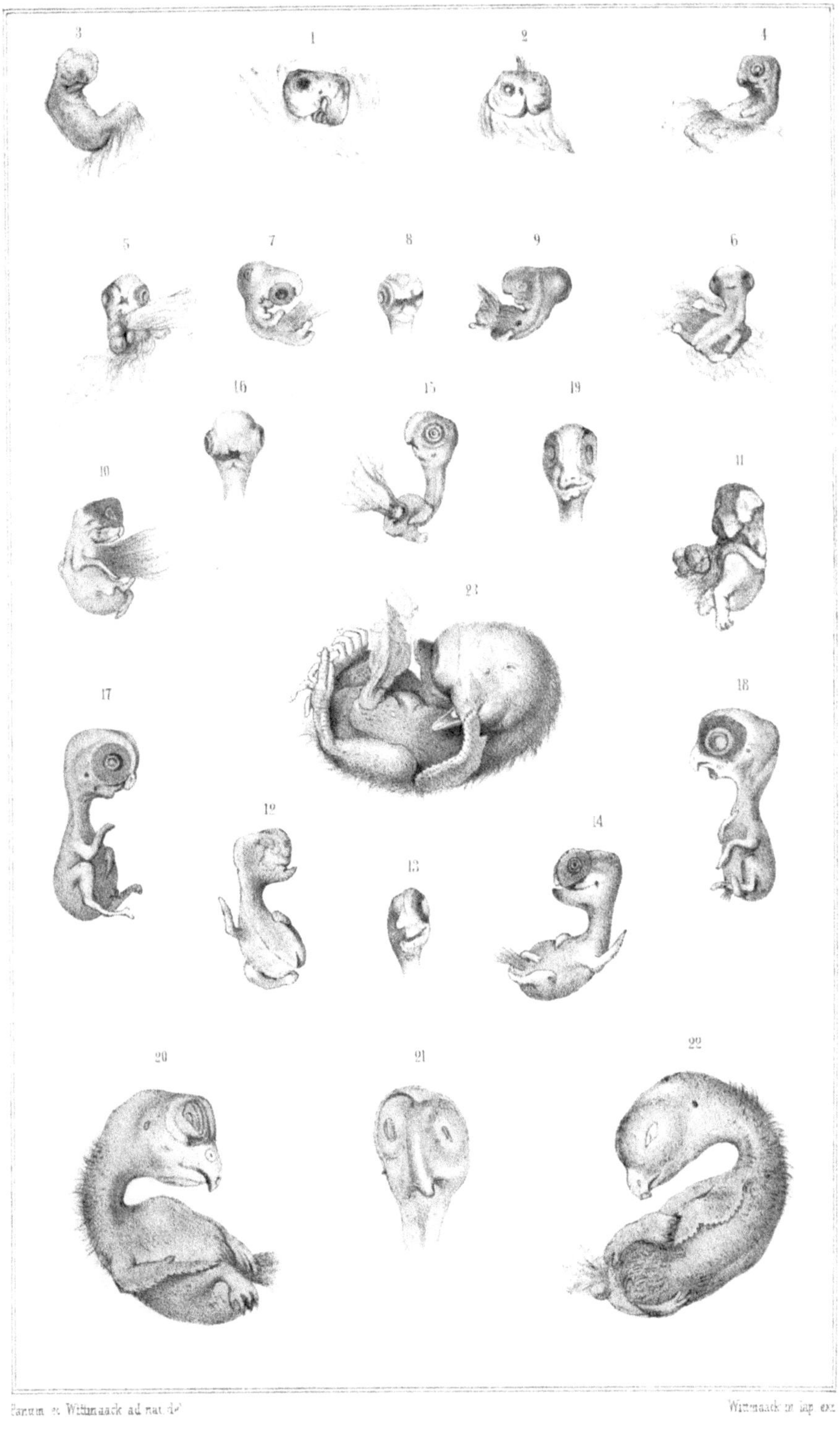

Panum et Wittmaack ad nat. del.

Wittmaack in lap. exc.

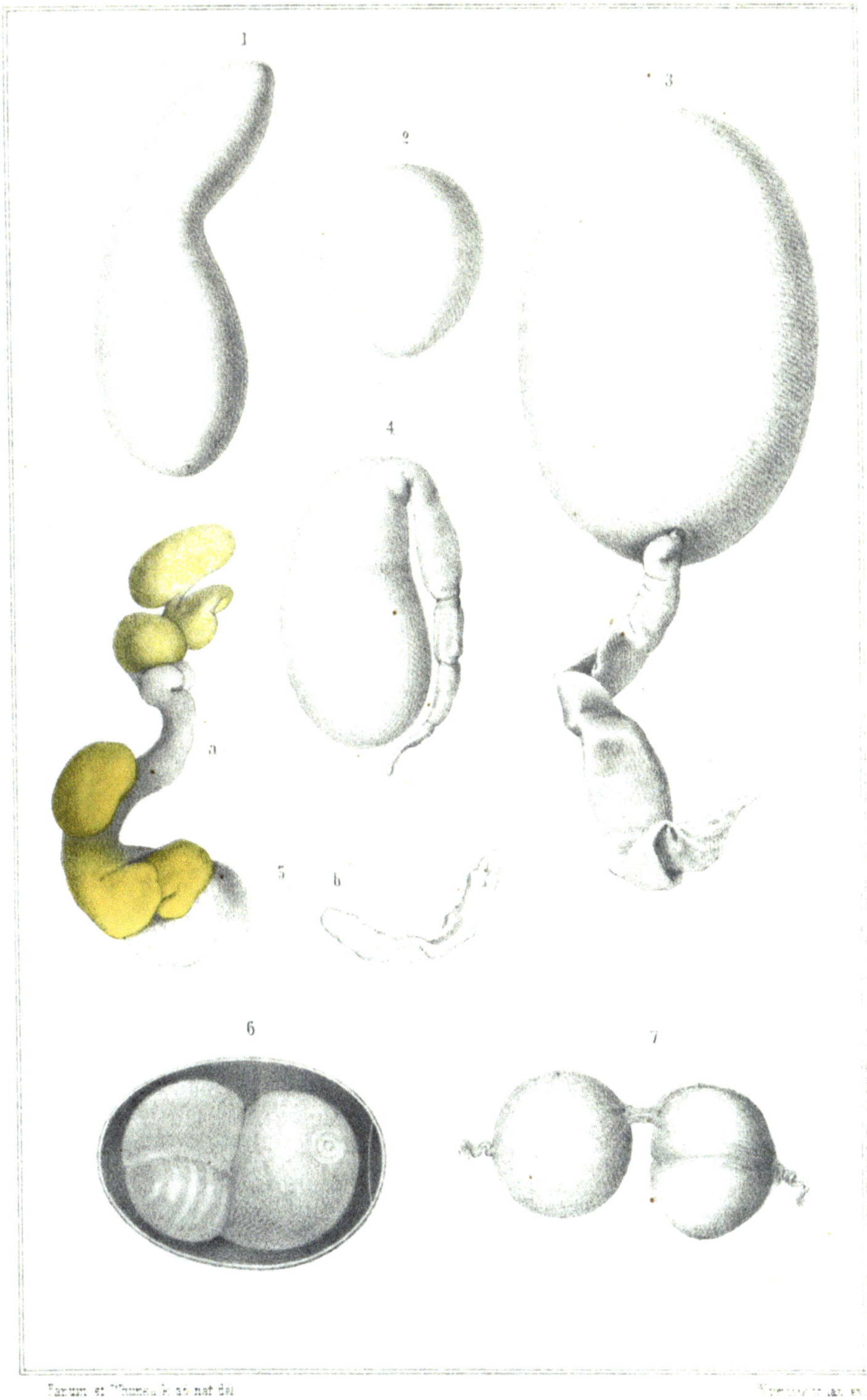

Panum et Thomsen ad nat. del.

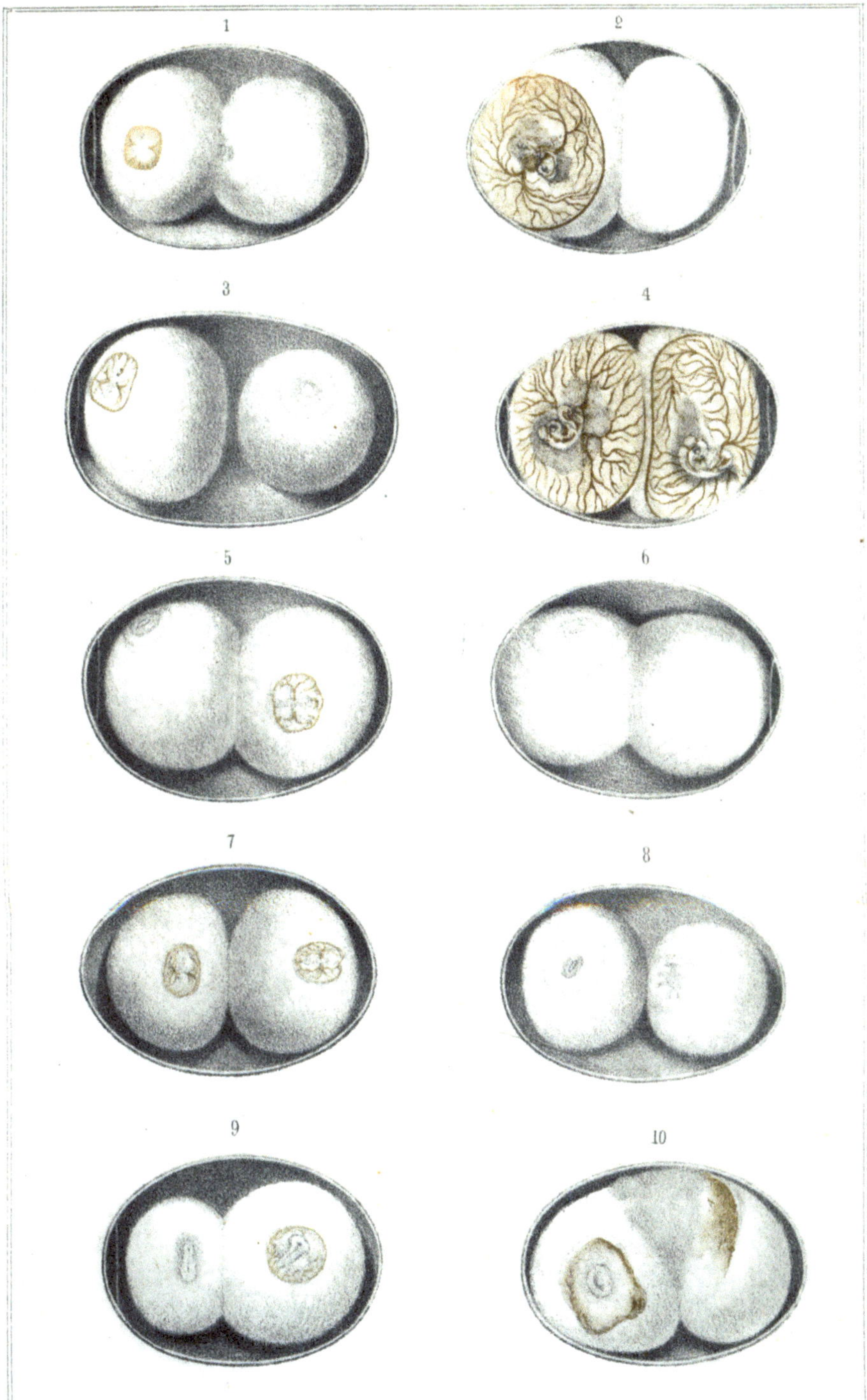

Panum et Wittmaack ad nat. del.

Wittmaack n. lap. exe.

1

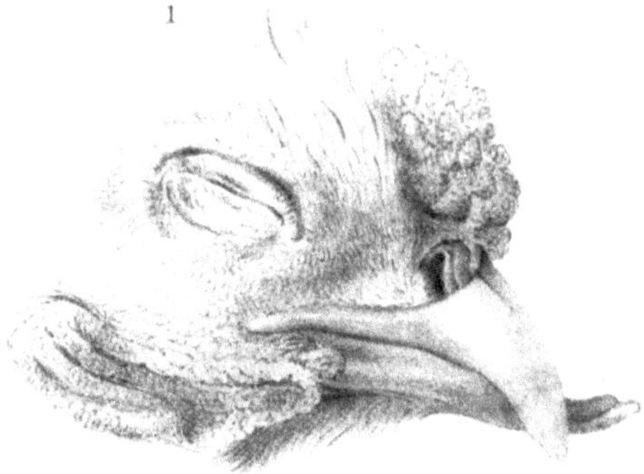

2

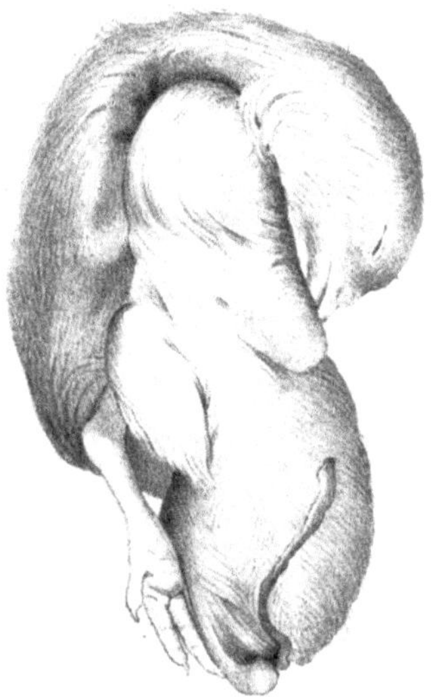

3

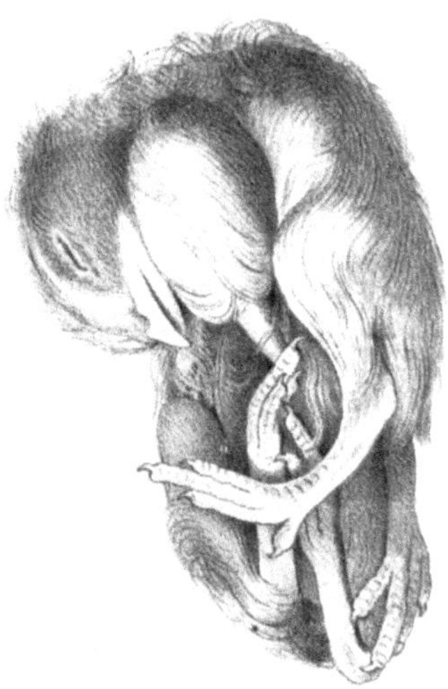

4

Fa[illegible] et Wittmaack ad nat. del.

Wittmaack lap. exc.

Taf. XI.

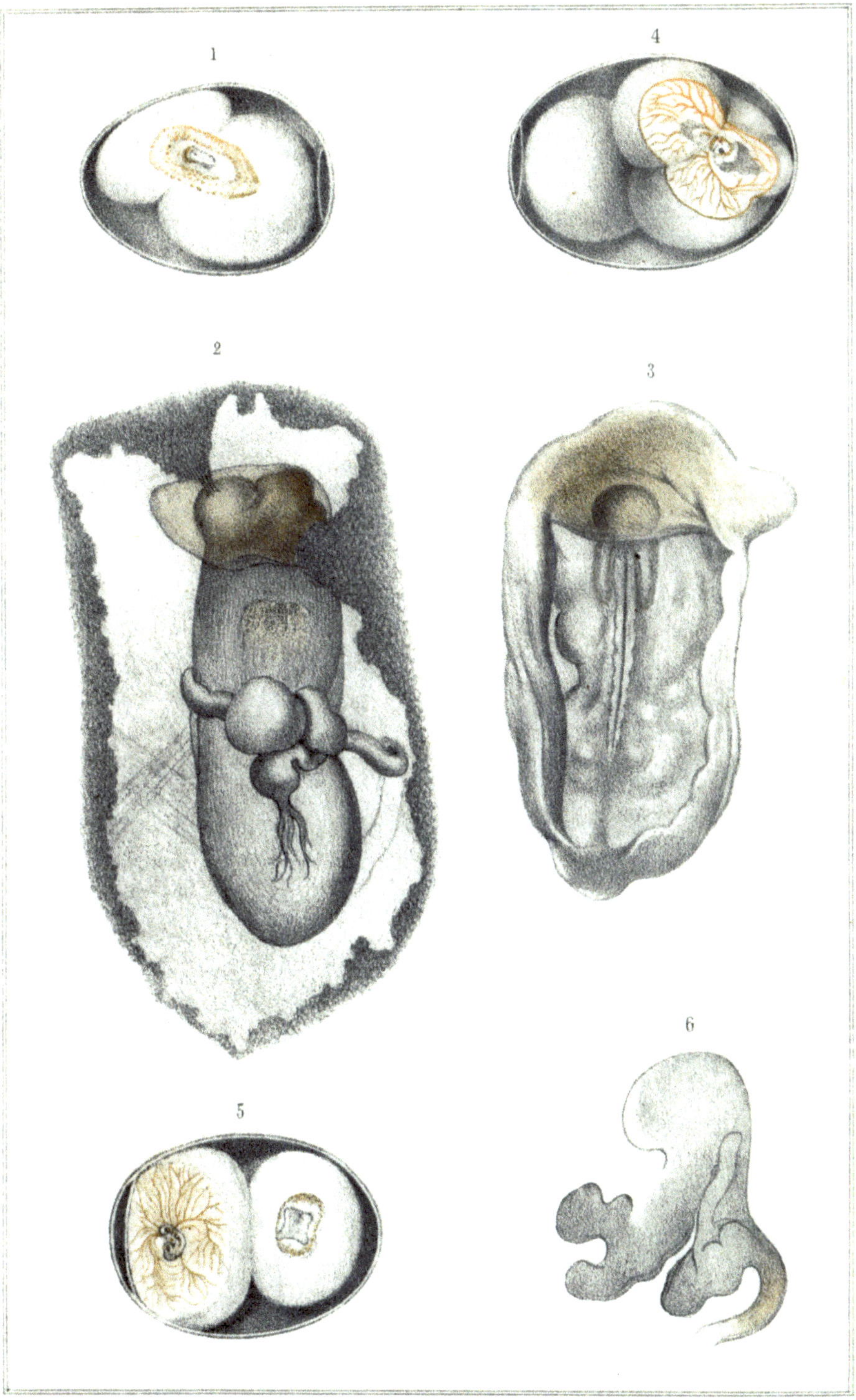

Panum et Wittmaack ad nat. del.

Wittmaack m. lap. exc.

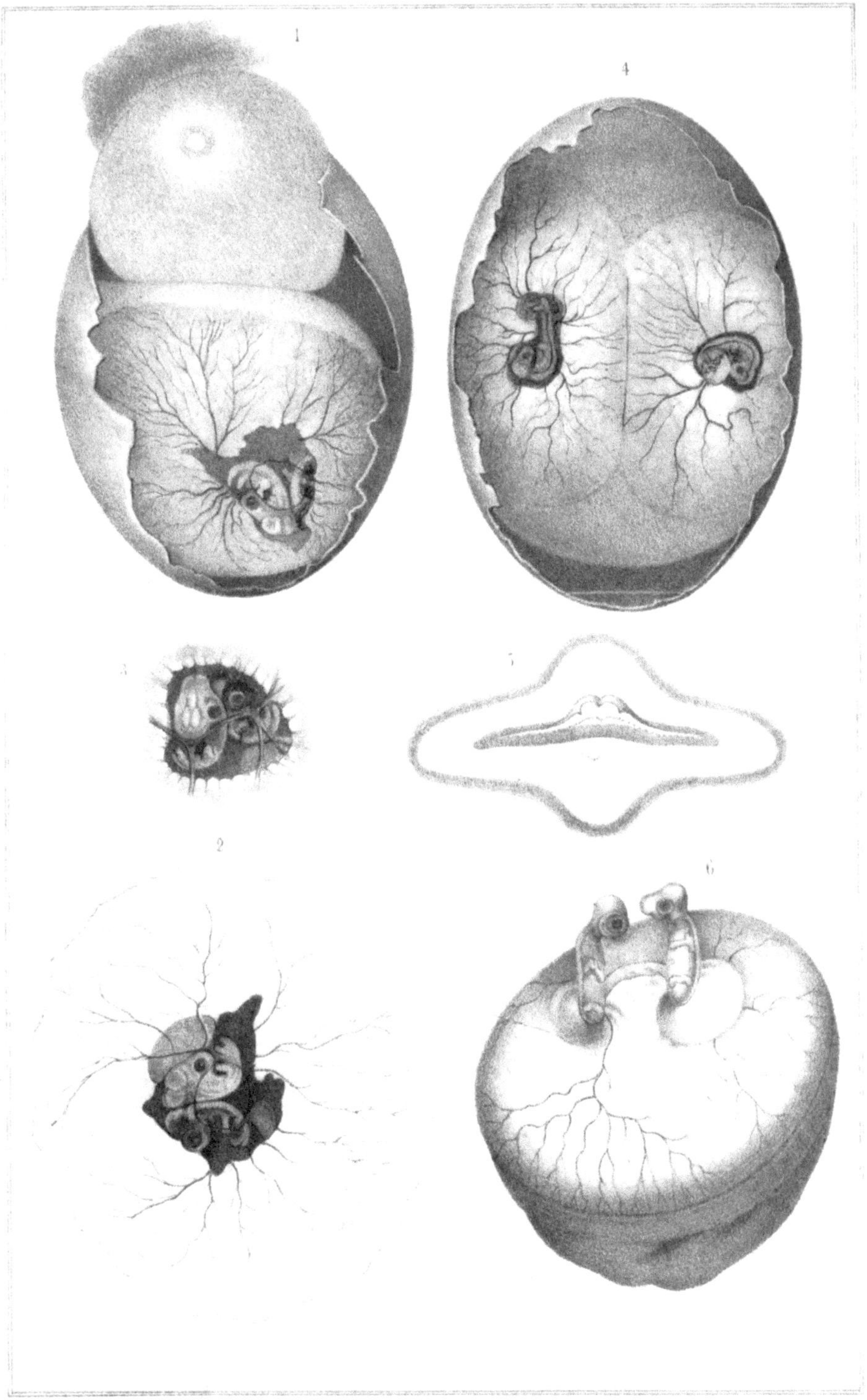

Panum et Wittmaack ad nat del. Wittmaack in lap. exc.

FSC
www.fsc.org
MIX
Papier | Fördert gute Waldnutzung
FSC® C083411

Zeitfracht Medien GmbH
Ferdinand-Jühlke-Straße 7
99095 Erfurt, Deutschland
produktsicherheit@kolibri360.de